日本の動物観
人と動物の関係史

Japanese Attitudes toward Animals
A History of Human-Animal Relations in Japan

石田 戩
Osamu ISHIDA

濱野佐代子
Sayoko HAMANO

花園 誠
Makoto HANAZONO

瀬戸口明久
Akihisa SETOGUCHI

東京大学出版会
University of Tokyo Press

Japanese Attitudes toward Animals :
A History of Human-Animal Relations in Japan
Osamu ISHIDA, Sayoko HAMANO, Makoto HANAZONO and
Akihisa SETOGUCHI
University of Tokyo Press, 2013
ISBN 978-4-13-060222-8

はじめに

　動物に対する見方は，民族や宗教，時代・歴史など社会的な背景によっても異なるし，個々人の生活史などの影響も強く受けて多様でありうる．動物との個別的なつきあいの影響も大きい．動物観の研究はこうした違いを理解したうえで，それらに共通する，また鮮明な違いをみせる考え方や行動を分析することによって成り立ちうる．したがって，1つの社会の動物観やだれだれさんの動物観と簡単に述べることはむずかしい．むしろいくつかの事象を比較することを通じてしか，述べることができにくいといえよう．

　人と動物は歴史が始まって以来，途切れることなくつきあってきている．人は動物を含めた自然を利用し，活用するしか生きていくことができないからだ．しかし，文明が発達して，自然界からの摂取がしだいにみえにくくなってきているなかで，とりわけ動物とのつきあいの接点は後景に退き，あたかも存在しないかのようになりつつある．動物観の研究は，一方で考えてみればあたりまえの存在であり，他方で目の前にはみえにくくなってきている動物への考え方に焦点をあててみようという探究である．

　本書では，動物のなかでも哺乳類を中心として取り扱い，それらを家庭動物，産業動物，野生動物，展示動物の4つのカテゴリーに分類して，それぞれに対する動物観を明らかにすることを目指した．これらのジャンルに収まりきれない動物やいくつかの側面を同時にもっている動物は当然あるだろう．4つに区分したのはあくまでも便宜的なことであって，本来はより多角的な観点から分析してみる必要があるが，動物観研究は端緒についたばかりといってよい状態であるから，あまりぜいたくはいえないだろう．

　第Ⅰ部では，現代の日本社会においてペットがその飼い主に癒しやぬくもりを与えて，家族の一員としての扱いを受けていること，とくに子どもと同様の感覚をもってペットに接していることなどから，強い愛着をもつにいたっていることを基本的なテーマとしている．こうした愛着の客観的指標として愛着度を測ることを通じて，ペットとの関係を再認識することを目指した．

また，ペットロスなどペットとの関係におけるマイナスの側面にも着目して，彼らとのより良好なかかわりつくりについて報告している．

　第II部では，家畜と日本人との関係を歴史的に展開することを通じて，日本における肉食の構造的な理解を追求した．動物に関するさまざまな忌避的観念が殺生＝屠畜などにともない生じた結果，そうした観念が現在でも日本人の動物観に影を落としていることに言及する．こうしたことの文化的背景についてもウチとソト，ケガレなどの概念を駆使して分析的に述べている．

　第III部では，日本人が野生動物に対して抱き，形成してきた観念を，野鳥の会や野猿公苑などの形成史を分析することにより明らかにしている．「野」というなにげない言葉のもつ意味とその変遷から，日本人の野生動物観に迫った．

　第IV部では，動物園動物を取り扱った．動物園の人気を左右する珍獣，動物芸，餌やり，ふれあい，動物の動きなどから動物園がどのように人気を得てきたのかを探ってみた．また，広く社会的に受け止められてきた理由などについても触れている．動物園や動物にかかわることにより醸し出される不思議な柔らかさや「話題性」に1つのヒントがあることを明らかにした．

　「日本の動物観」という観点からすれば，その特異性を浮き彫りにすることを目指したが，書き終わった後でも，ほんとうに独特な動物観があるといってよいのかいう疑問は残る．日本人の特性については，多くの論者が，いわゆる「日本人論」を明らかにしていて，それらはいずれも興味深く，本書はそれらと比較して十分に耐えうるものになっているだろうか．

　本書はそうした意味でも試論的であり，多くの読者の批判的コメントをいただければ幸いである．

石田　戩

目　次

はじめに　i……………………………………………………………石田　戢

序　章　動物観の系譜　1………………………………………………石田　戢
　　　1　食べる−食べない　3
　　　2　衣類との関係　6
　　　3　移動する・使役する　7
　　　4　愛でる　10
　　　5　みせる（みせびらかす）・飼育する・訓練する　11
　　　6　保護する──野生動物管理，そして科学する　13
　　　7　日本人における動物の位置　14

I　家庭動物………………………………………………………濱野佐代子

第1章　家庭動物とのつきあい　19
　　1.1　家庭動物の歴史──ペットからコンパニオンアニマルへ　19
　　1.2　コンパニオンアニマルの価値　24
　　1.3　人はどうしてコンパニオンアニマルに癒されるのか　25
　　1.4　動物飼育と社会貢献
　　　　　──盲導犬パピーウォーカーによる社会貢献　29

第2章　「家族」としてのコンパニオンアニマル　36
　　2.1　家庭動物はいまや家族の一員　36
　　2.2　コンパニオンアニマルへの愛着　39
　　2.3　ペットロス　44
　　2.4　人のライフサイクルにおけるコンパニオンアニマルの
　　　　意義　50

第 3 章　コンパニオンアニマルとのかかわり方の負の側面　55

 3.1　コンパニオンアニマルとの関係が「うまく」できない日本人　55

 3.2　「うまく」いかないペットロス
  ——コンパニオンアニマルの喪失　63

 3.3　飼育放棄　66

 3.4　コンパニオンアニマルの虐待　69

II　産業動物　………………………………………………花園　誠

第 4 章　産業動物の歴史　73

 4.1　産業と動物　73

 4.2　日本における畜産動物の歴史　75

 4.3　日本人と肉食　82

 4.4　人間と肉食　86

 4.5　日本における肉食の歴史　89

 4.6　日本の内臓食文化　94

 4.7　日本人の空間弁別意識と肉食　99

第 5 章　「すみわけ」の動物観　104

 5.1　「すみわけ」の実態　104

 5.2　「ウチ」と「ソト」の場の支配性　107

 5.3　動物とケガレ　110

 5.4　ケガレと触穢　113

 5.5　慰霊・供養と動物　115

 5.6　動物の霊性とすみわけの論理　117

 5.7　すみわけと変身　119

第 6 章　産業動物と動物観　124

 6.1　現代の畜産　124

 6.2　現代の屠畜　126

 6.3　実験動物の世界　129

 6.4　産業動物の歴史から導いた現代日本の動物観　132

6.5　日本の動物観と日本の国土　133

6.6　日本人論と現代日本の動物観　137

III　野生動物 ……………………………………………… 瀬戸口明久

第7章　「野生」をめぐる動物観　145

7.1　「野生動物問題」と動物観　145

7.2　「日本人の動物観」とはなにか　147

7.3　「野生動物」とはなにか　151

7.4　社会的ネットワークのなかの動物観　154

第8章　「野鳥」をめぐる動物観　157

8.1　「野鳥」という動物観　157

8.2　「飼鳥」と大名庭園の動物観　160

8.3　進化論と明治の動物観　163

8.4　「野鳥」と都市郊外の動物観　165

第9章　「野猿」をめぐる動物観　171

9.1　日本の霊長類学と「野猿」　171

9.2　野猿公苑の動物観　172

9.3　人為から切り離される野生——「餌づけ」という問題　175

9.4　野生を飼い馴らす——「ペット」という問題　181

9.5　ゲノム時代の動物観　182

IV　展示動物 ……………………………………………… 石田　戢

第10章　珍獣としての動物　189

10.1　現代の珍獣（観）　189

10.2　重要な話題性　193

10.3　動物芸　195

10.4　展示と行動　198

10.5　名前をつける　201

10.6　動物の人気　203

10.7　水族館と動物園　206

  10.8　日本人は動物園動物のなににひかれるか　208

第11章　「ふれあい」とお世話　209
  11.1　戦後の動物園　209
  11.2　子どもと動物園　210
  11.3　世話する動物観　212
  11.4　かわいい　216
  11.5　餌を与える　218
  11.6　動物と親しむ　224

第12章　動物と動物園　226
  12.1　人はなんのために動物園にくるか　226
  12.2　動物園の醸し出すイメージ――動物園観と動物　228
  12.3　政治と動物　229
  12.4　種と個体――感情移入　232
  12.5　動物園と動物観　233

終　章　動物観のこれから　237……………………………………石田　戢
  1　ペットと動物観　237
  2　動物と生命　240
  3　動物に対する責任　242
  4　人と動物の関係　245
  5　動物観における日本的特質はあるか　246
  6　これからの動物観を考える　246

おわりに　249……………………………………………………………石田　戢
引用文献　251
索引　269

序章
動物観の系譜

石田　戩

　人類がこの地球上に現れて以来，人類は動物との関係のなかで生きてきた．動物は食料や衣類から始まり，狩猟の友となり，家畜化されることによって使役動物ともなった．また物質的な関係だけではなく，恐怖，畏敬や忌避の対象として，不思議な力の源泉として精神的にも大きな影響を与えてきた．こうして物心ともに人とは切っても切れない関係にある動物は，その正体が明らかになるにつれて，しだいにさげすまれ，人より下位の存在として思惟の世界から遠ざけられるようになった．

　ヨーロッパ世界をキリスト教がほぼ制覇した中世以後，動物は「魂のない存在」として位置づけられ，精神と物質の二元論からすれば物質の領域に含まれたし，そうでなくとも人間とは区別された存在として扱われてきた．こうしたヨーロッパ世界と比較して，東洋世界にはどのような違いがあるのか，こうした問題を現代日本という場からみてみようというのが本書のもくろみである．

　動物に対する日本人の行動や思考が著しく変化してきたのは，1990年代から21世紀に入るころと考えられる．変化のキーワードは家族，共生，福祉の3つがあげられる．イヌ・ネコに代表されるペットを，飼っている人の80％以上が家族の一員として認知していて，「ペットは家族の一員」として飼わなければならないといった半ば強制力をもちかねない雰囲気すら生まれている．「共生」という言葉は，2000年に施行された「動物愛護管理法」においても，「動物は命あるもの」とあって，たんなる物品ではないことが表現されている．また動物との共生についても，環境省のHPで動物愛護管理法の解説ページにおいて「人と動物の共生をめざして」とさりげなくではあ

るが明記され，もはや市民権を得たようだ．「動物の福祉的取り扱い」についても一部に根強い反対意見もあるが，しだいに了解されつつある．これらのキーワードは，これまで人間に対してのみ用いられてきたが，それが動物の領域に拡大されてきているのだ．このような状況を指して，「これまでの動物と人間の関係」が揺らいできていると指摘する研究者は少なくない．日本人にあっては，動物と人間の関係では，一神教の世界と比較して，障壁は薄く，距離は近いとされてきた．動物と人間の関係と日本人の動物観は，変わりつつあるのだろうか．本章では，これまでの動物観の変遷をみながら考えてみることにする．

ところで，「動物観」という言葉を使って研究成果を世に出したのは科学史家の中村禎里であり，それは 1985 年のことである．筆者らが中村とは別に動物観研究会を立ち上げたのは 1990 年であり，当初は研究会の説明をすると，「動物観ってなんですか？」といった反応ばかりであった．用語としてなじみがないということもあるが，そんなことが研究の対象になりうるのかといったイメージが強かったように思える．その後，事情が一変してきたのは，ヒトと動物の関係学会の設立をはじめとして，こうした研究が進められたこともあるが，すでに述べたように，動物との関係を違った視点からみるようになったことも与っていると思える．

人が動物をどのように考えているかを動物観とよぶとすれば，「動物観」は動物の存在を意識し始めるとともに成立する概念である．類似の概念である「自然観」は研究されたのが早いのと対照的であることを考えると，自然と動物では日本人にとって両者の存在の意味がいささか異なることが示唆され，動物に思惟をめぐらせるうえで，なんらかのためらいがあったと思われるのである．人生観，社会観，自然観，生命観と続く一連の観照的思惟行為の仲間入りすることができるようになったといってもよい．動物観という考え方は，ほぼ現代日本社会のなかで市民権を得たと思われる．

しかし，当然のことながら，歴史的な動物観を探るのは容易なことではない．動物観は人の考えにほかならないから，多面的であり，それを記述するとなれば散漫でエピソード的にならざるをえない．そこで動物との接点となるいくつかの行動を取り上げ，それを切り口にして話を進めることにする．

1 食べる−食べない

　動物のみならず，人間は生きて繁殖していかねばならない．食べるというのは，生きるために不可欠の本質的な行為であることはいうまでもなく，またその対象は動物から始まっているといえる．食料としての動物との関係史で最初に触れなければならないのは，いわゆる「殺生禁断の令」とよばれる天武4（675）年から始まる肉食の制限，動物の放生，殺生の禁止などにかかる一連の法令である．最近の研究によれば，この法令が公布される直接的な動機は，従来いわれていた仏教思想の普及よりは，むしろウシ・ウマ・イヌなど使役的動物を有効に活用して，農業生産に寄与させることにあったとされている．そして，その理由として，一連の法令が期間や目的，対象動物などが限定されていて，数十回にわたる布告があったことは，逆に庶民の間では動物食が一般的であることを物語っているともいえ，また法令の具体的効果がどの程度あったかについても疑問が残ることになる．しかし他面，食肉への禁忌思想は，ことに触れて出される法令や仏教，後には神道も加わり，食肉への穢れ意識，殺生にともなう罪悪などの感情，六道輪廻思想などをともなってしだいに定着していったと考えられる．

　こういった思想や感情を背景にした動物観が各階層に普及するにいたる過程として考えられることは，まず宮廷や寺院などの宗教施設にかかわる支配者階層に普及し，鎌倉時代を前後して実質的に支配者階級となる武士におよび，さらに庶民に浸透していったことである．武士階級は当然のことながら闘争訓練を行い，体力を養成するのは必須であり，それゆえに狩猟などを通じてあらぶる魂を保持しなければならず，狩猟や食肉は必須であると思われる．しかし，鎌倉期弘長元（1261）年に発布された新制では，「鳥獣魚鼈の命を重んじ，殺生は罪業甚だし」として六斎日や彼岸の殺生を厳しく禁じている．このように，殺生禁断は政治と宗教とによってしだいに広く浸透していったと考えられる．注目すべきは，こうした反面で動物食が行われていたという指摘は多く，またこれらを生業とする人たちへの宗教的救済も行われているのである．食肉に関係する武士や民衆が，親などが転生している動物を食べることにおののきながら，同時に実際には程度の差こそあれ，食するという二律背反のなかで，あるときはウサギを鳥とこじつけ，牡丹，紅葉，

桜と称し，自らを納得させていく姿が思い浮かばれよう．このことについて歴史学者の苅米一志は，「日本列島の自然環境とそこに生きる民衆という条件からも殺生禁断の貫徹などは通時代的に不可能であり，その実施にあたってはつねに相反する側面が存在した」と指摘している．

　これ以後，食肉に関する政治的取り扱いは歴史の表面から消え去っていく．よく知られている江戸中期・元禄時代の徳川綱吉の「生類憐れみの令」にあっても，動物の保護は問題にされても，食べることはすでに話題に上ることはない．この時期は例外的かもしれないが，食べるなどは論外だったといえよう．とはいえ，歴史学者の原田信男によれば，江戸時代にはこの時期をのぞいて，また変転はあるが，江戸や京都では肉を扱う店があり，とくに幕末も近い天保年間にはめだつとしている．

　こうした中世・近世までの特徴的なことがらについていくつか指摘すれば，まず第1に食肉用に動物が飼育される，すなわち牧畜は，明治以前にはほとんどみられないことである．地方的に薩摩の黒豚，近江牛，長崎で異人のためにブタを飼育していた記述が散見できるが，牧畜はごく例外的であったといってよい．しかし，野生動物は生業として行われている場合をのぞき，偶発的に捕獲され食されていたし，都市では食肉店もみられるなど，完全に消滅することはなく，政治的な禁令などの関係で消長していたと考えてよかろう．

　第2には獣と鳥との微妙な関係である．ひとくちに鳥獣といっても，鳥は六道すなわち畜生道の主流ではなく，それへの転生の可能性が低く，ウサギなどは鳥とみなすことによって罪業から逃れていた．魚もまた同様であり，クジラもウサギと同様，魚とみなされていた．つまり動物種によって巧妙に思考操作が行われていたのである．山川草木悉皆成仏といわれるが，生命体のなかでも自ずから階層区分がなされていて，罪業感の程度を調整していたと思われる．植物-虫-魚-鳥-獣といった秩序が形成されていたと考えられるのである．

　第3には，食肉や屠畜が公式に否定された鎌倉時代以後，これらを擁護する思想が現れてきていることである．たとえば，『沙石集』では人間が畜生に身を変えているのであれば，命を取って人間への再転生を促し，成仏させるのも道であると説くケースもみられる．また，狩猟や屠畜などを生業とす

る庶民を宗教的に救済するために，積極的に儀式を行う諏訪神社などの宗派も誕生している．これらは，殺生せざるをえない庶民と生業者への社会的補償ともいうべき装置と考えられる．

　幕末から明治初期にかけて，西洋人の圧倒的な科学力と体力を目の前にして，食肉政策は変化せざるをえない．彼らの力の源泉の1つとして肉食をみてとったのである．明治天皇は明治4（1871）年，自ら洋食を公開して，肉食を奨励する．また国策レストランとして，精養軒などの開店を進めていく．これに呼応したかのように，明治初期の東京では牛鍋店がにぎわいをみせる．明治初期の戯作者である仮名垣魯文は「牛肉食わねば開化不進奴（ひらけぬやつ）」と宣伝する．肉食禁忌の中心である仏教界においても，明治5（1872）年，僧侶の肉食を解禁している．こうして肉食の栄養と美味は知られるようになり，肉食文化は全面的に開花していくのである．他方，江戸の地方精神として肉食は穢れ感をぬぐい去れない部分もあって，こうした風潮に抵抗する人たちも残存していた．しかし，このような世代が消えていくにしたがい，かつての「禁忌」意識はまったく姿を消していく．食肉禁忌を知らない世代の誕生を待って，食肉習慣は完全に「復活」するのである．そこにあるのは，まさに食欲に対して，欲求に自然にふるまう姿である．

　こうした過程を進めていく要因を時代に沿って述べていくと，上記に続いて国民皆兵がある．軍隊では，まさしくすべての隊員が同じものを食うことから，たまに出てくるにしろ肉のうまさは庶民の間に浸透するに寄与したと考えられる．コレラ，インフルエンザ，結核などを予防するために，栄養学的な視点からの普及もあっただろう．戦後は学校給食である．食肉禁忌の展開と意識の変化についてかなり荒っぽく概観したが，要するに，明治以後，タブーとしての肉食はなくなっていったといえる．あとはいかに普及するかである．こうした過程にみられることは，食べる対象としてはほとんどためらいがなく，実用的な動物観をみてとれるのである．冒頭に述べたように，食べる行為は人間にとって根源的であり，最大の欲望は食欲だといってよいわけであるが，そうした欲望に対してごくごく素直な感覚をもっているといえよう．こうした欲望に政治的・宗教的に制限を加えることは不可能に近いといえるであろう．

2　衣類との関係

　人間生活にとって衣食住は不可欠のものである．このうち，遊牧民族が家畜の皮革を使って住居とする事例はみられるものの，日本における皮革の住居利用はまずみることができない．家屋などに利用するとなれば，偶発的に捕獲される野生動物では間に合わないから，大型家畜を飼養するしかない．ここで指摘しておかなければならないことは，あたりまえのようだが，家屋のために動物を飼養するという視点は，少なくとも定住生活を始めて以後はまったくないということである．

　日本の野生動物のなかで豊富に捕獲されうるのはシカであろう．動物の毛皮は強く，しなやかで長持ちする．文化史が専門の下山晃の研究によれば，鹿革はタバコ入れなどの小物，武具や装飾品として大いに使われている．注目したいのは，それ以上の大物になると使用するケースがきわめて少ないことである．羽織や袴，ときに頭巾に使う例もないわけではないが，使用範囲は限られているといえよう．それについて思い出されるのは，時代劇などで毛皮を着て登場すると，いかにも山から下りてきたといった感じを醸し出すことができることである．野生動物の毛皮は，異界性が高く，こうしたことが差別感や穢れ意識の基礎にあり，戦時などの特別な場合をのぞいては，あまり使用されなかったと思われる．日本は湿気が強く，それゆえに寒さよりは暑さへの対策が重んじられたことも関係していよう．また防虫など保存の方法，なめしの技術における問題もあると思われる．

　食肉のための動物飼育がほとんどみられないように，衣類としての毛皮生産も皆無に近い．ウシ，ブタ，ウマの革を衣類として使用する事例はほとんどないであろう．代表的な動物性衣類としてあげられるのは羊毛であるが，『和漢三才図会』をみると，そこに描かれたヒツジは明らかにヤギである．動物の毛を紡いで衣類にする思考と技術は，少なくとも定着していない．毛織物が本格的に輸入されたのは戦国時代も終わり，弘治元（1555）年のポルトガルによるものとされている．以後，羅紗として知られ羽織や小物，武具に使われた．文化史家の山根章弘によると，羅紗はその原料である羊毛の説明を抜きに，つまりそれと知らせずに輸入され，使われた．動物の毛を身につけることへの違和感があったのであろう．羅紗は鎖国以後も輸入されてい

たが，当初はあまり売れずに，持ち帰らざるをえないケースもあったとされ，またしだいにオランダ渡りの贅沢品として普及したとされ，複雑な経過をたどっている．ただし日常的な衣服として毛織物が使用されたとはいえず，すべて輸入品であり，国内での商品生産がされたことはない．わずかに明和8（1771）年，発明家として知られる平賀源内がヒツジの飼育をしたと記録にはある程度である．ヒツジは高温，高湿地域での飼育は困難であり，明治維新以後，北海道で飼育されたが，現在にいたるまで国内で産業化された事例はわずかである．飼育技術のところでも述べるが，家畜飼育の技術開発についてはきわめて淡泊である．品種改良に本格的にかかわった事例も少ないことなどを含めて考えると，動物を直接いじくることへのためらいがある．しかし，できあがった製品に関しては貪欲であり，とくに明治以後はほとんど忌避感がないのも，食料としての動物と同様なのである．

西洋社会の皮革の歴史からは，クロテンやビーバーなど貴重な毛皮を求めて，シベリアやミシシッピー川流域開発に乗り出すなど，地の果てまで進出したことは有名であるが，たとえば蝦夷地への遠征などほとんど行われていないこと，権力の象徴として貴重な毛皮を使うことなど，事例を探すのがたいへんなのである．

3 移動する・使役する

人にせよ物資にせよ，運搬に供される動物は大型動物であるから，日本においてはウシ・ウマに限定されよう．ウシ・ウマともに考古学的には出土がみられ，先史時代からウシ・ウマが生息していたことがわかっているが，現在に引き続く日本馬はもちろん，ウシについてもすべて大陸からの移入種である．要するにウシ・ウマを国内で家畜化したことがないといってよいのである．

ウマは人間生活に多大な変化を与える動物である．世界史的にみても，他民族の征服，その際の戦闘の優劣はウマによって左右されているし，有能なウマを多量に飼育し，制御することで歴史に名を残してきた民族は多い．歴史学者であり文化史研究家の斎藤正二によれば，鎌倉幕府の成立も，東国の優秀なウマが西国のそれを圧倒したことが与っているという．ウマは輸送・

戦闘の手段として，生産の手段として革命的なのである．馬力の意味するところは力の源泉にある．日本におけるウマは3世紀前後に大陸からやってきたと考えられ，ウマの導入とあわせて日本社会に大きな変化が起きている．ウマの歴史や大きさなど議論は尽きないが，それは歴史家，文化史家，動物学者などの研究にゆだねるとして，ウマの上に乗ることの精神的意味は重要である．騎乗は相手に対して支配的であり，圧倒的優位のスタンスをとり，相手を睥睨する．大陸から飼育技術をもった人間とともに渡ってきたウマは，少なくとも当初は貴重な存在であり，支配者の象徴でもありえた．

8世紀には東国を中心に「牧」が制度化され，積極的にウマが育てられるようになっても，基本的には戦闘と支配のために献納されることが主目的であった．中世，荘園から武士が勃興した時代にあっても，おそらく農民が農業用の使役として使う例は，小型のウマしかなかったと思われる．その意味では，庶民に親しまれる動物であったとはいえなかろう．

さて，輸送手段としてのウマであるが，「駅」の制度が敷かれるころから，ウマはしだいに普及していき，中世末期に馬借が出現して普及度は高まる．ウマが農業用に使われるようになったのはずっと後，江戸期に入ってからであろう．イザベラ・バードをはじめとして，明治初期に日本を訪れた外国人は一様に，蹄鉄を装着せずわら靴をはかせて，牡ウマの去勢もせず，それゆえにあぶない乗りものとしてウマをみている．江戸時代は米作中心の「牧畜をともなわない農業」を特徴としていて，農地の拡大がつねに求められた．農地の拡大は，すなわち牧の減少であり，そのこともあって，戦闘馬の飼育は衰退していく．またウマにかかわる諸々の技術が本格的に導入されるのは，西洋風の牧畜をともなった農業が導入され，軍馬育成がさかんになってからである．陸軍においても，兵士がウマの扱いを知らないと嘆いている報告は多い．落馬事故の調査例はみられないが，おそらく西洋よりは確率的に高いと考えられる．日本における家畜の取り扱いを考えると，これらの動物を加工しない，飼育技術を確立しない，品種改良に熱心ではない，という特徴をみることができるが，これはほかの動物にも共通している．日本の特徴は，接して，世話して，馴らすことにある．別の機会で触れることになるが，日本の初期の愛護運動や動物の慰霊の実施は，ウマと密接なかかわりがある．長い時間接して，世話することにより形成される愛着度の高さが，動物に対

する代償行為を必要とするのである。

　ウシ・ウマともにモータリゼーションのもとで，軍事，輸送，使役としての役割はほぼ完全に終わった。ウシは食料として，ウマは競争馬として生き残るのみである。それ以外の用途としては，まさにレリックとしてだけであるといってよい。現代人のウシ・ウマへの感覚は，それぞれの残存理由によってまったく異なるといってよい。もはや関連する職業人以外には珍しい存在として立ち現れるエトランゼになりつつある。ウシ・ウマの存在を実感として感知できなくなっていて，動物観の対象としては職業人や愛好者にほぼ限定されざるをえない。動物の人気調査などでも上位には上がってこない。

　使役のカテゴリーには，かつての番犬や狩猟犬などのイヌを含めてよいだろう。歴史上，日本在来の哺乳類として人間社会と密接に関係してきたほぼ唯一の動物であるといってよい。イヌは有史以前から多様な役割を果たしてきたことが，一貫してなんらかのかたちでかかわってきた理由である。使役の側面からとらえると，明治以前では狩猟，鷹狩り，番犬から闘犬にいたるまで，およそあらゆるジャンルに登場する。精神的にも，報恩，愛玩，遊び，権威の象徴，霊力と多岐にわたっている。

　歴史的には，狩猟から始まってしだいに集落に定着して，番犬としても機能した。ほとんどが「地域犬」的存在であり，家に属していたかどうかもあやしい時代が江戸時代まで続いている。したがって，屋外放飼であり，首輪，つなぎ紐などはみられない。もしつながれているとすれば，特定の目的，たとえば鷹犬のように制御する必要がある場合とみてよい。平安時代に大陸から狆が輸入されて，唯一の愛玩犬として室内飼いされていたが，「犬や狆」という表現にみられるように，イヌと狆は別物とされ区別されていた。イヌは食事においても人の食べ残した残飯，人糞なども食べ，都市の清掃・浄化にも役立っていたと思われる。飢饉ともなれば食べられてもいた。屋敷の前に捨て子でもあれば，おそらくイヌに食べられていたであろう。このようにイヌの「役割」としては多様であり，それゆえに両義的である。「犬」といえば権力の手先でもあるし，人に忠実な存在であり，またうるさくて汚なく，しばしば死肉を持ち込むことから穢れた存在でもある。鷹狩りに使われても，鷹の餌には犬肉が使われている。

　イヌの取り扱いに大きな変化が起きたのは，狂犬病をきっかけとしている。

狂犬病は古くからそれらしき記録が残されているが，大規模なものは享保17（1732）年，長崎で流行したのが始まりである．そのときは，狂犬病のイヌは追い払われる対象であった．明治に入って東京府が畜犬規則を公布，さらに全国的には獣疫予防法を成立させて，ワクチンも国産されたが，日本ではなかなか普及せず，戦後狂犬病予防法が制定されるにいたって，イヌはほぼ完全に安全な動物として人との関係を安定させたのである．しかし，これは同時に使役動物としての終焉を意味していた．最後に残された番犬としての地位も，昭和40年代あたりからほぼ消滅している．

イヌの歴史を振り返って特徴的なのは，ほぼ一貫して係留せず地域の番犬として放し飼いされていることで，さらに品種改良しないことである．訓練もやや中途半端であり，飼育する，世話するといった感覚が強い．このことは愛玩性を高めると同時に，第3章でみられるようなさまざまな問題を引き起こすことになる．

4　愛でる

愛でる対象としての哺乳類が日本で認知されたのは，狆とネコであろう．いずれも大陸から渡ってきて，貴族社会で室内飼されたことから始まっている．狆以外の日本犬は，番犬や狩猟犬としていわば使役動物としての機能が優先していて，愛でる対象として特化していくのは最近になってのことである．愛玩という言葉は，最近ではペットファンから嫌われているが，日本人の愛でる感覚はまさしく愛玩であった．

ネコは奈良時代前後に大陸から輸入されたといわれる．平安時代を通じて宮廷でネコが飼われた記事は多く，『小右記』『枕草子』などでも有名で，いずれも溺愛されている．寺院ではネズミから書物を守るためにネコを飼ったようだ．ところが，万葉集ではネコの表現は皆無であり，その後，室町時代までは庶民の間の記録などではあまり登場しない．一方，化け猫——変身や猫又，悪行などの話題には事欠かない．

慶長7（1602）年に「猫の綱をとき放し飼いにすべき，猫の売り買いを禁止する」旨の高札が京都の辻に出されている．ネコは穀物を守るからもっと積極的に外に出して活躍させろとでもいいたかったらしい．このことはネコ

がそれなりに貴重な存在で，さらわれて転売などされていたことを物語っていよう．しかし，江戸時代以後のネコの取り扱いは一変する．相変わらず化け猫，猫又などの怪異は多く，絵画や草紙類にも頻繁に登場するようになるが，その姿は愛玩動物そのものである．江戸時代にネコは急速に変化している．初期には長い尾であったのが，後期には短くなっているのだ．こうした変化にはなんらかの淘汰圧があることを示唆していて，すでにみたように，身体を加工しない日本人とは合致しないが，長尾のネコは化け猫の雰囲気をもっていることと関係していよう．ちなみにネコのエピソードは化け猫などの怪異現象をのぞけば，圧倒的に少ない．

しかし，元来実用性に薄いネコは，明治以後もペットとしての位置を確保して現在に続いている．ネコの特徴は，接触度が高く，放し飼いであり，ほとんどしつけなどしないですむ，イヌと比べて軽い存在であったといえよう．それゆえ，放置動物のなかでは圧倒的にネコの比率が高いこともあって，最近になって，室内飼いが増え，去勢が当然視されるにいたっている．

イヌ派・ネコ派といわれることがあって，両者を飼育するスタンスがまったく異なっているといわれるが，筆者などの調査によると，ほとんど変わらないという結果になっている．イヌの実利性とネコの精神性が両者を隔てていると考えられたが，実利性は現在では皆無といってよく，精神性だけが強調されるようになってきた．別の観点からすれば，イヌの取り扱いがネコ型に変わってきているともいえよう．

狆は愛玩犬の代表的存在として権力者などに飼育されてきたが，戦後愛玩性の高い犬種の輸入などにより，ほとんど姿を消している．

5　みせる（みせびらかす）・飼育する・訓練する

動物を飼う目的の1つに，珍しい動物をみせるということがある．見世物史研究者である朝倉無聲によれば，珍獣の見世物は寛文年間であるというから，17世紀，江戸時代に入ってから始まっている．これを古いとみるか否かは判断の分かれるところであるが，諸外国における動物園の歴史は古い．動物展示やサーカスは古代までさかのぼることができ，以来連綿と続けられていることを考えてみると，その違いは大きい．また日本では作庭や花卉栽

培が古くから社会的に定着して，それに従事する職業者が，いち早く賤民の身分から離脱していることも注目すべきであろう．日本社会における植物と動物の定着度を比較してみると，その意味の一端が透けてみえてくる．日本の博物学は薬草学から出発して，しだいに周辺分野，とくに植物学へと広がっていった．外国産の動物は後に触れるとして，日本産動物への研究などおよびもつかなかったといってもよい．

日本の自然観を特徴づける花鳥風月には，鳥によって動物が織り込まれているが，その観念は著しく抒情的である．生モノとしての動物は，鳥という人と空間的に離れた存在によって象徴されている．

江戸時代以前から記録が残されている芸能には，猿ひき――猿回しがある．サルは廐の守り神であるため，正月になるとお祓いが繁盛したことからサルの調教は職業として成立したのであり，これが明治に入って，武家の消滅とともに消えていった理由がよくわかる．生業として成立するためには，需要者が必要なのである．だが需要するものがあっても，動物の場合，動物そのものがいなければ成り立たないし，調教も必要である．江戸時代に入って，上方や江戸の盛り場で花鳥茶屋や孔雀茶屋とよばれる動物と植物をみせる観覧施設ができている．鎖国以後になると，たまたま外国から珍獣が渡来して見世物になっていて，ラクダ，クジャクなどが人気を博している．

しかし，人口が分散していた地方都市に，このような施設があったとは伝えられていない．ラクダやクジャクの場合でも，たんに珍しい動物をみることもあるが，加えて触れたりすることでの現世的利益を求める姿が目につく．ラクダはオスがメスを追い回すことから，夫婦和合のご利益があるというのだ．もっともラクダはダジャレ（楽だ）に使えるから，話題には事欠かなかった．いずれにしろ，珍しい動物を見世物に使う習慣は，江戸や京都などの都市文化が成立して初めて確立した．

日本で最初の動物園は上野動物園であり，明治15（1882）年に開園している．文明開化にともなって輸入された動物園は，博物的知識を普及することとレクリエーションを主目的としてつくられたが，建設技術や飼育技術をともなっていなかったために，長期間の動物飼育を目指していた．しかし，トラやゾウが輸入されるにしたがい，市民のなかに定着していった．戦前までの動物園は，未熟な飼育技術と動物舎のもとに置かれたといってよい．戦

前までの動物園の飼育技術は動物を日本の風土に馴らすことに主眼が置かれ，体系的な技術をつくりあげることをしてこなかったといえる．

6　保護する——野生動物管理，そして科学する

　野生の動物は農作物や植林に被害をもたらすとともに襲撃，食料の源泉である．人里に近いところに現れる大型哺乳類の代表には，イノシシとシカをあげることができよう．とくにイノシシは農業にとっては害獣そのものであり，一夜にして田畑は大きな被害を受ける．これに対して，徹底的な除去策をとってこなかったといえよう．日本におけるイノシシ壊滅を図った事例は元禄年間，対馬において行われた事例を数えるのみである．多くの被害村落では，夜間に警戒して追い払い，猪垣を張りめぐらせて侵入から防止を図ってきたのである．シカに関しては，人里に近づけばわななどにより捕獲して食料とすることが行われたが，少なくとも江戸時代にあっては，意図的な鹿狩りは武士による狩猟やマタギなどの狩猟者以外にはみることは少ない．明治6（1873）年に狩猟規則が制定され，鉄砲が解禁され新型銃が開発されたこともあって，シカ，イノシシなどの狩猟が一般にも普及するようになった．また人里にすむタヌキやキツネは害獣性が低いこともあって，大規模な狩りの対象とされてこなかったし，明治になっても狩猟的には注目されていない．

　一方，さらに山中にすむサル，クマ，カモシカ，オオカミなどは人里に近いところにすむ動物と区別され，少なくとも食用の対象とされず，畏敬，恐怖などの感情を引き起こし，人との距離を保っていた．

　これらから考えられることは，動物にはできる限り手を出さない，管理や制御を最小限にして接触をできるだけ避けて，距離を保ってきたということである．たとえそれが害獣であってもそうである．ましてや保護する相手という意識は生じえない．

　さらに，最近になって明確に意識されてきたことは，シカやイノシシが頻繁に人里に現れて，害獣性が意識されるようになって初めて，彼らがどのような生態をもって生息しているかを調査し始めたことである．動物は，その意味では科学の対象となっていなかったのである．

　下北半島で北限のサルと社会との関係を調査した丸山康司は，被害住民の

なかに「憎らしいサルと可愛いサル」という2つの観念が同居しており，両義的であることを指摘している．「畜生」という観念は，人より一段下であると同時に，そういう存在へのある種の憐憫をもって使われているといえまいか．

このように，野生動物はその存在のあり様に応じて対処療法的に，感情的に取り扱われてきた．野生動物学が科学界に定着し始めたのは戦後だといってもよい．科学の対象となることによって，彼らとの関係は従来からある感情との関係を整理できるのであろうか．

7　日本人における動物の位置

これまで日本人の動物観の推移を人の行動を軸に素描してきた．最後に述べておかねばならないのは，動物が人のもっていない能力——霊力をそなえているという観念である．明治以前の社会においては，不思議な事象は「天」の行為であった．転変地異と動物との関係は，ほとんど因果性を求められていない．因果性があるのは，やや軽い「カラスが鳴くと人が死ぬ」といった類の縁起担ぎである．気持が悪いといった程度にとどまっていて，どこか本気に信じていない．科学史家の中村禎里は，具体的な例をあげて「動物の霊力」を説明しているが，それらはどこか滑稽さがにじみ出てくる性格をもっている．動物の変身譚にしても，限界のある存在として人と通じていて，なにかしら人間的なのである．

シンボルという関係からすると，少なくとも明治以前に動物をシンボルとして扱った例はほとんどないであろう．プロ野球の球団が「タイガース」と名乗ったのは，アメリカの直輸入であることをみればわかる．動物はシンボルとしてより，なにかしら茫洋とした不思議感を醸成し，力の源を暗示するために使われて，人との代替性をもったものとして機能してきたといってよい．したがって，政治や外交に使われることは少ないのである．西欧の歴史をみれば，外交に動物が頻繁に使われていることがわかる．1972年，中国との国交再開にあたってジャイアントパンダが贈られてきたが，これにどれほどの中国を感じたかどうかは疑問である．それは，パンダの代わりにタンチョウを返礼としたことにもよく現れている．タンチョウがいかに貴重な動

物であっても，ジャイアントパンダには比べるべくもない．

　日本人における動物の位置はどこにあるのだろうか．この問いに答えるのは容易ではない．ここでは，伝統的な動物観と最近になって急速に比重を増しているペットの存在がそれを暗示していることを指摘しておくにとどめよう．

参考文献
朝倉無聲．1977．見世物研究．思文閣出版，京都．
バード，I. L.（高梨健吉訳）．1973．日本奥地紀行．平凡社，東京．
チェンバレン，B. H.（高梨健吉訳）．1969．日本事物誌 1, 2．平凡社，東京．
デカルト，R.（小場瀬卓三訳）．1963．方法序説．角川書店，東京．
古市貞次（編）．1958．御伽草子．岩波書店，東京．
原田信男．1993．歴史の中の米と肉——食物と天皇・差別．平凡社，東京．
羽山伸一．2001．野生動物問題．地人書館，東京．
日高敏隆．1978．かわいらしさの動物学．アニマ，61：21-25．
石田戢．2008．現代日本人の動物観——動物とのあやしげな関係．ビイング・ネット・プレス，東京．
磯野直秀．2002．日本博物誌年表．平凡社，東京．
伊藤記念財団．2003．日本食肉文化史．伊藤記念財団，東京．
加茂儀一．1973．家畜文化史．法政大学出版局，東京．
加茂儀一．1980．騎行・車行の歴史．法政大学出版局，東京．
梶島孝雄．2002．日本動物史．八坂書房，東京．
キース，T.（山内昶監訳）．人間と自然界——近代イギリスにおける自然観の変遷．法政大学出版局，東京．
丸山康司．2006．サルと人間の環境問題——ニホンザルをめぐる自然保護と獣害のはざまから．昭和堂，京都．
三戸幸久・渡邊邦夫．1999．人とサルの社会史．東海大学出版会，東京．
モース，E. S.（石川欣一訳）．1970．日本その日その日 1, 2, 3．平凡社，東京．
モリス，D. 1978．人間はなぜ動物にひかれるか．アニマ，61：26-33．
本村凌．2001．馬の世界史．講談社，東京．
中村生雄．2001．祭祀と供儀．法藏館，京都．
中村禎里．1985．日本人の動物観——日本人の自然観・動物観．海鳴社，東京．
中村禎里．1989．動物たちの霊力．筑摩書房，東京．
波平恵美子．1985．ケガレ．東京堂出版，東京．
西村三郎．2003．毛皮と人間の歴史．紀伊國屋書店，東京．
奥野卓司・秋篠宮文仁．2009．動物観と表象．岩波書店．
大貫恵美子．1989．日本文化と猿．平凡社，東京．
ローレンツ，K.（奥井一満・柴崎篤洋訳）．1975．ヒトと動物．思索社，東京．
斎藤正二．2002．日本人と動物．八坂書房，東京．

下山晃．2005．毛皮と皮革の文明史——世界フロンティアと掠奪のシステム．ミネルヴァ書房，京都．

スピノザ（畠中尚志訳）．1965．知性改善論．岩波書店，東京．

平雅行．1997．殺生禁断の歴史的展開．（大山喬平先生退官記念会，編：日本社会の史的構造・古代中世）pp. 149-171．思文閣出版，京都．

谷口研語．2000．犬の日本史——人間とともに歩んだ一万年の物語．PHP，東京．

塚本学．1993．生類をめぐる歴史——元禄のフォークロア．平凡社，東京．

塚本学．1995．江戸時代人と動物．日本エディタースクール，東京．

トゥアン，Y. F.（片岡しのぶ・金利光訳）．1988．愛と支配の博物誌——ペットの王宮・奇型の庭園．工作舎，東京．

山内昶．1994．「食」の歴史人類学——比較文化論の地平．人文書院，京都．

山根章弘．1983．羊毛の語る日本史——南蛮渡来の洋服はいかに日本文化に組み込まれたか．21世紀図書館，東京．

矢野智司．2000．自己変容という物語——生成・贈与・教育．金子書房，東京．

I 家庭動物

濱野佐代子

　家庭動物について，コンパニオンアニマル（以下，CA）飼育の歴史や家庭での役割，飼育の利点などのCA飼育の肯定的な側面と，飼育上で起こる問題や飼育放棄などのCA飼育の負の側面について解説する．

　第1章では，家庭動物とのつきあいについて概説する．具体的には，家庭動物の家畜化の歴史，ペット（愛玩動物）からコンパニオンアニマル（伴侶動物）へと変化してきた経緯について説明する．また，CA飼育の価値やCAに癒される理由，飼育の利益について説明する．さらに，動物飼育による社会貢献という観点から，盲導犬パピーウォーカーボランティアについて説明する．

　第2章では，家族としてのCAを概説する．家族として，とくに子どものような存在として，CAが飼育されるようになった経緯を説明する．さらに，人とCAの関係を愛着や喪失（ペットロス），喪失経験による人格的発達，ライフサイクルの観点から説明する．

　第3章では，CAとのかかわり方の負の側面について概説する．具体的には，CAとの関係でうまくいかないことや，ペットロスからうまく立ち直ることができない状況などについて説明する．さらに，飼育放棄について，動物虐待や殺処分の現状などを解説する．

1
家庭動物とのつきあい

1.1 家庭動物の歴史
　　──ペットからコンパニオンアニマルへ

　家庭内で飼育されている動物（domestic animals；以下，家庭動物）を表す用語は，「ペット（愛玩動物）」がおもに使用されてきた．しかし，ペットとの心理的距離が近づくにつれて，欧米を中心に，愛玩動物（pet）から伴侶動物（companion animals；日本では，コンパニオン・アニマルやコンパニオンアニマルと表記される．前者は1990年代に刊行された本などで多く用いられ，現在は後者がおもに用いられている）とよばれるようになってきた．ペットには，人が一方的にかわいがるというイメージがある．一方，コンパニオンアニマルには，人と人生をともに生きる伴侶や仲間，朋（とも）という意味が含まれている．

　欧米の文献をみてみると，"Anthrozoös"や"Applied Animal Behavior Science"などの人と動物の関係に関する学会誌では，1980年代に入ってからは，意図的に「コンパニオンアニマル」という用語を使用していると考えられる．しかし例外的に，コンパニオンアニマルの喪失，いわゆるペットロスの場合は「ペット」を使用することが多い．一方，欧米の心理学の学会誌では現在も「ペット」を用いているものが多い．日本でも同様の現象がみられる．日本の人と動物の関係に関連する学会や団体は意図的に「コンパニオンアニマル」を使用しているが，一般的には「ペット」という言葉のほうが「コンパニオンアニマル」よりも認知度が高いので，「ペット」が使用されている．したがって，現在では，家庭動物を伴侶という意味を含みペットと表

現することもあり，両方使用するのが現状である．第Ⅰ部では，家庭動物の伴侶や仲間や朋としての役割に着目するために「コンパニオンアニマル」を使用する．なお，文献の引用時には，その文献の表記にしたがう．

（1） 家庭動物の歴史——おもにイヌとネコ

　人類の歴史上，人と動物の関係は捕食者と被食者としての関係がもっとも長い．動物は食料や衣料の材料を提供する実用的な対象であった．

　食べものであった動物を用途にしたがって家畜化していったのである．野澤・西田（1981）は，家畜とは，その生殖が人の管理のもとにある動物であると定義している．また，人間世帯の仲間に加えられてきた哺乳類を，ブロック（1989）は，「家畜化された（domestic）哺乳類；人為淘汰によって当該種の祖先とは，形態，行動も異なった特性をもって生まれる個体群，イヌなど」「飼い馴らされた（domesticated）哺乳類；繁殖に意図的な選択はともなわなかった個体，荷役のアジアゾウ，アジアの沼沢水牛など」の2つのグループに分け定義した．しかし，ネコはどちらにも属さず半家畜化的存在とよべると述べている．そのような家畜化，飼い馴らされてきた動物は，人にとって安定して得られる食料を提供したり，狩りや農作業に使用されたり，運搬を行ったりした．

　以下では，家畜としてもっとも親しまれているイヌとネコに焦点をあて，その歴史をひもといていく．

　イヌは最古の家畜であると考えられている．Davis and Valla（1978）は，約12000年前の北イスラエルのナトゥフ文化（Natufian）のアイン・マラッハ（Ein Mallaha [Eyian]），ハヨニム・テラス（Hayonim terrace）遺跡から人と一緒に埋葬された3体のイヌ科の動物の骨が発掘され，その人はイヌの遺骨に手を添えていたことから，人とイヌは親密な関係にあったことを示唆している．こうした研究から，イヌは古代から人と密接にかかわってきた動物と考えられる．また，イヌ属の社会を比較してみると程度の差こそあれ，ペアかそれ以上の集団で生活するという社会構造が存在している（猪熊，2001）．このことから，イヌは生来社会性のある動物なので，人との集団生活に馴染みやすいと考えられる．イヌの1対1の情緒的な関係形成には，支配的な行動だけでなく服従的な行動（地位が劣っていること，情愛が入り混

じったものと特徴づけられる）も必要であり，服従的行動は，優位個体の態度にどんなニュアンスが含まれるかに左右される（ブロック，1989）．野澤・西田（1981）は，イヌの家畜化の特性を心理的家畜化とよび，「イヌ」と「ヒト」を結びつけているものは，たがいの信頼感であろうと指摘した．したがって，家庭内で飼育されているイヌに関しては，おもに飼い主が優位個体となり，イヌは飼い主にしたがいながら，信頼感をもって家庭という群れのなかで集団生活をしていると考えられる．

　ネコは，約2000-3000年前に人間の社会に入ってきたといわれている．ネコの家畜化は，紀元前1600年ごろのエジプトと考えられる（ブロック，1989; ソーン，1997）．しかし，家畜化されてきた動物とはいえ，数千年の人間とのつきあいでもネコほど変わらない動物はなく，ネコは家畜ではなくまったくの野生動物だという説にもある程度の真実がある（ローレンツ，1966）．ネコは，本来の容姿，行動を強く残した動物である．野澤・西田（1981）は，古代エジプト人はネコを非常に大切にしており，ネコが死ねばぜいたくな棺をつくってミイラとして埋葬した一方で，ヨーロッパ中世では，夜行性動物としてのネコの習性が魔女のイメージと結びつけられて迫害を受けたとしている．

　ローレンツ（1966）は，イヌとネコだけが，捕虜としてではなく人間の家庭に入り込んできて，強いられた奴隷身分とは別の身分で家畜となり，共通点としては食肉目に属すること，およびハンターとしての能力で人間に役立っていることであると述べている．

　以上のように，人とイヌ，人とネコの関係は，古くから築かれてきた．当初，人は危険から身を守ってもらうためや人の生活に悪い影響をおよぼす動物を駆除してもらうため，イヌとネコはすみ家と食べものを得るためという，おたがいに物理的利益が一致したことから関係が築かれてきたと考えられる．そのような歴史を経て，人の生活に溶け込んできた動物は，さまざまな役割を担い変化してきたのである．ヨーロッパにおける今日のペット飼育の「様式」そのものは，19世紀のビクトリア朝時代にできあがったものといわれている（ロビンソン，1997）．そして，今日，家庭動物は，家庭のなかで伴侶や仲間や朋の役割を担っているのである．

（2） 日本の家庭動物の歴史──おもにイヌとネコ

　日本では，古代からイヌと共同生活を送っていた．猪熊（2001）によれば，日本にイヌがいたもっとも古い証拠は，神奈川県の横須賀にある夏島遺跡（9400-9500 年前; 杉原・芦沢，1957）であるとしている．古代でのイヌは，狩猟のパートナー，侵入者に対する安全を確保する番犬という役割を担っており，偶然出会った人とイヌが相互の利益のために共同生活をするというものであったと考えられる．

　日本にネコが持ち込まれたのは奈良時代以降と考えられ，「唐猫（からねこ）」とよばれていた（野澤・西田，1981）．イヌが愛玩用に飼われるのは，江戸時代後期からだといわれ（宇都宮，1998），明治時代からは，ペットとして一般的になってきたと考えられる．そのころから，ネコの飼育はネズミの駆除の目的でも珍重されていた．ネコは，病原体を媒介するネズミを駆逐する役割があったのだ．

　しかし，イヌは，明治から昭和にかけて，狂犬病の流行や戦争のために，殺処分されるものが続出した（宇都宮，1998）．狂犬病予防法が制定される 1950 年以前，日本国内では多くのイヌが狂犬病と診断され，人も狂犬病に感染し死亡していた（厚生労働省，2012）というように，イヌは罹患すれば致死率 100％ の狂犬病の宿主として嫌われた時代があった．この狂犬病予防法制定以後 7 年で狂犬病が日本から撲滅された（厚生労働省，2012）ことにより，安心してイヌを飼育できる土台が整ったと考えられる．

　さらに，1950 年代からの高度経済成長期を経て豊かになった日本で，経済的基盤を得て，「ペット」飼育という飼育形態が一般的になってきた．一方で，第二次ベビーブームが終了し，少子化が進むこととなる．また，医療技術の進歩で超高齢化社会が訪れる．このような少子高齢化，経済力の豊かさは，ますます家庭動物に伴侶や仲間としての役割を与えてきた．少子化は，家庭内の経済力の注ぎ先，精神的なよりどころの席を空けた．高齢化は，夫婦が子を育て，子が巣立った後も約 30 年という人生を与えた．それにより，精神的よりどころとしての役割をコンパニオンアニマルに求める人が出てきた．子どもが巣立った後も，精神的よりどころとしての「永遠の子」の役割としてのコンパニオンアニマルの存在が求められてきている．

約20年前は，コンパニオンアニマルの入手方法として，「偶然近所で生まれたイヌやネコをもらう」が主であったが，現在では「飼育を計画して自分が選択した品種を購入する」という入手方法が主流となってきた．このことから，飼い主がコンパニオンアニマルを迎えることをライフコースに計画的に組み入れ，高い質の飼育意識をもっているといえる．

現在，日本にペットブームが到来し，多くの人が家庭で動物を飼育している．内閣府（2010）が全国の20歳以上の人に無作為に調査を行ったところ，ペットを飼っていると答えた者の割合が34.3％，飼っていないと答えた者の割合が65.7％となっていた．おおよそ3人に1人がなんらかのペットを飼っている．また，同調査でペットの種類を複数回答でたずねたところ，「犬」が58.6％ともっとも高く，以下，「猫」30.9％，「魚類」19.4％の順となっていた．ペットフード協会（2011a）のイヌとネコの全国推計数の調査によれば，イヌが約1193万頭，ネコが約960万頭であった．厚生労働省（2010）の畜犬登録数の調査では，約680万頭のイヌが登録されており，都道府県別にみれば，東京都の約50万頭が多かった．

昨今では，人の心のケアまでサポートする時代になり，社会からのコンパニオンアニマルへの精神的期待が大きくなると考えられる．飼い主のそのような期待と，少子高齢化社会や経済力は，家庭動物に対する十分なケアをする基盤となっている．それらの要因は，獣医療の進歩，予防接種の充実，餌の高品質化をもたらした．ペットフード協会（2011b）によるイヌの1年以内の予防接種実施状況の調査によれば，狂犬病ワクチンは83.4％，混合ワクチンは65.1％の飼い主がワクチン接種を行っていた．カが媒介するフィラリア症に関しては，71.5％の飼い主が予防を行っていた．狂犬病予防に関しては，狂犬病予防法で接種が義務づけられているが，その他のワクチンの接種状況の割合の大きさには飼い主の意識の高さがうかがえる．現在の獣医療では，血液，生化学，レントゲン，エコー検査はもちろんのこと，CT，MRI検査なども導入されている．飼い主が希望すれば，人と同様の医療を受けることができる．そのため，とくにイヌやネコの寿命が，ここ最近急速に延びてきた．2002年の日本愛玩動物協会の調査によれば，イヌの平均寿命は11.9歳，ネコの平均寿命は9.9歳であった（日本愛玩動物協会，2012）．また，ペットフード協会（2011a）が，過去10年に一般世帯で飼育されたイ

ヌ・ネコの平均寿命を算出したところ，イヌの平均寿命は13.9歳，ネコの平均寿命は14.4歳であった．コンパニオンアニマルの長寿命化は，飼い主とイヌやネコがより長く人生をともにし，より深い関係を築く基盤となっている．

1.2 コンパニオンアニマルの価値

人にとって，コンパニオンアニマルはどのような存在なのだろうか．また，どうしてコンパニオンアニマルを飼育するのだろうか．

前述のように，現在の日本では，おもに番犬やネズミ取りなどの使役動物として飼っている人は少ないと考えられる．イヌやネコを飼育する理由について，ペットフード工業会（2006a, 2006b）は，全国の16-69歳を対象に調査を行った結果，イヌを飼育している2人以上の世帯では，上位から順に，「犬が好きだから（66.3%）」「一緒にいると楽しいから（64.4%）」「かわいいから（64.2%）」となっており，単身世帯では，「一緒にいると楽しいから（66.6%）」「かわいいから（65.7%）」「自分が癒されるから・和むから（63.7%）」となっていた．ネコを飼育している2人以上の世帯では，上位から順に，「かわいいから（71.6%）」「猫が好きだから（66.9%）」「一緒にいると楽しいから（55.3%）」となっており，単身世帯では，「猫が好きだから（68.0%）」「かわいいから（67.8%）」「自分が癒されるから・和むから（61.3%）」となっていた．このことから，好き，楽しい，かわいいという肯定的感情や，癒しを提供してくれ，心理的な快さをもたらしてくれる存在として，多くの人がイヌやネコを飼育していることがわかる．

また，イヌおよびネコと同居の20代女性312人に「あなたにとって動物はどういう存在か」を複数回答で聞いたところ（濱野・林，2001），上位回答では，家族，友人，兄弟姉妹，子どもが多く，480回答のうち61回答が「かけがえのない」「心の支え」「安らぎ」など心理的結びつきの理由をあげていた（表1.1）．

内閣府（2010）が20歳以上の人を対象に無作為で行った動物愛護に関する世論調査で，ペットとして動物を飼うことについて，よいと思うことはどのようなことかを複数回答で聞いたところ，「生活に潤いや安らぎが生まれ

表 1.1 20代女性にとって動物はどういう存在か(イヌおよびネコと同居の20代女性312人,複数回答)(濱野, 2007より改変).

	%	(N=312) 人
家族	67.0	209
友人	22.4	70
兄弟姉妹	16.3	51
子ども	11.9	37
パートナー	3.8	12
恋人	2.6	8
愛玩動物	1.9	6
仲間	1.9	6
かけがえのない	8.0	25
心の支え	7.1	22
その他	10.9	34

る」をあげた者の割合が61.4%ともっとも高く,以下,「家庭がなごやかになる」(55.3%),「子どもたちが心豊かに育つ」(47.2%),「育てることが楽しい」(31.6%)などの順となっている.前回の調査結果と比較してみると,「生活に潤いや安らぎが生まれる」(54.6%→61.4%),「家庭がなごやかになる」(45.2%→55.3%),「子どもたちが心豊かに育つ」(41.2%→47.2%),「育てることが楽しい」(27.2%→31.6%)をあげた者の割合が上昇している.

以上より,コンパニオンアニマル飼育によりもたらされるのは,肯定的感情,家庭内のなごみなどの心理的利点が大きいと考えられる.

1.3 人はどうしてコンパニオンアニマルに癒されるのか

(1) コンパニオンアニマル飼育の効果

コンパニオンアニマルを飼育したことがある人は,その恩恵を実感していることだろう.コンパニオンアニマルがいるだけで,楽しかったり,心がなごんだり,リラックスしたりする.

これらの人と動物の関係を研究する分野は,HAB (Human Animal

Bond）研究とよばれる．また，最近では，人と動物は相互に関係し合うという視点を取り入れて，HAI（Human Animal Interaction）研究とよんだりもする．1960年代に，心理学者のレビンソンが，イヌは共同セラピストとして機能するという事例（Levinson, 1962）を報告したことに端を発して，人と動物の関係に関する研究が進められてきた．なかでもコンパニオンアニマルが人に与える肯定的な効果に関する研究が活発に行われてきた．

コンパニオンアニマル飼育の効果についての先駆的なものは，Friedman et al.（1980）の研究である．人の健康には心理的・社会的因子が関与しているという視点から，心血管系疾患の健康に社会的サポートの1つとしてペットの飼育を考え，ペットの飼育と心血管系の健康状態の関係を検討した．その結果，ペットの飼い主のほうがペットを飼育していない人よりも退院1年後の生存率が高かったとしている．

これらの研究をふまえ，日本でも研究が進められてきた．山田（2008）は，ペット動物が心身の健康におよぼすと期待される効果を年代ごとに分け，高齢者では，ペットは社会的サポートになり，抑うつ気分や孤独感を軽減し，青年では，孤独感を軽減し，自尊心を高め，子どもでは，責任感や共感性，自主性，自己統制力が身につき，肯定的な自己概念が得られると報告している．

これらのコンパニオンアニマル飼育の効果は，McCulloch（1983）によれば，心理的利益，社会的利益，身体的利益に分類される．心理的利益とは，楽しい気持ちになったり，やる気になったり，ユーモアや遊びを提供してくれ，自尊感情が高まる，孤独感が軽減されるなどの利点のことである．社会的利益とは，コンパニオンアニマルが対人関係を円滑にしてくれ，人と人とをまとめたりつないだりしてくれる潤滑剤になってくれることである．身体的利益は，コンパニオンアニマルをながめたりなでたりすることによって，心身のリラックス効果が得られることである．

（2）対人関係とコンパニオンアニマルとの関係

多くの飼い主は，自分の飼育しているコンパニオンアニマルは自分の気持ちをわかってくれる感じがするという．これはどのような心境なのであろうか．相手は動物であり本心を語ることはないので，考えていることの正解を

1.3 人はどうしてコンパニオンアニマルに癒されるのか

表 1.2 対人関係とコンパニオンアニマルとの関係の類似性のカテゴリの頻度.

カテゴリ名	おもな語りの内容	カテゴリ頻度
快適な関係	楽しいなど,日常の快適な関係	24
大切な存在	家族のような大切な存在	28
受容	自分を受け入れてくれる存在	27
保護	保護すべき存在	4
生命	生命がある	4
	合計	87

確かめる術がなく,人によるある程度の解釈の余地ができてくるからであると考えられる.具体的にいうと,人は,コンパニオンアニマルの行動や感情を自分の期待を込めて独自のニュアンスで解釈する.この解釈の仕方によっては,自分の気持ちをわかってくれると強く思うことができるのである.これが,対人関係よりも人とコンパニオンアニマルの関係の心理的距離が近いと,多くの飼い主が考える所以である.いいかえれば,その人が自分の気持ちにぴったりとあてはまるように,都合のよいようにコンパニオンアニマルの行動を解釈するので,コンパニオンアニマルは自分のことをだれよりもわかってくれると感じることができるのである.たとえば,飼い主が泣いているときにコンパニオンアニマルが近づいてきてくれた.これを飼い主は,「私をなぐさめるためにきてくれた」と解釈する.このような解釈によって,コンパニオンアニマルは,その人が必要としている恩恵を提供してくれる存在となる.

では,飼い主は,対人関係とコンパニオンアニマルとの関係はなにが同じでなにが違うと認識しているのだろうか.イヌの飼い主88名とネコの飼い主23名に質問紙調査を行った(濱野,2007).「『あなたとそのペットの関係』と,『あなたと他の人(家族や友人など)の関係』の同じところ,違うところはどういうところだと思いますか」という質問に自由記述で回答してもらった.その回答を1つの意味のある文で区切って,同じ意味のカテゴリに分類した.その結果,対人関係とコンパニオンアニマルとの関係で似ているところは,家族のような大切な存在,自分を受け入れてくれる存在,楽しいなどの快適な関係が類似した関係であった(表1.2).対人関係には認め

表1.3 コンパニオンアニマルとの関係の独自性のカテゴリの頻度.

カテゴリ名	おもな語りの内容	カテゴリ頻度
養護	養護すべき存在	25
信頼	信頼でき，裏切らない関係	10
無条件の受容	ありのままに受け入れてくれ，必要としてくれる存在	40
主従関係	自分が主人でCAはしたがう関係	15
短命	人間よりも寿命が短い	3
飼い主の無条件の受容	飼い主は，CAを無条件に受容する	8
言葉のコミュニケーション	CAとのコミュニケーションには言葉がいらない	18
接触	接触可能である	5
絆の深さ	対人より近い関係である	6
推測	CAのほんとうの気持ちは推測でしかない	4
ボーダレス	自分とCAの境界があいまいである	3
役割転換	CAの存在は兄弟，子ども，友人など変化する	9
動物	動物である	5
＊CA：コンパニオンアニマル	合計	151

られなかったコンパニオンアニマルとの関係の独自のものは，ありのままに受け入れてくれ必要としてくれる存在，養護すべき存在，コミュニケーションに言葉がいらない関係であった（表1.3）．

対人関係とコンパニオンアニマルとの関係では，「大切な存在」「快適な関係」が共通であると考えられる．一方，コンパニオンアニマルとの関係では，「ケア」「安全基地」「動物の特徴」「関係の近さ」などのコンパニオンアニマルとの関係に独特のものや，対人関係との比較によるものが見出された．この結果から，コンパニオンアニマルとの関係では，とらえ方がバラエティに富むことが示唆された．いいかえれば，コンパニオンアニマルの行動の解釈は，その人特有のとらえ方の違いが大きいと考えられた．これは，「ペット動物にどのような心を読み取るかはきわめて個人差が大きい」（藤崎，2002）という結果からも指摘されている．

コンパニオンアニマルの行動や感情を，人が独自に解釈して，無条件に受け入れてもらっていると感じ，コンパニオンアニマルとの一体感を得たりしている．また，コンパニオンアニマルの役割が状況によってきょうだい，子ども，友人など変化するととらえることにつながるのである（図1.1）．

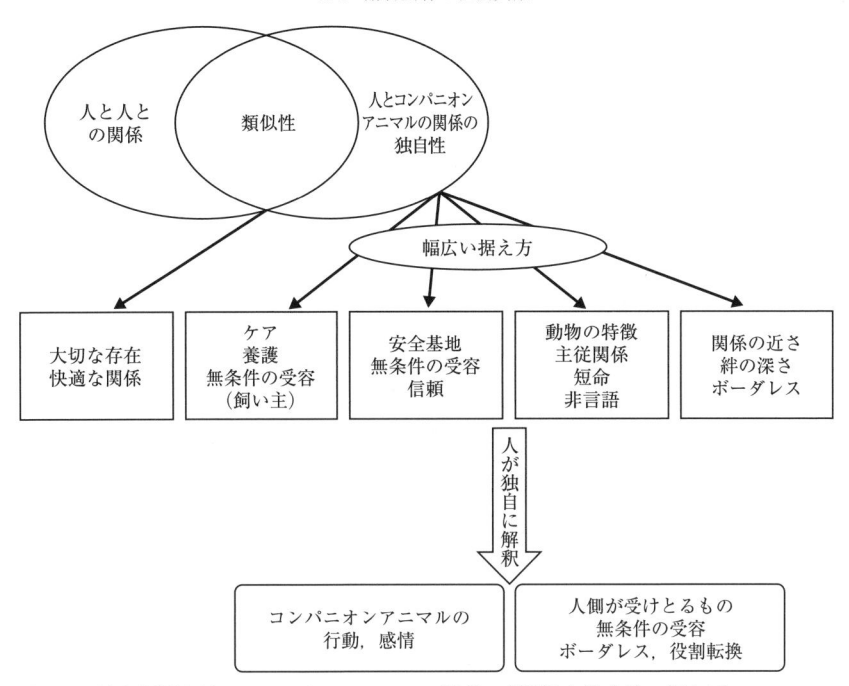

図 1.1 対人関係と対コンパニオンアニマルの関係の類似性と独自性の概念図.

1.4 動物飼育と社会貢献
──盲導犬パピーウォーカーによる社会貢献

　人のために働くイヌたちを補助犬という．補助犬とは，盲導犬，介助犬，聴導犬のことをいう．視覚障がい者にとって，盲導犬は歩行の補助を行うだけではなく大切な人生のパートナーとなっている．また，社会と視覚障がい者の間をつなぐ役割を担っており，私たちに障がい者のことを考える機会を与えてくれている．盲導犬は，基本的に視覚障がい者に無料貸与されるため，育成は寄付をはじめさまざまなボランティアで成り立っている．その育成ボランティアの1つに，パピーウォーカー（以下，PW）のボランティアがある．PW とは，盲導犬候補の子イヌ（以下，パピー）を盲導犬協会から委託され，訓練センターに入所するまでの約10カ月間にわたり，パピーを家庭で育成するボランティア活動を行う人たちのことである．この PW のボラ

図 1.2 盲導犬候補子イヌ（パピー）の写真（写真協力：公益財団法人日本盲導犬協会）．

ンティアは，盲導犬育成に貢献するだけではなく，PW 家族にも多大な影響を与えていると考えられる（図 1.2）．

公益財団法人日本盲導犬協会の協力を得て，小学生の子どものいる PW 家族を対象に，パピー育成中，訓練センター入所前，訓練センター入所後の 3 時点で縦断的に行った面接調査について紹介する（濱野，2009, 2010）．面接内容を 1 つのエピソードに 1 つの意味を含むように区切り，初めに小さな下位グループをつくった．それを発言数として算出した．その後，同じ意味でグループ分けしてカテゴリに分類し，その内容を示すカテゴリ名をつけた．内容によりグループ化した結果，「愛着」「飼育のたいへんさ」「子どもへの影響」に分類された．各カテゴリ名，内容，発言例，家族構成員別の発言数，発言者，発言者の割合を表 1.4 に示す．

パピーと家族は快適な関係を築き，パピーがいることで会話が増えたりまとまったり，家族成員のストレスが軽減され，穏やかになると考えられた．そして，パピーを通して視覚障がい者のことを意識することや，将来の盲導

犬を預かっているという責任感から，適切な飼育を行うために努力して，しつけや世話を行っていたことがわかった．また，朝夕の散歩は，規則正しい生活リズムや心地よさ，健康を促進し，親子でゆっくりと話をする機会を与えていた．以上から，パピーの育成は，家族全員で協力して行うため，家族関係が凝集され，以前より親密になると考えられた．一方，多くの子どもが発言していたのは，楽しい，おもしろいといった「快適なかかわり」であった．子どものほとんどが，パピーを自分より年下のきょうだいのような存在であるととらえていた．パピーは子どもの遊び相手となり，ひとりっこや末っ子にとって，かわいがったり，世話をしたり，ときにはきょうだい葛藤を起こしたり，リーダーシップを発揮する機会を与える対象であると考えられた．少子化が進み，きょうだい数が減少した現在において，家庭内の養護する対象の存在は，子どもの責任感や他者を思いやる気持ちの発達にとって重要であると考えられた．

つぎに，3時点の縦断データ（パピー育成中；以下，育成，訓練センター入所前；以下，前，訓練センター入所後；以下，後）を質的に分析し，パピーの育成と別れの経験がPW家族にどのような影響をおよぼすかについて，具体的なエピソードを引用しながら考察した．その内容から，パピーの育成と別れの経験には，「I期：とまどいと混乱」「II期：愛着形成から巣立ちへ」「III期：喪失経験とバリアフリーの意識へ」という特徴があることが明らかになった．

「I期：とまどいと混乱」では，育成初期の特徴として，「最初はたいへんでしたね．聞いていたよりもたいへんでした（育成；父）」という語りのように，パピーがやってきた当初はとまどい，家族が混乱している様子が語られていた．「II期：愛着形成から巣立ちへ」では，「コミュニケーションをとれるようになり，ぐっとかわいくなりますよね．気持ちが大分，ぐっと距離が縮まって（前；父）」という語りのように，家族の協力や慣れ，パピーとのコミュニケーションが円滑になるとともに混乱は徐々に収まっていくと考えられた．また，「この子は，これから重たい責任を背負って生きていくというのもあるので．イヌがかわいいなんていうのと，この子がかわいいと思うのと種類が違いますよね．やっぱりペットと同じ感覚ではみてないですよね（前；母）」，「イヌと人との間のような存在（前；父，母）」のように，将

表 1.4 パピーウォーカー家族とパピーの関係のカテゴリ名，内容，発言例，家族構成員

	カテゴリ名	内容
愛着	快適なかかわり	楽しい，おもしろいといったパピーとの快適なかかわり
	家族をつなぐ役割	パピーのおかげで家庭が明るくなり，話題が増え，凝集性が高まるという発言
	ストレス軽減	パピーと一緒にいると癒される，気分が落ち着くなどストレスが軽減されたという発言
	社会をつなぐ役割	パピーを介して他者とのかかわりが促進されたり，出会いのきっかけになった
	健康促進	規則的な生活が送れ，散歩で運動量が増え，健康になったという発言
	社会貢献	視覚障がい者に意識がおよび，ボランティアを行って社会貢献をしているという発言
飼育のたいへんさ	イヌの性質	毛が抜ける，拾い食いといったイヌの性質に対するたいへんさに関する発言
	環境	外出の制限や環境の整備に困難を抱えたという発言
	しつけ	最初の数カ月のたいへんさや，トイレのしつけに困難を抱えたという発言
	飼育管理	あずかりものなので，事故，怪我，病気に気を遣うという発言
	世間の不理解	盲導犬の仕事への不理解，別に対するあわれみなどの世間の不理解に関する発言
子どもへの影響	成長	子どもが PW を行うことで成長するという発言
	緩衝する役割	学校や塾などの集団生活でのストレスを軽減したり，家庭での喧嘩時の緩衝の役割になっているという発言
	情操教育	責任感や忍耐力，共感性が身についたという発言
	世話	育てたり，世話をしたりといった経験になっているという発言
	社会貢献への意識	盲導犬や視覚障がい者を考えるようになり，ボランティアへの意識が高まったという発言
	その他	

別の発言数，発言者，発言者の割合（濱野，2009より改変）．

発言例	発言数 父	発言数 母	発言数 子	発言者（割合） 父($N=10$)	発言者（割合） 母($N=10$)	発言者（割合） 子($N=18$)
〈一緒にいると楽しくなってくる〉〈家の中で遊び相手が増えた〉	4	5	23	2(20%)	3(30%)	12(66.7%)
〈家族で一緒に出かけたりするのが増えた〉〈家族間が一体となった感じ〉	7	15	9	5(50%)	8(80%)	7(38.9%)
〈存在自体が癒し〉〈パピーの傍にいると落ち着く〉	7	6	10	5(50%)	4(40%)	5(27.8%)
〈散歩をしているとき，男女，大人，子どもを問わず，いろいろな人に話しかけられる〉〈パピーを通して人の輪が広がった〉	6	5	2	3(30%)	5(50%)	2(11.1%)
〈餌や散歩があるので，規則的な生活を送るようになった〉〈散歩に行くので，毎日運動をするようになった〉	5	7	1	2(20%)	5(50%)	1(5.6%)
〈PWはボランティアであると意識して行っている〉〈視覚障がい者のことを考えるようになった〉	4	2	0	4(40%)	2(20%)	0(0%)
〈毛がすごく落ちるからたいへん〉〈初めはなんでも口に入れてたいへんだった〉	5	5	12	4(40%)	4(40%)	7(38.9%)
〈外出するときに，パピーのことを考えないといけなくなった〉〈パピーを迎えるために，家のなかや近所との環境整備が必要だった〉	7	4	3	6(60%)	4(40%)	3(16.7%)
〈家にパピーがきて，最初の1,2カ月はトイレを覚えるまでたいへんだった〉〈最初は，机などをかじってたいへんだった〉	5	8	1	4(40%)	5(50%)	1(5.6%)
〈やっぱり，事故，怪我，病気というのには神経を遣っている〉〈ちょっとでも具合悪いと獣医さんに連れていく〉	2	5	3	2(20%)	5(50%)	3(16.7%)
〈「盲導犬はかわいそう」と知らない人からいわれた〉〈盲導犬は誤解されている部分もある〉	0	4	0	0(0%)	3(30%)	0(0%)
〈子どもがパピーと一緒に成長する〉〈パピーを飼育することで，子どもがしっかりした〉	5	6		5(50%)	5(50%)	
〈子どもが，学校から疲れて帰ってきて，パピーに抱きつくと癒されている様子〉〈パピーがきてから，きょうだいのケンカが減った〉	5	6		4(40%)	5(50%)	
〈パピーのことを思いやれるようになった〉〈責任感が身についた〉	3	7		3(30%)	5(50%)	
〈ご飯の時間などをいつも気にしてあげている〉〈トイレの世話をしてあげている〉	2	5		2(20%)	5(50%)	
〈盲導犬や視覚障がいの方のことを調べたりするようになった〉〈PWを経験することでボランティアへの意識が身についた〉	4	2		3(30%)	2(20%)	
	1	1	5	1(10%)	1(10%)	6(33.3%)
	72	93	69			
合計		234				

来的に盲導犬の仕事があるパピーはコンパニオンアニマルよりも人間の家族に近い存在としてとらえられていた．さらに，「子どもをいつまでも手元に置いておくというよりも，いつかは離れるじゃないですか．そういう感じで見送る（前; 母）」と自身の子育てになぞりながら，「巣立っていくという，そんな感覚（前; 父）」という語りのように，別れた後も，関係や絆などつながりを感じて，きたる別れの準備期に入っていたことがわかった．「III期：喪失経験とバリアフリーの意識へ」では，「寂しくてしょうがない（後; 母）」という気持ちをほとんどの家族がもっていた．「会いたい気持ちはあるけど，盲導犬になってほしいという気持ちもある．そのために生まれてきたイヌだから，がんばれっていってあげたい（後; 子）」と，入所前には引き続きパピーを飼いたいという希望が強かった子どもたちも，PWの目的を再確認して，盲導犬になることを希望して送り出していた．また，「元気でいればいいかな（前; 母・父）」と多くの協力者が語っており，子どもの幸せを願う親のような気持ちをもっていたと考えられた．「子どもが，パピーを通して自然と意識しないで，障がいのことを特別なことではなく身近なものとしている（後; 母）」「いるときは世話でいっぱいだったけど，目の見えない人のことまで実は考えてなかったけど，考えるようになった（後; 母）」と入所後に視覚障がい者のことを考え，障がいを身近なものとしてとらえるという意識が広がっていた．

　パピーは，将来盲導犬になる可能性があり，PWは社会貢献にかかわる家族総出で行うボランティアである．盲導犬育成事業という目的で考えれば，人とともに生活をして，愛情を受けて育ったパピーは，視覚障がい者のパートナーとして必要な人に対する愛情の基盤を形成する．このことは，パピーが人と関係を築くときの重要な基礎となる．家族で相談しながら，問題を解決しながら，盲導犬候補子イヌの育成事業に携わり，その先の視覚障がい者のことを意識しバリアフリーの社会を考え，家族が一致団結してパピーを育成し，愛情を抱いた相手との別れの悲しみをともに乗り越える．一方，子どもたちは楽しんでパピーを飼育しており，守るべき年下のきょうだいのように接し世話を行っていた．世話やしつけなど，たいへんながらも一生懸命になっていた．子どもたちの多くは，パピーを引き続き飼いたいと願っていたが，視覚障がい者や訓練をがんばるパピーのために，大切な家族であるパピ

ーを送り出す．この経験は，おそらく初めて強く愛情を注いでいた相手との別れの経験であり，自分の欲求を抑えて他者のために耐える．そして，子どもたちは家族に支えられながら，パピーや視覚障がい者に思いを馳せ，別れに向き合い自問自答を繰り返し，自ら立ち直っていく．この経験は，共感性や責任感，忍耐力などの心の発達に重要な影響を与えると考えられる．このような家族で1つの目標に向かって団結し，パピーに愛情を注ぎ，その相手との別れの経験をすることが，家族関係や子どもの発達に影響を与えると考えられた．

2 「家族」としてのコンパニオンアニマル

2.1 家庭動物はいまや家族の一員

(1) 現在の家族観と家庭動物観

　従来，家族とは血縁や婚姻で法的につながった社会的な小集団を示していた．内閣府（2007）の調査でも，どこまでを家族とみなすかについて調査した結果，同居別居にかかわらず，親，子ども，祖父母，孫などの直系の親族と，配偶者，兄弟（姉妹）までを「家族」の範囲ととらえる人が多かった．このように，家族の認識は相変わらず血縁や婚姻であるが，新しい家族のとらえ方が広まってきた．

　上野（2011）が提唱する家族を成立させている意識であるファミリィ・アイデンティティでは，なにを家族と同定するかという「境界の定義」があるとしている．また，山田（2004）は，本人が家族とみなした対象を家族とするという主観的な家族という定義を提唱した．大野（2001）は，家族の条件を調査し，家族とは，同居，血縁という形式ではなく，親密さという情緒的な結びつきがあって初めて成立する内発的な関係と考えられるようになってきたと述べている．家族はもはや近親という法的なつながりを超え，本人が主観的に家族を定義する時代に移行し始めたと考えられる．現在ではさまざまな関係の人々が生活をともにし，おたがいを家族であると認識している．どこまでをだれを家族の一員とみなすかについては，時代とともに変化してきたのだ．

　非血縁，非姻戚関係のなかでは，「愛情こめて育てているペット」を家族

と判断する程度がもっとも高く（大野，2001），もはや愛情を感じなくなった配偶者よりかわいい「ペット」のほうがずっと大事な家族である（大野，2010）ということも起こりうると指摘している．山田（2004）は，家族の一員であるコンパニオンアニマルを家族ペットとよんでいる．また，ペットは裏切ることはなく，理想的な家族の姿を想像していると述べている（山田，2006）．濱野（2003）のイヌの飼い主を対象とした調査でも，約半分が「イヌは家族」ととらえており，子ども・兄弟姉妹という回答を含めると約6割が「イヌは家族」ととらえていた．このようにコンパニオンアニマルを家族の一員として認める飼い主の割合が多いことから，社会全体がコンパニオンアニマルを家族の一員であると認めつつあると考えられる．反対に社会がコンパニオンアニマルを家族と認めると，飼い主は堂々とコンパニオンアニマルは家族であるといえるという相互作用が起こっていると考えられる．

コンパニオンアニマルが家族の一員と考えられる要因として，イヌやネコが外で飼育されていた時代から，家のなかで飼育される時代に変わったことがあげられる．面接調査のイヌの飼い主は，「昔は家の外で飼っていたけれど，そのイヌを家のなかに入れて飼うともっとかわいく感じる」と発言していた（濱野，2003）．この飼い主は，引越しをきっかけとして屋外飼育のイヌを屋内で飼育することになった．物理的距離が縮まると同時に接触時間が単純に増加し，イヌは自分から飼い主に働きかけることができるようになることで愛情が強くなり，飼い主とイヌの心理的距離が密接になってくる．そして，家のなかで一緒に暮らすということが親密さという情緒的な結びつきにつながり，家族という認識を強くする1つの要因であると考えられる．

家族の多様化にともない，コンパニオンアニマルを家族ととらえるディンクス（DINKS）の夫婦や同性のカップルが，子どもを育てる代わりに飼育するといったケースも出てきた．また，コンパニオンアニマルは，ひとりっこのきょうだいのような遊び相手，一人暮らし世帯のパートナーという具合に変化自在の家族として家庭内で活躍しているのである．現在，家族に精神的なやすらぎを求める人が多い（内閣府，2007）というように，家族に求めるものや家族をつなぐものが，やすらぎなどの心理的快適さを重視するようになってきた．その結果，自分が家族だと思う範囲が家族である（山田，2004）というように，確固たる家族のイメージは薄れ，あいまいになり，多

様化してきた．このように家族の形態やとらえ方が変化し，家族の親密で情緒的なつながりが重視された結果，対象は人という枠組みを超えて，親密性を与えることのできるコンパニオンアニマルが家族の地位を勝ち取ってきたと考えられる．

（2） 子どもという感覚

コンパニオンアニマルを家族ととらえる飼い主は多い．どのような家族かと聞いたところ，多くの飼い主が子どものような存在と答える．イヌの飼い主364人に「あなたにとってイヌはどんな存在か」を調査した結果，家族，兄妹・姉妹，子ども，友だちという回答が上位を占めていた（濱野，2007a）．また，興味深いことに，子どものいない20代の女性を対象とした調査でも子どもという回答が上位にあった（濱野・林，2001）．Berryman et al. (1985) も，コンパニオンアニマルとの関係は自身の子どもとの関係に似ていると述べている．コンパニオンアニマルは家族のメンバーであり，子どもの役割をとる（Gage and Holcomb, 1991）．このように，コンパニオンアニマルは子どものような存在ととらえられることが多いようである．その理由の1つに世話をしてあげる対象であり，世話をしないと死んでしまうことが考えられる．また，言葉を話さない，人よりもコミュニケーションが洗練されておらず複雑でないことが，子どものような存在ととらえられる要因であると考えられる．

ここで，日本人は子どもになにを期待しているのかについてみてみよう．50歳未満の子どものいる人に「あなたにとって子どもとはどのようなものですか」とたずねたところ，男性では「生きがい・喜び・希望」の回答割合が高く，女性では，「生きがい・喜び・希望」とともに「無償の愛を捧げる対象」の回答割合が高かった（内閣府，2005）．子どもを大切に思う気持ちは同じでも，親の置かれた状況により，子どもの価値は経済的価値にも心理的価値にも変化し，それらは高くも低くもなる（永久，2010）．子どもの価値は労働力などの経済的・実用的満足度から，精神的満足度へと変化してきた（柏木，2003）．また，子どもになにを期待するかについて，ほかの工業国と比べた日本の特徴として，子どもの稼ぎや老後の経済支援は期待していないが，「老後の精神的支え」は高く期待されている（柏木，2001）．コンパ

ニオンアニマルは労働力にはなるはずもないが，飼い主の精神的満足度は満たしてくれる可能性がある．現在，15歳未満の子どもの数は約1800万人である（総務省，2012）．イヌが約1190万頭，ネコが約960万頭飼育されている現状（ペットフード協会，2011）を考えると，コンパニオンアニマルは，子どもの数をしのぐ勢いである．これらのことは，子どものような役割をもつコンパニオンアニマルがその地位にとって代わる可能性があるかもしれないことを示唆している．

2.2　コンパニオンアニマルへの愛着

（1）　人とコンパニオンアニマルの関係を表す用語

欧米や日本の歴史をみてみると，人とイヌやネコとの関係は使役関係から情緒的なものへと移り変わってきた．そのような関係に愛着（attachment）という用語を用いることが多い．人とコンパニオンアニマルの関係を表す用語について，いままで明確な定義はなされず，慣用的に"bonds" "attachments"という用語が使用されてきた．

ボゥルビィ（1976）の愛着理論（attachment theory）によれば，愛着とは，人間（動物）が特定の個体に対してもつ情愛的絆のことである．つまり，この理論では，人の性質の基本的な要素として，特定の個人に対して親密な情緒的絆（intimate emotional bond）をもつ傾向があるとしている（ボゥルビィ，1993）．いいかえれば，強い情緒的結びつきを特定の相手に対して起こすという人間の傾向の1つの概念化であり，対象喪失反応を説明する方法でもある（ボゥルビィ，1981a）．この愛着という概念は，基本的に同種の親子関係に適用されてきた．

Collis and McNicholas（1998）は，大人の成熟した思考や言語スキルと子どもの洗練されていない思考や言語スキルという非対称性のスキルによる親子関係が，人とペットの関係に類似しているので，好まれて用いられてきたと示唆している．一方，ボゥルビィ（1993）がローレンツの動物行動学の研究から人間の親子の愛着についての理論を発展させた．さらに，愛着理論は成人どうしの場合にも用いられる．以上のことから，人とコンパニオンアニ

マルの関係を表現する用語として援用可能であると考えられる．そこで，本章では人とコンパニオンアニマルの関係を愛着（attachment）と表す．

（2） 代替のないかけがえのない存在

筆者の経験を紹介したい．ある動物病院に研修に行ったとき，通院しているイヌの飼い主に出会った．その飼い主は，イヌをペットショップから購入したが，そのイヌはすでに伝染病に罹患していた．すぐに命に別状はなかったが，根気よく治療しなければならず，治療費もかさむと予測される病気であった．そこで，ペットショップにクレームをつけたところ，「同じ種類の同じ色のイヌと交換する」と申し出てきた．しかし，その飼い主は，その申し出を断り，そのイヌを飼い続けることを選択した．その時点で，イヌがきて3日経っていた．その飼い主にたずねたところ，そのイヌは自分にとってはかけがえのない存在で，家にきたその日から愛情がわいたという．他者からみれば同じイヌでも，愛情を抱いた飼い主からみれば，ほかのイヌとは違う存在として認識区別されて，かけがえのない特別な存在となるのだと実感した．

飼い主はよく口をそろえて「うちの子がいちばんかわいい」という．どんな姿形をしていようが病気になろうが，汚れていようが，愛情を注ぐ．こうした光景を目にするたび，筆者は人の他者に愛情を注ぐ能力を実感する．人とコンパニオンアニマルの愛着をみることは，人の愛着機能の原点を観察するのに役立つのではないだろうか．

（3） 人とコンパニオンアニマルの愛着を測定する尺度

欧米では1980年代から1990年代にかけて，人とコンパニオンアニマルの関係が親密になり注目されてきた．その社会背景から，人とコンパニオンアニマルの関係を心理学的に測定する尺度が開発されてきた．心理尺度とは，測定しようとするある心理の特性を可視化，数値化できる「ものさし」のことである．測定結果がどの程度一貫（ないし，安定）しているかという概念の信頼性と，測定結果がどの程度測りたい特性に焦点をあてて，それを的確にとらえているかという概念の妥当性（吉田，2002）が保証されていることが心理尺度の満たすべき条件である．この測定しようとする心理の特性は潜

表 2.1 PAS (Pet Attitude Scale) (Templer *et al.*, 1981 より改変).

	第1因子「コンパニオンアニマルへの愛情とふれあい」
1	私は，ペットが餌を楽しんで食べているのをみるのがほんとうに好きである
5	ペットは，私の人生に幸せを与えてくれる
10	私は，動物に手から餌を与えるのが好きである
*17	私は，動物が嫌いである

	第2因子「家庭でのコンパニオンアニマルとの生活」
2	私のペットは，友人たちよりも重大な意味をもっている
3	私は，ペットを家で飼いたい
*4	ペットを飼うことは，お金のむだである
*6	ペットは，いつも屋外で飼うべきだと思う
*9	もし人々が，多くの時間をペットの世話ではなく，ほかの人間を大事にするようになれば，世界はもっとよくなるだろう
*12	動物は，野生や動物園にいるべきで，家で飼うべきではない．
*13	もし，あなたが，家でペットを飼い続けるなら，家具の損害を覚悟しなければならない．
14	私は，ペットが好きである
*15	ペットたちは楽しいが，ペットを飼う手間をかける価値はない
18	あなたは，人間の家族と同様に，尊敬をもってペットを扱うべきだ

	第3因子「コンパニオンアニマルを飼育することでもたらされた喜び」
7	私は，毎日，ペットと遊んで過ごしている
8	私は，ときどきペットとコミュニケーションをとり，ペットが表現しようとしていることを理解している
11	私は，ペットを愛している
16	私は，しばしばペットに話しかける

＊は逆転項目，数値は質問項目の順序．

在しているため，可視化できるようにその特性に沿った質問項目を作成する．いわゆるアンケートを作成する．因子分析では，この可視化できない因子を質問項目から推測することができる．類似した質問項目が収束されて，1つの因子がつくられる．

　日本の先行研究に多く用いられてきた心理尺度として，Templer *et al.* (1981) が作成した PAS (Pet Attitude Scale) がある．これは，コンパニオンアニマルの動物の種類を限定せずに用いることのできる3因子18項目からなる心理尺度である．第1因子は「コンパニオンアニマルへの愛情とふれあい」，第2因子は「家庭でのコンパニオンアニマルとの生活」，第3因子は「コンパニオンアニマルを飼育することでもたらされた喜び」である（表 2.1）．また，イヌとネコの飼い主を対象に開発された関係性から得られ

る情緒的な快適さを測定することのできる13項目のZasloff (1996) のCCAS (Comfort from Companion Animals Scale) がある。これは，13項目のイヌ版と，ネコやその他のコンパニオンアニマルの共通版11項目からなっている。その他に開発された心理尺度としてCABS (The Companion Animal Bonding Scale; Poresky et al., 1987)，PAI (Pet-attachment Index; Stallones et al., 1988)，PRS (Pet Relationship Scale; Lago et al., 1988)，LAPS (Lexington Attachment to Pets Scale; Johnson et al., 1992) などがある。

　欧米では，信頼性と妥当性が保証された人とコンパニオンアニマルの関係を測定する尺度が多く開発されてきたが，日本独自の尺度はほとんどない．そこで筆者は，歴史，文化，宗教，動物観，生活様式が違うことから，日本独自の尺度が必須であると考え，人とコンパニオンアニマルの愛着を測定するための尺度の作成を行った（濱野，2007a）．具体的な方法としては，前述の人とコンパニオンアニマルの関係尺度の項目を参考にして面接項目を作成し，イヌとネコの飼い主を対象に面接調査を行った．さらに，その面接調査の語りのなかから質問項目を作成して，その項目を含有した質問紙調査を行い，人とコンパニオンアニマルの愛着尺度を作成した．また，先行の尺度研究の見地から，飼い主とコンパニオンアニマルの関係は多様であると考えられたので，多因子を想定した尺度の構成を行った．人とコンパニオンアニマルの愛着を測定する尺度とするため，先行の情緒的な関係を測る尺度であるCCAS (Zasloff, 1996) の13項目を質問紙調査の項目に加えた．コンパニオンアニマルの動物種に関しては，家庭内でもっとも一般的に飼育されており，ほかの動物に比べて寿命が長く，飼い主と長期間にわたって人生をともにする可能性があるという理由から，イヌとネコに限定して尺度の構成を行った．イヌとネコは習性の違いから，飼い主との関係は異なると考えられるが，飼い主との心理情緒的関係を測定する場合はあまり相違ないものと考えられる．作成した質問項目について因子分析を行った結果，6因子34項目からなる尺度が構成された（表2.2）．

　因子はその項目の性質を考慮して命名した．第1因子は「快適な交流」，第2因子は「情緒的サポート」，第3因子は「社会相互作用促進」，第4因子は「受容」，第5因子は「家族ボンド」，第6因子は「養護性促進」である．

表 2.2 人とコンパニオンアニマルの愛着尺度（Companion Animal Attachment Scale; CAAS）（濱野，2007a より改変）．
教示：あなたとあなたのペットとの普段のかかわりについておたずねします．つぎにあげるようなことにどの程度あてはまりますか．数字に1つ○をつけてください．あまり深く考えないで，思いつくままにお答えください．「あてはまる」「ややあてはまる」「どちらともいえない」「あまりあてはまらない」「あてはまらない」の5件法で回答する．

	第1因子「快適な交流」
32	私はCAをみているのが楽しい
9	CAと一緒に過ごすのが好きである
4	CAはいてくれるだけで穏やかな気持ちになる
30	CAは私を楽しませたり，笑わせたりする
5	CAと一緒にいると癒される
27	私はCAをよくなでる
10	CAはみているだけで，楽しい気分にさせてくれる
26	CAがだれかにほめられるとうれしい
31	私は，CAに触れることで，気分が落ち着く
	第2因子「情緒的サポート」
7	嫌なことがあると，CAに話しかける
6	悩みや，悲しいことがあったときなどに，CAの傍に行く
3	ほかの人にはいえないこともCAには話せることがある
8	楽しいこと，うれしいことがあったときなどに，CAの傍に行く
22	私はストレスがあると，家族のだれよりも先にCAのところへ行く
2	悩みや，つらいことがあるとき，CAのことを思うと気持ちが慰められる
1	CAはほかのだれよりも私のことをわかってくれる
	第3因子「社会相互作用促進」
15	CAを介して，いろいろな世代，年齢，立場の人と知り合いになれた
13	CAを飼ってから，近所の人とかかわることが増えた
14	CAの散歩中に，知らない人に話しかけられることがある
12	CAの話題は，他世代（違う年齢）の人との話を円滑にしてくれる
16	CAの話は，苦手な人とのコミュニケーションの手段の1つである
11	CAがいるので，一緒に外へ行く機会が増えた
17	CAを飼っている人に親近感を覚える
	第4因子「受容」
34	CAは私に「私は信頼されている」と感じさせてくれる
33	CAは私に「私は愛されている」と感じさせてくれる
28	CAは私に「私は必要とされている」と感じさせてくれる
29	CAは私に「私は安全だ」と感じさせてくれる
	第5因子「家族ボンド」
19	CAの話は，家族のなかで話題の中心である
20	CAの話は，家族の話題を増やした
21	家族は，CAがいるおかげでまとまっている
18	CAがいることで，家族のケンカが減った

表 2.2 つづき

第 6 因子「養護性促進」
24　CA を飼うことで,ケア（世話）する能力が身についた
23　CA を飼うことで,自分より弱いものを気にかけることを学んだ
25　1つの命を育てているという満足感がある

数値は質問項目の順序,コンパニオンアニマルはCAと表記する.

第1因子は,コンパニオンアニマルとの日常のふれあいからもたらされる情緒的な快適さの側面である.第2因子は,コンパニオンアニマルが話し相手であり,イヌの存在自体がストレスの軽減・気分の落ち着きをもたらすセラピーのような情緒的なサポートの役割として機能していた.第3因子は,コンパニオンアニマルには世代を超えた他者とのかかわりを媒介する役割があり,コンパニオンアニマルを介してあらゆる世代・経歴・性別の人との交流が促進されていた.第4因子は,CCASの項目がそのまま含有され,コンパニオンアニマルに受け入れてもらえているという感じを示していた.第5因子は,コンパニオンアニマルは家族の一員であり,家族をまとめたり,共通の話題を増やしたり,家族の雰囲気を楽しくしたり,家族の争いごとを緩衝する役割を担っていた.第6因子は,コンパニオンアニマルの飼育を通して自分より弱いものの命を大切にする気持ちが養われていた.これらの多様な因子構造から,飼い主にとってコンパニオンアニマルはさまざまな愛着を満たす存在であり,多くの役割を担っていることが示唆された.前述のPAS (Templer *et al.*, 1981),PAI (Stallones *et al.*, 1988),PRS (Lago *et al.*, 1988) などのように多因子からなる尺度が多いことからも,人とコンパニオンアニマルの関係には多様な側面があると考えられる.本尺度は,コンパニオンアニマルへの愛着のさまざまな側面を測定できる心理尺度である.

2.3　ペットロス

（1）　ペットロス（コンパニオンアニマルの喪失）の悲哀の心理過程

私たちは,生きている限り,親しいものとの死別を経験する.人はけっして別れに慣れることはない.経験上慣れていくような錯覚にとらわれるが,

相手が変われば関係性も変わり，親しいものとの別れは何度経験しても辛く悲しい．

コンパニオンアニマルとの別れ，いわゆるペットロスとは，愛情や依存の対象であるコンパニオンアニマルを死別や別離で失う対象喪失（object loss）の1つであり，対象喪失にともなう一連の苦痛に満ちた深い悲しみである悲哀（mourning）もしくは悲嘆（grief）の心理的過程のことをいうのである．対象喪失には，愛情・依存の対象の死や別離，住み慣れた環境や地位，役割，故郷などからの別れ，自分の誇りや理想，所有物の意味をもつような対象の喪失があるとされている（小此木，1979）．ハーヴェイ（2004）は，愛する人の死，子どもの死，親の死など，人が生活のなかで感情的に投資しているなにかを失うことを重大な喪失とした．また，愛着対象を喪失した場合，急性の情緒危機，持続的な悲哀の心理過程という心的な反応方向をたどる（小此木，1979）とし，ボゥルビィ（1981a）は，悲哀をその所産と関係なく愛する者を失ったことによってもたらされる一連の意識的，無意識的な広範囲な心理的過程であるとしている．

フロイト（1970）は，悲哀は決まって愛する者を失ったための反応であるか，愛する者の代わりになった抽象物の喪失に対する反応であるとして，時間と十分なエネルギーを費やして，心のなかにいまだ存在する失った愛着対象への想いを1つ1つ解放する苦痛を乗り越え，喪失の事実を受け入れることによって，悲哀から回復していく心理的過程を喪の作業（mourning work）とよんだ．悲哀は対象喪失にともなう正常な反応であり，喪の作業のただなかにある人が常軌を逸した状態になったとしても，病的状態とみなさず，時期が過ぎれば克服されると論じている（フロイト，1970）．以上のように，対象喪失とは，感情的に投資している対象，つまり愛着のある対象を物理的，心理的に喪失することをいい，どのような人も必ず悲哀や悲嘆の心理的過程を経験すると考えられる．したがって，愛するコンパニオンアニマルを失った飼い主の悲しみの諸反応や立ち直るために時間を要することは，正常な反応であるといえる．

コンパニオンアニマルを失った飼い主はどのような状態になるのだろうか．Fogle and Abrahamson（1991）は，喉のつまりを感じた（67%），泣いた（55%），落ち込んだ（50%），独りになりたかった（39%），罪責感があった

表 2.3 コンパニオンアニマル喪失悲哀尺度（濱野，2007b より改変）．
教示：そのペットを亡くした後，そのペットを亡くしたことが原因で，以下の質問の状態は，現在のあなた自身に，どのくらいあてはまりますか．回答方法は，「非常にあてはまる」「かなりあてはまる」「ややあてはまる」「あてはまらない」の 4 件法にて評定する．

	第 1 因子「否定的感情」
23	もっといろいろしてやればよかったと後悔している
21	もっと一緒にいてあげればよかったと後悔している
20	もっと世話をしてあげればよかったと後悔している
22	もっと治療してあげればよかったと後悔している
1	CA のことを思い出すと悲しい
2	CA のことを思い出すと寂しい
24	CA の最期に，立ち会えなかったことを後悔している
15	CA は，自分の責任で亡くなったと思う
	第 2 因子「抑うつ」
8	ほかの CA が出ているテレビをみることができない
12	食欲がない
13	なにもやる気がしない
10	CA のことを思うと涙が止まらない
5	他人と話したくない
11	眠れない
9	CA の写真をみることができない
7	CA に関する話ができない
4	CA のことは考えたくない
3	CA のことを思い出すとつらい
17	気分が落ち込む
6	CA が亡くなったことで，ほかの家族が心配だ

数値は質問項目の順序．コンパニオンアニマルは CA と表記する．

(26%)，怒りを感じた (26%)，挫折感を感じた (26%)，不眠症状があった (18%)，安堵感を感じた (18%)，アルコールに依存した (14%)，だれかをどなりつけた (9%)，という悲嘆反応があったと報告している．

また，濱野 (2007b) は，コンパニオンアニマルの喪失にともなう悲哀を測定する尺度を作成した．イヌやネコを喪失した飼い主 193 名を対象に質問紙調査を行い，因子分析を行った結果，2 因子 20 項目からなる「コンパニオンアニマル喪失悲哀尺度」が構成された（表 2.3）．因子はその項目の性

質を考慮して命名した．第1因子は「否定的感情」，第2因子は「抑うつ」である．第1因子は，コンパニオンアニマルとの生前の飼育態度に対する後悔，自責感情，悲嘆感情に関する内容であった．第2因子は，無気力，悲嘆に対する身体症状，不安に関する内容であった．尺度の項目をみると，第1因子の8項目中6項目が後悔や自責感情に関する項目で構成されている．子どもの喪失に関しては，正常な悲哀の過程で，より多くの親が病気の初期の症状に十分な注意を払わなかったことについて自分を責める（ボゥルビィ，1981a, 1981b），母親は罪意識がとくに強い（鈴木，1994）と報告されている．罪悪感は，コンパニオンアニマル喪失にともなう一般的な特徴であり（Podrazik *et al.*, 2000），罪悪感は悲嘆の兆候である（Planchon and Templer, 1996; Planchon *et al.*, 2002）とされている．保護責任の下にある子どものようなコンパニオンアニマルの喪失が，飼い主に罪悪感や自責感情を強く意識させると考えられた．

（2） ペットロスからの立ち直りモデル――その先の人格的発達へ

コンパニオンアニマルの喪失による悲哀の心理過程を経て立ち直っていく経緯について，フロイト（1970）の「悲哀の仕事」（mourning work），キューブラー・ロス（1998）の「死の段階モデル」，ボゥルビィ（1981a）の「悲哀の心理過程」の枠組みを用いたものが多い．坂口（2001）によると，悲嘆プロセスに関しては，喪失後の反応を時間順に順序づけようとする段階モデル（stage model）あるいは位相モデル（phase model）と，適応過程を一連の自らの課題達成と考え，現象の発生に順序は提案しない課題モデル（task model）の2つのモデルが提唱されているとしている．Worden（2002）によると，段階の代表的なモデルはキューブラー・ロスであり，位相の代表的なモデルはボゥルビィなどであるとしている．キューブラー・ロスの「死の段階モデル」は，あらゆる種類の喪失に悩む人たちが，決まって似たような死の否認と隔離・怒り・取引・抑うつ・受容という心理のプロセスをたどるとした．しかし段階といっても，悲嘆の「段階」は絶対的でも連続するものでもなく，人によってさまざまであることがわかっており，ある1つの段階に「はまり込み」，ほかの4つの段階はほとんど経験しない人もいると考えられている．日本では，平山（1998）が，正常な悲嘆反応にともなう悲哀の

過程として，初期（パニックの段階），第Ⅰ期（苦悶の段階），第Ⅱ期（抑うつの段階），第Ⅲ期（無気力の段階），現実直視の段階，見直しの段階，自立の段階に分けている．

　コンパニオンアニマルの喪失に関しては，ラゴニーほか（2000）が，Schneider（1984）の理論を用いて，ペットロス後の悲嘆の諸反応，立ち直りのモデルとして，「喪失の初期認知，喪失への対処，別れを告げる，喪失の苦痛に満ちた認識，喪失からの回復，悲嘆を通した個人的成長」の段階を提唱した．Sife（1998）は，ショックと不信，怒りと疎外と敬遠，否認，自責の念，抑うつ，解消もしくは終結の6つの時期があると述べている．いずれのモデルにしろ，悲哀を対象喪失後の正常な反応とみなし，時を経れば，個人的な時間の差はあれ，通常の心理身体状態に戻るとしている．

　近年，Tedeschi and Calhoun（1996）は，対象喪失のように心的外傷を負う経験は，個人の内面にポジティブな変化や成長をもたらすとした．Deeken（1983）は，悲嘆のプロセスとは心の傷がたんに健康な状態に復元することではなく，人格的成長を遂げることであるとしている．また，東村ほか（2001a, 2001b）は，これを人間的成長（personal growth）とし，遺族本人の内面的な変容にもとづいたポジティブな変化としてとらえ，死別経験による遺族の人間的成長に焦点をあてた調査を行い，人間関係の再認識，自己の成長，死への態度の変化，ライフスタイルの変化，生への感謝という因子を見出している．ラゴニーほか（2000）は，ペットロスからの回復後の成長を「悲嘆を通した個人的成長」とし，ペットロスの悲哀を経験し立ち直った後に人格的に成長すると述べた．愛着対象を失う経験は，苦痛に満ちた辛い経験ではあるけれども，失った対象が与えてくれたものやその存在の大切さ，いのちの大切さを実感する機会となり，人間的に成長する経験となるのである．そして，その経験はその後の人生の糧となる．

（3）　いのちの大切さの教育の可能性

　近年，核家族化が進み，子どもたちは家庭内で近親者の死を経験することがほとんどなくなってきている．また，終末期を病院で迎える人が多く，私たちは死に立ち会うことが少なくなってきた．悲嘆をともなう死別経験が子ども本人の心に強く影響をおよぼすと考えられる（濱野，2012）ので，大切

表 2.4 コンパニオンアニマル喪失経験による受容発達尺度の第1因子「喪失経験による発達」(濱野,2007a, 2008 より改変).
教示：そのペットを亡くした経験をしたことで，現在，あなたはどのようにお考えですか．回答方法は，「非常にあてはまる」「かなりあてはまる」「ややあてはまる」「あてはまらない」の4件法にて評定する．

	第1因子「喪失経験による発達」
4	ペットを亡くす経験は，子どもの責任感の発達に役立つと思う
5	ペットを亡くす経験は，子どもの情操教育に役立つと思う
3	弱いものを気遣う気持ちが身についた
2	命の大切さを学んだ
9	「死」ということについて考えるようになった
6	ペットを亡くす経験は，死を学ぶのによいと思う
1	自分が成長した
8	家族を亡くした人の気持ちがわかるようになった
7	ペットは，天国（あの世）で幸せに暮らしていると思う

数値は質問項目の順序．

な対象との死別を経験することは，死を理解すること，生命の大切さを実感する重要な経験であると考えられる．そんな社会背景のなか，一番初めに経験する親しいものの死がコンパニオンアニマルとの別れである．筆者も小学校低学年のときにイヌを失くした経験がある．学校で嫌なことがあっても，イヌが家で待っていると思うとなんだか心が落ち着いたのを覚えている．しかし，ぼろぼろの野良犬だったので拾ったときには伝染病にかかっており，しばらく後に死んでしまった．死因は自分のせいではないが，「つけた名前がよくなかったのでは？」など自分を責めたりした．また，突然死んだため死を受け入れることが容易ではなかった．いつも学校から帰ると迎えてくれたイヌがいないということが信じられなかった．小学校でも思わず泣いてしまったが，担任の先生が泣いたときに黙って抱きしめてくれた．日本の社会では，しばしば「イヌが，動物が死んだくらいでそんなに悲しむなんて」というように，動物の死を十分に悲しむことを許してくれない．周囲の理解が飼い主の悲しみからの立ち直りに一役かっているのである．

　コンパニオンアニマルの喪失の経験は，共感性や責任感が養われたり，いのちの大切さを実感したり，情操教育に役立ったり，死について考える機会となる（濱野，2007a, 2008; 表2.4）．死別経験はだれにも避けられず，いつ

起こるかわからない．そのような状況に立ち会った大人たちは，子どもの心に敏感に反応し，子どもが自由に表現できる場所を与え，支える安全基地になり，ともに死を悼むことが本来の生命尊重やいのちの大切さを子どもたちに伝えることになるのではないかと考える．

2.4 人のライフサイクルにおけるコンパニオンアニマルの意義

（1） ライフサイクルの視点による人とコンパニオンアニマルの関係

　生涯発達的な観点から，個人がどのような発達経過をたどるのかを表す概念をライフサイクルという（青木，2010）．人の人生に寄り添うコンパニオンアニマルとの関係を明らかにするために，イヌを老衰が原因で喪失した飼い主に面接調査を行った（濱野，2004）．その面接記録をライフサイクルの視点から分析した．具体的には，イヌを家に迎え入れたときから，別れ，そしてイヌの死後の現在の思いを回想で語ってもらった．飼い主のイヌへの思いと，イヌにかかわるできごとを飼い主の発達時期に沿って，時系列に並べ検討した（濱野，2007a; 表2.5）．その結果，飼い主とコンパニオンアニマルは長い人生をともにし，家族の一員として生活していることがわかった．このイヌの死因は老衰であったために，イヌが老い，徐々に弱っていく姿を目のあたりにして死への心の準備期間があったと考えられ，イヌは穏やかな死を迎えることができたので，飼い主はイヌの死に直面しても悲しみよりも満足感を語っていた．さらに，イヌとの死別後，飼い主は自らイヌの飼育，イヌの死を通して得たことについて語っていた．また，「自分が子どものときはイヌはきょうだいのような存在であったが，自分が大人になるとイヌは子どものような存在だった」の語りのように，飼い主の成長，イヌの成長とともに，飼い主とイヌの関係性も変化することが示唆された．

　人とコンパニオンアニマルの関係性は，飼い主とコンパニオンアニマルの双方の発達とともに変化していくと考えられる．飼い主が幼少のころは，きょうだいのような存在であり，飼い主が青年期や成人期になると子どものような存在となるのだ．たとえ，その飼い主に子どもがいなかったとしても，

表 2.5 飼い主とイヌのライフサイクル（時系列）（濱野, 2007a より改変）.

飼い主の発達時期 （イヌの年齢）	飼い主のイヌに対する思い	イヌにかかわるできごと
学童期（3カ月）	ものごころついたときから、イヌを希望しており、やっと飼えた夢がかなった。縁があった。	近所で生まれたイヌをもらった。初め会ったとき、警戒心が強かった。あんまり愛想がよくないが、飼い主だけにはなついた。
	しつけは、本のとおりそうするものだと最低限教えた。	
	自分のきょうだいみたいな存在。	イヌがなにかを咬んでも、家族が怒ったらしなくなる。
		イヌが小さいとき外で飼ってたけど、大きくなってから、入りたがったから、家のなかに入れた。最初、番犬扱いで、外で飼おうと思ったんだけど……すごく入りたがるから、家のなかのイヌになってしまった。
	やはり動物だと思ってちょっとこわかった。	飼っていたザリガニを食べたとき。
思春期（5歳）	傷がなかなか治らず心配した。	避妊手術。
	大きくなったら、人間の家族だったら、べたべた触るわけにはいかないけど、その代わりになっているかも。自分たちが大きくなってきて、親といつも一緒にいなくてあまり家で話さないようになって、イヌが中心になった。	
青年期（老齢期）	歳をとっていたので、全身麻酔が心配で、かわいそうで目の手術はやめた。	目の病気。
成人期 （16歳8カ月）	餌を食べなくなって、獣医さんに老衰といわれ、覚悟した。老衰といわれたときはしょうがないと思った。できるだけのことはしてあげたいけど、17歳だから限度があると思った。	歳をとってからは、危ないので上の階に上がらないように、下の階で一緒に過ごしてあげるようにしていた。
	老いというのは仕方がないと思った。全部仕方がないと受け入れられた。イヌが小さいときは、あまりにもかわいいから、死んだらもう生きていかれないと思ってたけど、十何年みてると、生きてるってことを実感してみてるから、小さいのが成長して大きくなると同じように、死も待ってるってことが。	歳をとってからは、飼い主の顔もわからなくなってきた。あまり、反応がなくなってきた。
（死を迎えたとき）	死に目に会え、待っててくれたという不思議な気持ち、ありがたい気持ち。苦しまずにすーっと死んだから、悲し	

表 2.5 （つづき）

飼い主の発達時期 （イヌの年齢）	飼い主のイヌに対する思い	イヌにかかわるできごと
	いけど，よかったという気持ち．死に目に会えた満足感．大往生．	
（死後）	死んでから思ったのは，自然に目が追ってた．私も探すし，イヌも探す．死んで，いないとわかっていても，目が追って探してる．死んで初めて気づいた．つい，下のほうをみて探している．自分の一部だった． ちゃんと1つの命を責任もってめんどうみて，まっとうさせてあげたという満足感がある． 人生の縮図をみせてくれた．ほかの人の死とか，人の運命とかも自分がなったときも，受け入れられると思う．命に関して教えてくれた． 死んでから感じるのは，飼ってるときは癒し，穏やかになれる． イヌを飼って，語れるだけでもよい経験，十何年間の情操教育になってる． イヌがいたからこそ経験できたっていうこともあった．自分より弱いものをつねに気にかけるとか． 命の最初から最期までみせてもらった．	

コンパニオンアニマルに対して子どものような愛情を注ぐと考えられる．さらに，コンパニオンアニマルが老いを迎えれば，介護する対象となり，そして死を迎えたときには看取る対象へと変化していく．このことから，コンパニオンアニマルを飼育することによって，飼い主は人生のさまざまな役割を経験できることとなる．そして，コンパニオンアニマルの誕生から老い，死を傍で経験することができる．したがって，コンパニオンアニマルを通して，人生のさまざまなライフサイクルの場面を経験できるのである．このことは，だれもがこれから迎える人生の準備に役立つのではないのだろうか．

（2） コンパニオンアニマル飼育によるジェネラティヴィティ（世代性）の獲得

エリクソンは，人の一生を「乳児期」「幼児初期」「幼児期」「学童期」「青

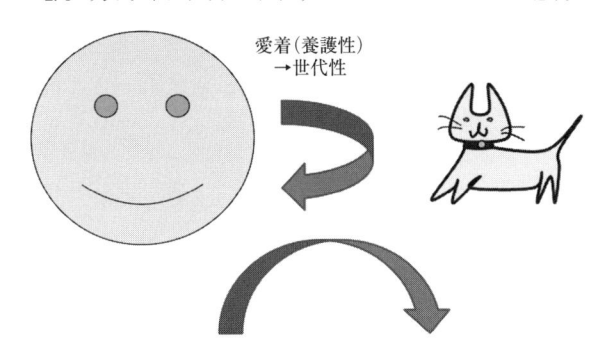

2.4 人のライフサイクルにおけるコンパニオンアニマルの意義　53

愛着(養護性)
→世代性

社会

図 2.1 コンパニオンアニマル飼育によるジェネラティヴィティ獲得の概念図.

年期」「成人初期」「成人期」「老年期」の 8 段階に区分し，各段階に心の健康の条件ともいうべき発達課題を提示している．これを心理社会的発達課題といい，各段階の課題を獲得できないと，危機的状態に陥ってしまう．乳児期では基本的信頼，幼児初期では自律感，幼児期では主導性（積極性），学童期では勤勉性，青年期ではアイデンティティの確立，成人初期では親密性，成人期では生殖性，老年期では統合性が獲得課題である（菊池，2004）.

　とくに，注目したいのは成人期の心理社会的発達課題である．"Generativity" は生殖性と翻訳されていたが，生殖という狭い範囲だけではなく次世代の育成という幅広い意味合いが含まれているということから，現在は，世代性もしくは原語のまま「ジェネラティヴィティ」とよぶようになっている．ジェネラティヴィティは，自分自身のことばかりではなく，次世代の人間（子，後輩など）を育むことへの興味・関心をもつことであり，他者の育ちに喜びを感じることで，限定された自己を超える（青木，2010）と定義されている．ジェネラティヴィティの概念では，次世代といえば人の育ちを指している．一方，コンパニオンアニマルを育てることによるジェネラティヴィティの獲得の可能性があるのではないだろうか．コンパニオンアニマルは人社会の次世代にはなれないだろう．しかし，人がコンパニオンアニマルに愛情を注いで大切に育てることは，その家庭や周囲，さらには社会に潤いや

安らぎをもたらし，弱いものを養護する優しい気持ちは他者に伝播していくだろうと考えられる．図2.1は，人がコンパニオンアニマルの飼育をすることでジェネラティヴィティを獲得し，社会に還元していくイメージを図式化してみたものである．また，飼育しているコンパニオンアニマルと一緒に，動物介在活動に参加して，病院や学校を訪問するボランティアを行い，他者のために喜びながら活動している人たちもいる．以上のようなことは，間接的に，次世代を担う人々によい影響を与えるだろう．さらに，ライフサイクルの視点から，人とコンパニオンアニマルの関係性を明らかにすることによって，どのような関係性が，ジェネラティヴィティの発達に寄与するかについて検討する必要があると考える．

3
コンパニオンアニマルとのかかわり方の負の側面

3.1 コンパニオンアニマルとの関係が「うまく」できない日本人

(1) コンパニオンアニマル飼育で困ること

　多くの人はコンパニオンアニマルを飼育することでさまざまな恩恵を受けている．一方で，コンパニオンアニマルを飼育するなかで飼い主が困っていることもある．時事通信社が2009年に，無作為に抽出した全国20歳以上の男女2000人を対象に，ペットを飼っていて困ることを調査したところ，「旅行がしにくい（30.1％）」「病気の治療代が高い（19.7％）」「面倒をみるのがたいへん（15.0％）」となっていたと報告している（中央調査社，2012）．濱野・林（2001）の調査では，飼い主は，否定的側面として世話が面倒であることをあげていた．このように，動物飼育は世話の手間がかかることが飼い主の負担になっているようである．とくにイヌは散歩をしなければならないので，飼い主の負担になるであろう．また，世話は毎日のことなので，子どもが1人増えたような手間がかかると考えられる．ここで興味深いことは，世話や散歩は利益にも不利益にもなるということだ．前述の不利益とは反対に，コンパニオンアニマルの世話をすることは，孤独な高齢者に安心感を与え，子どもの共感性・自己効力感・自己統制・自立性の発達を促進し（Levinson, 1978），毎日のイヌの散歩は中高年の健康に効果がある（岡本・佐藤，2001）というような利益もあるのである．

　他方，他者のコンパニオンアニマルに困らされることはなにか．内閣府

(2010)の調査で，他人がペットを飼うことについて，どのようなことに迷惑を感じるか聞いたところ，「散歩しているイヌの糞の放置など飼い主のマナーが悪い」をあげた者の割合が55.9%ともっとも高く，以下，「ネコがやってきて糞尿をしていく（37.8%）」「鳴き声がうるさい（31.7%）」「イヌの放し飼い（28.8%）」などの順となっている．牧野・岡谷（2005）は，民間賃貸住宅でのペット飼育の課題について調査を行ったところ，迷惑や不安として，ペットの鳴き声，ペットの糞尿の放置，ペットによる悪臭の3つの回答が多かったとしている．このような迷惑行為は，飼い主のマナーやしつけの向上で解決する問題であると考えられる．

養老・的場（2008）は，イヌは人間社会で暮らすマナーとして，陽性強化法とよばれる学習理論にもとづいたトレーニング方法で，「Sit（おすわり）」「Down（ふせ）」「Come（おいで）」「Stay（まて）」などの命令にしたがうように教えられるとしている．この陽性強化法を取り入れたコンパニオンアニマルのトレーニング方法は，欧米から入ってきたものである．欧米では，きちんとトレーニングされたイヌが町中を飼い主と散歩しており，一緒にカフェで過ごしている光景をみる．スイスでは，登山鉄道にイヌ用の券売機があり，飼い主と一緒に登山に向かうイヌの姿もみることができた（図3.1）．これほどまでに，欧米では公の場に出しても迷惑をかけないようにイヌはしつけされているのである．日本では，「おすわり」「ふせ」「おいで」「まて」に加えて「おて」，ついでに「おかわり」を教えるのが一般的である．日本の飼い主に聞き取りをしたところ，「イヌはおてをするものだから，おてを教える」や「おてをしたほうがかわいいから」という意見が多かった．しかし，アメリカ人にたずねたところ，「おて」はあまり教えないということだ．イヌに「おて」を教えるのは日本の風習であると考えられる．これらのトレーニングのなかで「まて」は自己制御がかかわる行動であるので，イヌにとって一番むずかしいと考えられる．日本の飼い主も教えるのに苦労するか，もしくは断念する．ともあれ，日本の飼い主は好んで「おて」を教える．本来は，「おて」よりは「まて」ができるほうが，危険を回避することに役立つだろう．それとは別に「おて」ができるというのは，人とイヌのコミュニケーションの意味合いが強く，しぐさが「かわいい」ことを重視している飼い主が多いと考えられる．一方，アメリカでは，"canine good citi-

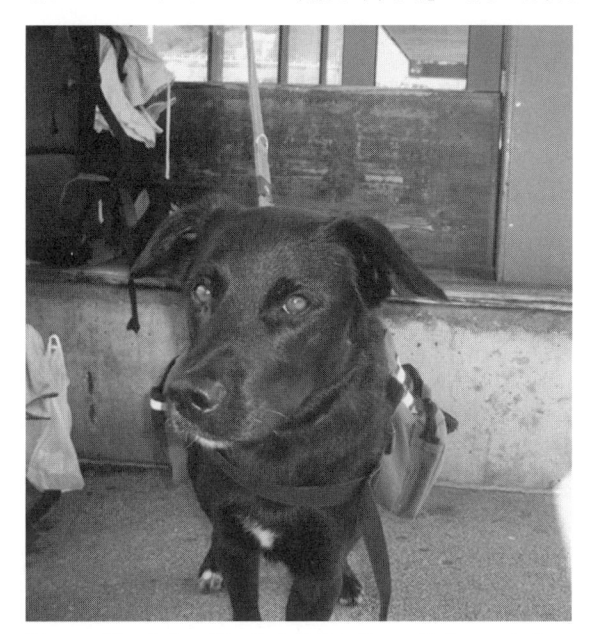

3.1 コンパニオンアニマルとの関係が「うまく」できない日本人   57

図 3.1 飼い主と一緒に登山列車に乗って登山にいくイヌ（スイス）．

zen"というテストがある（American Kennel Club, 2012）．これは，イヌが家や社会でうまく暮らすことができるようにしつけを行うものである．このように，アメリカでは社会の一員としてのイヌのマナーに関する意識が高い．

コンパニオンアニマルが人の社会に適応して周囲に受け入れられて生活するためには，「かわいい」だけではなく，自分が飼っているコンパニオンアニマルが他者へ迷惑をかけないように，立派な社会犬としてのしつけをする必要がある．

（2）「動物は自然のままに」という考え方の弊害

人とコンパニオンアニマルの関係で考えなければならないことの1つが，文化的宗教的背景である．いうまでもなく，欧米はキリスト教の考えが強く，日本では仏教の考え方が強い．たとえば，人や動物が死んだらどこへ行くかどうなるかという概念が，キリスト教では天国に行くとされているが，人と動物は死後の天国の場所が違う．しかし，仏教では，死後は同じところに行

き，輪廻転生という考え方からすれば，人が動物に，あるいは動物が人に生まれ変わる可能性もあるのである．またもう少し古くは，八百万の神の信仰である．さまざまな自然や自然現象に神が宿るという考え方である．したがって，動物も自然の神の化身という可能性もあるのである．日本人は古来より，動物も神の一部としてあがめる文化をもっていた．石田ほか（2004）が，日本人の動物観について調査したところ，「動物への畏敬」「動物が不思議な存在であること」「動物を人間の勝手から操作したり改変させることへの忌避感」のような伝統的動物観は10年間ほとんど変化がなかったと報告している．林（1999）は，日本人は動物と対等な関係であり，動物は利用する対象ではないとしている．欧米では人間を頂点としたヒエラルキーの考えのもと，支配と管理，保護を行っている．一方，日本では，自然のままに対等な存在として動物とつきあってきた．しかし，コンパニオンアニマルとして人社会に入ってきた動物に対しては，管理と保護をする義務が生じる．最低限，まわりに迷惑をかけない飼育管理が必要である．日本の住宅事情，とくに都市部では，住宅が密集しているために，前述のような近隣とのトラブルが考えられる．

　「動物は自然のままに」という考え方の弊害の1つが，去勢・避妊または不妊手術（おもに動物病院では避妊，行政では不妊を使用している）に対する考え方であろう．子イヌや子ネコを産ませない場合は，飼い主がみつからなければ殺されてしまう運命の子イヌ・子ネコを増やさないために，かつ病気の予防のためにという目的もあって，多くの動物病院や行政では，去勢・避妊手術を推奨している．行動面では，去勢手術によりオスイヌは落ちつくとしている（ライアン・加藤，2000）．イヌやネコの飼い主に去勢・不妊手術の有無を聞いたところ，「すべてのイヌに手術をしている」と答えた者の割合が30.8％，「手術をしていない」と答えた者の割合が62.3％となっている。ネコについては，「すべてのネコに手術をしている」と答えた者の割合が72.3％，「手術をしていない」と答えた者の割合が22.3％となっている（内閣府，2010）．濱野（2002）のイヌの飼い主を対象にした調査では，去勢・不妊手術を行っている割合が28.0％，行っていない割合が71.4％であった．とくにイヌで手術を行っていない率が高い．去勢・不妊手術を「していない」または「一部していない」と答えた者に，去勢または不妊の手術

をしていない理由を聞いたところ，イヌでは「自然のままがよいと思うから」をあげた者の割合が 39.9%，「手術する必要がないと考えるから」をあげた者の割合が 39.2% と高く，ネコでは「手術する必要がないと考えるから」をあげた者の割合が 37.0%，「自然のままがよいと思うから」をあげた者の割合が 29.6% と高かった（内閣，2010）．加藤（2001）は，人間から祝福されないで生まれてくるイヌは捨てられるという運命にあり，安楽死させられるという悲惨なことにもなり，あるいは野良イヌを増やすことになると述べている．いまだに多くのイヌやネコが手術を受けていないため，望まない子イヌや子ネコが産まれてしまい，飼い主がみつからない場合，けっきょくは殺処分されてしまう．去勢・不妊手術を受けていれば避けられたことである．

もう1つの弊害は，飼えなくなったコンパニオンアニマルを自然に返すという考え方である．内閣府（2010）が，一般的に飼っているイヌやネコが，いろいろな事情で飼えなくなった場合，どうするのがよいと思うか聞いたところ，「新たな飼い主をさがす」をあげた者の割合が 65.9% ともっとも高かった．しかし，わずかに 1.7% ではあるが，「自然のなかなどに放しにいく」という回答があった．林（1999）は，日本人の動物観の形成に影響をおよぼしている「山中他界」の見方をあげ，日本人には，動物は山や森のなかにいてください，山のなかでどうぞ勝手に，自由に生きてくれ，と放任する意識が潜んでいると指摘している．家庭で飼育されているイヌやネコは放たれて自分で生活していけるとは考えにくい．けっきょくは自分で餌をみつけることができずに死んでいくか捕獲されて殺処分になるだろう．これらの場合の「自然のままがよい」という考え方は，飼い主の責任を放棄していることにもなりうる．

（3）「しつけ」がうまくできない日本人

第2章でみたように，飼い主は子どものような存在としてコンパニオンアニマルをとらえている．子どものしつけの日米の比較の研究をみてみると，子どもがなにかよくないことをしている場面では，こうしなさいと直接，はっきりというのはアメリカの母親に多く，アメリカで少なく日本で多くみられたのは「野菜を食べないと大きくなれないよ」とか「病気になっちゃ

よ」というふうに外濠を埋めていくだけで,「──しなさい」とは必ずしもいわないとしている（東・柏木, 1997).また, 子どもの逸脱行動の母親の統制の仕方にも違いがみられ, 子どもの気持ちを引き立て誘いかけるのが日本, アメリカの母親はこれよりずっと明示的にきっぱり命令するというように（柏木, 1998), 親のいいつけにしたがわない場合, アメリカの母親は命令でしたがわせようとするが, 日本の母親は, 気持ちをくんでもらうように遠まわしにお願いする方略が多くとられるとしている. 飼い主が日本の母親のようなしつけの形態をコンパニオンアニマルのしつけに持ち込むと, 明確な命令を必要とするコンパニオンアニマルは混乱してしまい, しつけがうまくいかない場合が多い.

　日本人は, イヌやネコに強いしつけをすることはかわいそうという考え方をする人がいまだに多い. 林（1999）は, 日本人は動物を放任する意識がどこかに潜んでおり, 飼い主の多くは愛犬をしっかり自分の管理下において, 完全にコントロールすることに違和感を覚えると述べている. 柿沼（2008）は, 日本の飼い主はイヌと良好な関係を維持しようと妥協の方略を用いる可能性があるが, 飼い主へのイヌの要求がエスカレートし, 関係悪化やイヌの肥満などの問題につながる可能性があるとしている. 武内（2008）は, ペットの要求にすべて応える飼育方法の弊害が大きいとし, つねに要求に応えてもらえることを学習すると, 自らまわりの環境をコントロールしようと試み, 気に入らないと歯を使ったりすると述べている. イヌは家族を群れと認識し, 飼い主をリーダーとして生活する. しかし, 飼い主に適切なリーダーシップが欠けているとイヌが感じたときに, 問題が起こると指摘されている（ライアン, 2000). 自分が支配的地位にあると思っているイヌは, 飼い主が支配的姿勢をとったり, あるいは服従行動をとるように命令すると怒り, 威嚇したり咬みついてくる（猪熊, 2001). イヌが落ち着いて家庭で暮らせるようにするには, 人がきちんとリーダーシップをとることが必要であると考えられる. コンパニオンアニマルを甘やかしすぎることは, 双方が不利益を被り, けっきょくは人とコンパニオンアニマルの関係を破綻させることになるのだ.

　もう少し, 人とコンパニオンアニマルの関係性を, 人の母と子の関係性の観点からみてみよう. 平石（2008）が, 母と子を円で表し, 関係の近さを距離で表現したサークル画をみてみると, 1歳から5歳の母と子の関係は, 母

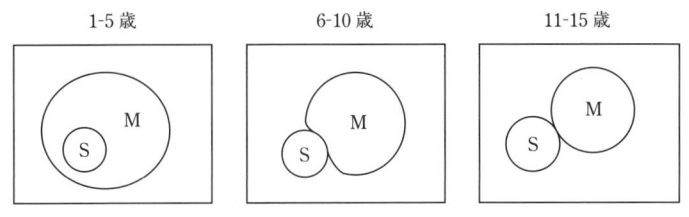

図 3.2 母と子の1歳から15歳のサークル画の例の関係図．母親との関係（S：子ども，M：母親）（平石，2008 より改変）．

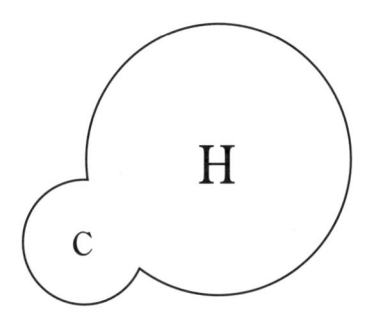

図 3.3 飼い主とコンパニオンアニマルの関係のサークル画．H：飼い主，C：コンパニオンアニマル．

親の円のなかに子の円が内在化して一体化しており，6歳から10歳では境界線はあるものの，母親の円に子の円が少しめりこむかたちで2つの円が密着している関係となっている．その後，おたがいの境界線を保ちながら別の個人としての関係性が発達していく（図3.2）．このような幼少期の親子の一心同体の関係性が，人とコンパニオンアニマルの関係では，永遠に続くのではないかと考えられる．人の親子関係の場合，思春期の訪れとともに子どもは独立し，一個人として親と新たな関係を結ぶ．しかし，コンパニオンアニマルには巣立ちや親離れがない．このように永続的にべったりとした親子関係を継続できるのである．この一心同体の感覚は，半分は自分と溶け合っている感じがするので，受容されている感覚が強くなると考えられる．飼い主とコンパニオンアニマルの関係性を前述の平石（2008）の図を参考に表すと，図3.3のようになると考えられる．親子関係の場合には母と子の間に境界線が存在したが，人とコンパニオンアニマルの関係の場合には半分溶け合

っている感覚を得られるので，接している円の境界線はないに等しい．このような関係は，人間どうしの関係には親子や夫婦関係のなかで一時的に体験できたとしても，永遠に続くことはない．

　人の親子関係の場合は，密着関係が続くことが親離れ子離れできない状態を招き，弊害となる．しかし，コンパニオンアニマルとの関係の場合は，この一心同体が継続するのである．この感覚は心地よいが，度が過ぎれば，自他の境界があいまいになり，自分本位な飼育になったり，ほかの人との関係をわずらわしく思ったりするかもしれない．言葉が介在せずに意思疎通ができて，自分を必要としてくれて，自分のことを無条件に受け入れてくれる．そのような関係は，対人関係ではほとんど夢のような話だからである．コンパニオンアニマルの場合，条件に関係なくあなたがあなたであれば好きになってくれて，全身でそれを表現してくれる．社会生活を行ううえで，人はありのままではいられない．その職業にあった役割をとり，家庭に帰れば父や母というような役割が待っている．しかし，コンパニオンアニマルは，ありのままを受け入れてくれる．対人関係の場合は，言葉を駆使して相手の意図を読み取り，言葉の裏を読まなければならないので，ときに疲れてしまう．しかし，人はさまざまな関係性のなかで生きている．コンパニオンアニマルとの関係だけにはまり込むことは，社会生活を回避し孤立してしまうことにもなりかねない．

　このようになってしまうと，もはや愛着関係ではなく，共依存関係になってしまう．共依存関係とは，おたがいが存在しなければ生きていけないという，相手によりかかった1人では生きていけない状態の関係性である．そのような飼育下にいるコンパニオンアニマルも不幸になってしまう．日本人は，コンパニオンアニマルとの心理的な距離をとるのがむずかしい．コンパニオンアニマルは動物である．コンパニオンアニマルは子どものような存在ではあるが，やはり動物である．コンパニオンアニマルを子どものように大切にするのも擬人化するのも悪いことではない．しかし，コンパニオンアニマルも，その動物種に合った適切な飼育や適切な人との距離を保証されて生活できなければならないと考える．

3.2 「うまく」いかないペットロス
――コンパニオンアニマルの喪失

（1） コンパニオンアニマルと人の喪失の異なる点

　コンパニオンアニマルの喪失と人が対象の喪失と異なることの1つは，「動物が死んだくらいで」とか「また別の動物を飼えばよい」という心もとない言葉でさらに傷つくこととなってしまうことだろう．高柳・山崎（1998）は，動物の死と人の死の違いは，動物の死は悲しみに対する周囲の理解が得がたいことだと述べている．また，ハーヴェイ（2004）は，「ペットロス」は公に認められにくいため，社会的なサポートがほとんどない喪失の悲しみの1つであると述べた．飼い主にとって，コンパニオンアニマルの喪失は大きなストレスであるけれども，他者からは代替可能なたんなる動物の死ととらえられることが多い．そして，周囲に理解されにくく軽視される傾向があるので，悲しみが増長されてしまうことがある．反対に，こんなにいつまでも悲しみを引きずっている自分は異常なのではないかと思ってしまう人も多い（鷲巣，2008）というように，自ら悲しむことを否認してしまう飼い主もいる．Keddie（1977）は，「ペットロス」の事例から，その悲嘆は人を喪失したときと類似の反応をするとし，「ペットロス」の適応過程は重要な他者と死別したときと類似しているとしている．愛着対象であるコンパニオンアニマルを喪失したときは，飼い主は深い悲しみに陥る．その際に，十分に悲しむことができる環境や，周囲の理解やサポートがあれば，その悲しみは増長されることはなく，飼い主は立ち直りに向かっていくだろう．

　つぎに異なると考えられる点は，コンパニオンアニマルの場合は，安楽死という選択があることである．動物を安楽死させる状況として，尾形（1999）は，外傷や不治の病のため動物が苦しんでいる場合，行動上の問題，とくに攻撃性をもつ場合，その動物のQOLが疾病や高齢のため著しく低下している場合，健康な動物でも飼い主の都合で飼育できなくなった場合をあげており，実際はこれらの4つの分類が飼い主の経済的理由や環境により，相互にオーバーラップすることがあると述べている．つまり，諸事情があってコンパニオンアニマルを安楽死させるわけであるが，その選択は飼い主が

決定しているのである．

（2） 複雑なペットロス

　ほとんどの飼い主は，コンパニオンアニマルを失ったときには，時間の経過が必要であるが，コンパニオンアニマルがいない生活に適応していく．しかし，ときには，うまく回復しない飼い主がいる．このような対象喪失にともなう悲嘆を病理的悲嘆（pathologic grief）という．Jacobs（1993）は，遺族が慢性的で強い抑うつや分離の苦痛もしくはその両方を経験している状態と病理的悲嘆を定義している（ハーヴェイ，2004）．または，正常悲嘆と区別して複雑性悲嘆といい，瀬藤（2010）は，一致している見解として，6カ月以上の期間を経ても強度に症状が継続していること（期間），故人への強い思慕やとらわれなど特有の症状が苦痛で圧倒されるほど極度に激しいこと（症状），そして，それらにより日常生活に支障をきたしていること（生活への支障）の3点が重要視されていると述べている．この病理的悲嘆の状態の場合は，精神科医師や臨床心理士などの専門家の介入が必要であると考えられる．さらに，問題となるペットロスとして，横山（2001）は，社会的不都合が生じるとき，病的になるとき（うつ病），つぎのペットが飼えないとき，「ペット」の喪失（感情）がまったくないときをあげている．

　ラゴニーほか（2000）は，コンパニオンアニマルの喪失にともなう悲嘆を複雑にする飼い主，喪失状況，サポートなどの要因をいくつかあげている．そのなかで，喪失原因の予期しない失踪がある．Planchon et al.（2002）は，イヌやネコの喪失原因が，病気よりも，事故死や安楽死の場合のほうが，悲嘆は長期間続いたと報告している．事故死の場合，飼い主が事故を回避できなかったことへの自責の念であろうと考察した．また，イヌを安楽死させなかった飼い主の悲嘆が長かったことは，イヌの苦しみを取り除かなかったと自分を責めたからであろうと考察していた．人の死と同様に，死の状況が悪い状況をより悪くする可能性があると述べている．しかし，安楽死の悲嘆の長さの考察に関しては，日本の飼い主の場合は，コンパニオンアニマルの代弁者となって安楽死の選択をするために，後々まで飼い主を苦しめ，安楽死を選択したことに対する自責の念が苦痛をともなって続いていた（濱野，2004）ことから，日米の動物観の違いにもとづいた理由を考える必要がある

と考えられる．

　つぎに，複雑なペットロスのケースを紹介する．コンパニオンアニマル（イヌ）を突然の失踪で失い，失踪から11年が経過していた．飼い主は殺処分された可能性があると感じているが，「まだ生きているのかなってずっと信じている」「似ているイヌをみるとあの子じゃないかなと思う」とイヌの喪失の事実は受け入れがたく，「忘れようとするのではなく，忘れないようにしてる．自分がなにもできなかった．なんか，罪ほろぼしなんだけど」と直接の失踪原因が飼い主にない場合でも罪悪感を抱えていた．また，「まだ忘れられない．ときどき思い出し悲しくなる」「どんなイヌを飼っても，悲しみは癒されない」と語っており，10年以上経ったいまでも死の受容が困難であることがうかがえた（濱野，2002）．この飼い主は普段は問題なく生活していたが，そのイヌの話になると悲しみを語り出した．しかし，この長すぎる悲哀の過程を病理的悲嘆に分類するのは不適当であると考える．なぜならば，普段は社会生活を滞りなく送っているからである．したがって，このケースは，喪失原因が予期できなかったことによる複雑化した悲嘆であるといえる．

　正常な悲嘆と病理的悲嘆を区別することは重要である．一方で，正常な悲嘆であっても，人によっては回復までに長い時間がかかる場合がある．宮林（2003）は，対象喪失を受け入れるための変化時点は，平均で4.6年かかるとしている．コンパニオンアニマル喪失の変化時点も5年であるという結果が得られた（濱野，2007a）．ラゴニーほか（2000）は，喪失の重要さによっては，正常な悲嘆の過程でも何年も続くことさえあるとしている．このように，受容するまでに長い期間がかかる場合や短期間の場合がある．それは，喪失対象との生前の関係性や自身のなかの対話のやり方，折り合いのつけ方は1人1人異なるからである．大切な対象を失うことは，とても辛く悲しい苦痛に満ちた経験である．そこから抜け出すには時間とエネルギーを費やす．しかし，それは亡くした対象がとても大切だったからにほかならない．したがって，時間をかけてゆっくりと自分のペースで折り合いをつけていく必要がある．

3.3 飼育放棄

（1） コンパニオンアニマルの殺処分の現状

コンパニオンアニマルは家族の一員として飼われていて，彼らから受ける恩恵は多大である．にもかかわらず，コンパニオンアニマルの飼育を放棄する人がいる．個々人でみると，理由はさまざまであろう．湯木（2012）は，飼育できなくなり動物管理センターに動物を連れてくる理由として，もっとも多いのが，飼い主の病気，入院，死亡，つぎに，引越し，ここ数年増えているのが，イヌが高齢で病気になり世話ができないという理由であると述べている．もし，ほんとうに家族であれば捨てることはありえないだろう．コンパニオンアニマルを手放さなければいけない事態が発生したときに放棄する人と，しない人がいる．その境目は明らかなのであろうか．内閣府（2010）は，全国の自治体において，年間にイヌが約11万頭，ネコが約20万頭引き取られていると述べている．この数値から推察すると，特別な人々が捨てるわけではなく，条件がそろえばだれにでも起こりうる連続的なものであると考えられる．

一方，捨てられたコンパニオンアニマルは，けっきょくは殺処分されてしまう．環境省の調査によれば，2010年度には，イヌが約5万頭，ネコが約15万頭処分されている（環境省，2010）．周知の事実であるが，飼い主の飼育放棄や捕獲された動物を抑留する間は，世話をする費用がかかり，さらに殺処分するためにも費用がかかる．これらは税金で賄われている．これは，道徳的にも倫理的にも経済的にもとても憂うべき現実である．もし，殺処分数が減れば，この費用はほかのことに有意義に使うことができる．これは日本社会の問題であり，国民全員が取り組むべき問題であると考える．愛護の観点からだけではなく，なんの目的もなく動物の命を奪うという矛盾した現実がある．ここまで多い殺処分の数をみると，これは個人の問題ではすまされない社会の問題であると考える．殺処分を担当するのが獣医師である．筆者の大学の同期だった友人も保健所に勤めてその役割を担っている．社会の責任を彼らが引き受けているのである．

一方で，各県の動物愛護センターは殺処分数を減らすために，イヌやネコ

の譲渡や去勢・避妊手術の啓蒙活動に取り組むなど，さまざまな努力を行っている．長野県の動物愛護センターのハローアニマルは，動物ふれあい教室，ふれあい訪問や動物訪問活動を行っている（和田ほか，2000）．また，民間の団体も保護シェルターをつくって，新しい飼い主を探す活動を行っている．自治体でのイヌやネコの殺処分についてどう思うか聞いたところ，「殺処分を行う必要がある」と答えた者の割合が 55.8%，「殺処分を行う必要はない」と答えた者の割合が 29.3%，「わからない」と答えた者の割合が 11.4% となっており，「殺処分を行う必要がある」と答えた者の割合は 60 歳代，70 歳以上で，「殺処分を行う必要はない」と答えた者の割合は 20 歳代，30 歳代で，それぞれ高くなっていると報告している（内閣府，2010）．また，土田・増田（2008）は，大学生にどのような場合に安楽死を認めるかについて調査した結果，飼育の有無にかかわらず，安楽死を認めない学生は 23-24% であったと報告している．このように高齢の年代よりも若い年代のほうが安楽死を否認している理由として，若い年代のほうがコンパニオンアニマルを家族ととらえる年代であるということが考えられる．このような社会的認知が，捨てる行為のある程度のストッパーとなる可能性がある．

　1974 年ではイヌは約 119 万頭，ネコは約 6 万頭が殺処分されていたが，2010 年度では，イヌが約 5 万頭，ネコが約 15 万頭（環境省，2010）となっており，イヌではその数が激減している．しかし，反対にネコは増えているのである．ネコは野良ネコどうしの交配，屋内外飼育のネコの交配によって，飼い主のいないネコが増えていると考えられる．香取（2012）は，地域ネコの活動を行っており，自治体と動物病院が協力して野良ネコの去勢・不妊手術に取り組んでいると報告している．コンパニオンアニマルを捨てる人がいる．その反面，コンパニオンアニマルを救う人もいる．いまだに飼育放棄された多くのイヌやネコが殺処分されている．いつかこの数値がゼロに近づくためには，私たちの努力とコンパニオンアニマルは家族の一員であり社会の一員であるという社会的認知や，早期からの子どもへの教育が一助となるだろう．

（2） シェルターのイヌを利用した海外での取り組み

　筆者は，アメリカのミズーリ大学に研修する機会を得て，ジョンソン博士

が所長を務める人と動物の相互作用研究所（Research Center for Human-Animal Interaction; ReCHAI）のいくつかの動物介在活動のプログラムに参加した．そのなかの1つに，シェルター（動物の保護施設）のイヌを利用した"Walk a Hound Lose a Pound（WAH）"という動物介在活動の地域に向けてのプログラムがあった．このプログラムでは，希望した参加者とシェルターのイヌが一緒に散歩する．基本的に，シェルターのスタッフが散歩するのに順応性があり友好的なイヌを選択する．目的は，イヌを動機づけとして，子どもや大人の身体活動を増進させることである．Johnson（2011）は，同年齢のシェルターのイヌを高齢者と散歩する実験群と，散歩しないコントロール群に分けて実験前後のイヌの行動評価を比較し，その後を追跡調査した．その結果，実験群のイヌは，コントロール群よりも有意にネガティブな行動が減少した．また，実験群のイヌは，コントロール群よりも新しい飼い主に引き取られる率が高く，安楽死される率が低かったことが報告されている．シェルターのイヌはプログラム参加者と散歩することによって行動が改善され，引き取られる率が増加することが示唆された．

　他方，このプログラムの利点と考えられることは，参加者がシェルターのイヌと接するために，シェルターに保護された動物のことを考える機会になるということである．とくに，子どもたちがシェルターのイヌに接することによって，安楽死のことを考える機会を得るということは，いのちについて考える機会になり，動物介在教育の1つになる可能性があるのではないだろうか．その他の利点として，参加者は，シェルター犬の散歩や，シェルター動物の安楽死軽減につながるボランティアに参加できるということであった．本プログラムは，参加者にとって，自身の健康の増進に加えて，ボランティアを行うという能動的な利点があると考えられた．このようなプログラムを日本に導入する際は，シェルターの状況やシステム，日本人の動物観や文化背景に留意しなければならない．今後，このように保護された動物を用いた，人と動物の双方に利益がある動物介在活動のプログラムを行うことで，放棄された動物の殺処分数を減らすことができるのかもしれない．

3.4 コンパニオンアニマルの虐待

　まず，日本の子どもの虐待の現状をみてみよう．子どもの虐待は，「児童虐待の防止等に関する法律」の定義によれば，「身体に外傷が生じ，又は生じるおそれのある暴行を加える身体的虐待」「わいせつな行為をすること又はわいせつな行為をさせる性的虐待」「著しい暴言又は著しく拒絶的な対応，同居する家庭における配偶者に対する暴力，その他の著しい心理的外傷を与える言動を行う心理的虐待」「心身の正常な発達を妨げるような著しい減食又は長時間の放置，その他の監護を著しく怠るネグレクト」に分類される．日本では子ども虐待の発見件数が増え続けている．児童相談所の児童虐待相談対応件数は，2000年で1101件であったのが増加の一途をたどり，2010年では55152件となっている（厚生労働省，2011）．このことは，単純に虐待数が増加したことと同時に，社会が虐待に関心をもつようになって，虐待の事実が明るみになってきた可能性があると考えられる．

　つぎに，動物虐待の定義についてみてみると，アシオーン（2006）は動物虐待を「意図的に必要のない痛み苦しみ，もしくは苦痛を引き起こすこと／または動物を殺す，社会的に受け入れ難い行動」と定義している．日本では，環境省（2009）は動物虐待を積極的（意図的）虐待とネグレクトに分けている．積極的虐待とは，やってはいけない行為を行う・行わせることであり，具体的には，殴る，蹴る，熱湯をかける，動物を闘わせるなど，身体に外傷が生じるまたは生じる恐れのある行為，暴力を加える，心理的抑圧，恐怖を与える，酷使などの行為であるとしている．ネグレクトは，やらなければならない行為をやらないことであり，健康管理をしないで放置すること，病気を放置すること，世話をしないで放置することなどとしている．動物虐待件数に関しては，「動物の愛護及び管理に関する法律」違反人員が公表されており，2000年で通常受理が3人，2008年で52人となっている．

　動物の遺棄・虐待事例等調査報告書（環境省，2009）では，マスコミ報道された「動物の遺棄・虐待及び関連法違反及び違反容疑一覧」をあげている．動物の首を切ったり，毒物を飲ませて殺傷したケースや，肢や尾などの体の一部を切断したりしているケースである．客観的事実にもとづいて記述されているが，どれも目を覆いたくなる内容である．動物が嫌いな人，関心がな

い人はこのような動物虐待は関係のないことと思うかもしれない．しかし，そこに虐待という理不尽な暴力が存在する限り安寧としてはいられない．なぜならば，私たちの生活のすぐ隣にその理不尽な暴力が存在し，子ども，高齢者がつぎに犠牲になるかもしれないからだ．幼い子どもやコンパニオンアニマルをどのように世話をして育てるかは，社会文化的な影響下にあり，その多くが家族にかかっている．そこでどのような道徳をもち，ふるまうかはその家族次第なのである．社会にある暴力は弱い立場に向かう．

インドの著名な政治家で非暴力運動の指導者であるマハトマ・ガンジーは，「国の偉大さや道徳的発展は，その国の動物の扱い方でわかる」という言葉を残したとされている．動物をどのように扱うかはその国の文化の高さを表すのではないだろうか．日本は他国に誇れるような動物の扱いをしているのだろうか．日本人は，動物の立場に立つ，人と動物は対等な立場であると考える，動物に対して畏敬の念を抱いているという動物観をもっている．これらが負の側面に働く場合もあるだろう．しかし，よい影響を人とコンパニオンアニマルの関係に与えれば，おたがいを尊重した，おたがいに利益のある関係を築けるであろう．人とコンパニオンアニマルの関係をみることで，個別的にはその個人の他者とのかかわりのありようや愛着機能などを垣間見ることができる．さらに俯瞰すると，その国の文化の程度をみることができるのかもしれない．

東（1999）は，社会と家族の関係は，どちらかがどちらかを一方向的に規定するのではない，むしろ家族は新しい文化を生みかつ社会に発信する可能性を豊かにもつものであると述べた．現在，日本経済は低迷し，2012年5月の完全失業者は297万人（総務省，2012）となっている．また，青少年の犯罪や無差別に起こる殺人事件，いじめ問題も深刻化している．このような社会の問題は，家族や個人にさまざまな影響を与えるだろう．しかし，東（1999）が，社会が家族や個人に影響するのと同じように，家族や個人から社会への伝達も起こるとした．私たちが家族のなかで，守るべき立場の子どもやコンパニオンアニマルを慈しみ，家族に愛を注ぐという行為は，ゆっくりと，しかし確実に社会をよい方向に導くことに貢献するだろう．

II
産業動物

花園　誠

　現代日本では省力化と防疫の観点から，家畜と人との接点は消失しつつある．家畜の肉食利用に関しては，歴史を振り返ると，国策として禁忌とされた時代もあったが，度重なる禁令にもかかわらず日本の肉食文化は継続してきた．日本においては「ウチ」と「ソト」の空間弁別が徹底しているため，天皇を「ウチ」としたときに対極する「ソト」の世界では，「肉食」さらには「内臓食」に対する禁忌もなかったのである．

　そして日本人は，動物に対しては，「すみわけるべきである」との意識が強く，パーソナル・スペースを「ウチ」の極とする「ウチ」⇒「ソト」の同心円構造のどこかに動物を位置づける．このとき，「ソト」の世界は日本人の感覚として関与のおよばない異界であるため，「ソト」の動物に対しては無関心である．それゆえに，動物福祉的な配慮も希薄となる．

　また日本人は他律的であり，その場に存在する人と動物のもつ特性は，能動的にというよりは，まったく受動的に「場（＝空間）によって」決定されてしまう．この日本人のもつ他律性は，自我と動物に対して状況による可変性を付与し，日本における「人と動物の連続性」および「人と動物の易変身性」の成因となった．

4
産業動物の歴史

4.1 産業と動物

　第II部では「産業動物」を取り扱う．本論に入る前に，「産業動物」について定義し，そして，本論で取り扱う産業動物の範囲について言及する．「産業」とは「人間が生きていくために必要なものを生産あるいは提供する経済的活動」とされている．そこで，本論ではこの前提に立ち，「産業動物」を「人間が生きていくために必要なものを生産あるいは提供する過程において，主要な役割を担う動物」と定義する．

　「産業」については経済学者によりさまざまに整理・分類されているが，本論では，なじみの深い「クラークの産業分類」にしたがうこととする．クラーク（1945）は，産業を「第一次産業」「第二次産業」「第三次産業」の3つに大分類した．第一次産業には「農業・林業・水産業・畜産業」などが，第二次産業には「工業生産および加工業・エネルギー生産業」などが，そして第三次産業には「小売・情報通信・金融・運送・サービス」などの「非物質的生産業」が含まれる（表4.1）．

　これらの産業の成り立ちについて歴史をふりかえり，その時々の「産業のしくみ」を検証すると，時代につれての変遷はあるものの，第一次・第二次・第三次に分類される産業のすべてに「産業動物」は存在していた．ウシ，ウマ，ロバ，ラクダ，イヌ，そしてゾウなどの「使役動物」である（在来家畜研究会，2009）．これらの動物は，耕作や荷役などの単純な労働力として，人の乗用として，そして，その特殊能力を経済的活動に応用するなどして，産業に主要な役割を担ってきた．しかし現代では，産業の機械化により，そ

表 4.1 クラークの産業分類.

第一次産業	農業	林業	水産業	畜産業	
第二次産業	工業	建設業	製造業	加工業	
第三次産業	商業	運送業	サービス業	金融業	情報通信業

の労働力はしだいに必要とされなくなり，使役動物としての絶対数は減少の一途である．たとえば，ウマは，かつて人・物資の移動に欠くことのできない労働力であったが，いま，その主役の座はすっかり自動車に奪われてしまい，自動車の性能の目安に「馬力」が使われることに，かつての地位の名残をとどめるのみである．

近年になり，イヌが，その服従性，聴覚，嗅覚などの動物種としての特徴を活かした使役に使用されるケースが，新たに生まれた．盲導犬，聴導犬，介助犬，麻薬探知犬，警察犬などである（猪熊，2001）．ただ，その絶対数は少なく，障がい者の支援あるいは警備や警察の支援として，「主要な役割を担っている」とはとてもいいがたい現状である．

以上のように機械化が進み，使役動物がその座を追われた現代でも，なお動物の存在がその産業のなかで「主要な役割を担っている」といってまったくよいものが第一次産業のなかにある．「畜産業」である．畜産は「土地の生産力を利用して家畜を飼育し，増殖，改良し，その生産物を利用する産業である」と定義されている（畜産大事典編集委員会，1996）．この産業活動のなかで，家畜は「——その身体から産出されるものの利用の可能性，すなわちそれが経済的に重要であることが家畜であることの主要な条件である」とされている（加茂，1973）．「その身体から産出されるもの」としては，「肉」「乳」「毛」および「皮」があげられるが，有史以前からの人と動物のかかわりにあって，それらの「もの」は「人間が生きていくために必要なもの」として重用され続けてきた．

それらのものは，機械化，さらにはIT化が進んだ現代社会においてもなお，そして洋の東西を問わず，ゆるぎない生活上の重要かつ主要な地位を占めている．現代日本人の生活を軽くふりかえってみよう．朝の食卓に牛「乳」，冬に羽織るセーターに羊「毛」，外出時のブーツに牛「皮」，そして夜の食卓にブタ・ウシの焼き「肉」，と日々の生活のなかにしっかりと「その

身体から産出されるもの」は定着している（小林・清水，1999）．このように身のまわりを見渡すとき，畜産業の恩恵を受けずに生活している日本人は，皆無であるといってよいのではないだろうか．そこで本論では，産業動物のなかでもとくに「畜産動物」に焦点をあて，「日本の動物観」について論考を進めることとする．

4.2 日本における畜産動物の歴史

（1） 縄文時代-弥生時代

紀元前8000年ごろから始まる縄文時代は，もっぱら狩猟・採取に頼る時代であったが，「当時の関東の気候は，現代の九州南部の気候に相当した」（石川，2010）という，現代より温暖な気候がその生活様式を可能にしていた．原始的な農耕はそれより後の時代の，縄文時代の中期以降に始まったと考えられているが，紀元前300年ごろの弥生時代になると，大陸より水耕稲作が大陸人とともに伝来した．水耕稲作は温暖湿潤な日本の風土に適合，その後，各地に伝播し，米食を中心に据えた食文化が形成される基盤をつくったが，大陸から伝来した水耕稲作は，そもそもが有畜農耕ではなかった（水耕と畜産が結びついていなかった）うえに，温暖湿潤な気候による巨大な植物のバイオマスが狩猟対象となる野生動物資源を保障したこと，そして，海に取り囲まれた立地にあっては海産の動物資源利用が容易であった（樋泉，2008）ことなどの理由もあり，動物資源確保のための畜産は発達しなかった．あえていうならば，この時代，狩猟補助のためのイヌに産業動物（畜産動物）の原初を認めるのみである（緒方，1945; 谷口，2000）．

（2） 古墳時代-平安時代

5世紀，天皇を頂点とする支配体制が成立したころになると，大陸との交流もさかんになった．645年には呉からの帰化人である善那が，飼育牛からの搾乳で得た牛乳を孝徳天皇に献上したとの史実がある（江原・東四柳，2011）．675年，天武天皇は「牛馬犬猿鶏の宍（肉）を食うこと莫れ」と肉食禁止令を発布したが，この禁令は牛馬などを公的に保護し，その後の産業

動物化の基盤となったと評価できる．そして700年，各地に「牧」がつくられ，牛馬の放牧が始まった（柴田，2008）．この時代，文武天皇は牛乳を煮詰めた「蘇」を毎年朝廷に貢納させ（江原・東四柳，2011），中央集権的に酪農を推進した．翌701年，家畜の飼養や家畜の殺生を禁ずる規定を盛り込んだ大宝律令が制定された．このときより，牛馬は産業動物として公的に位置づけられたといってよい．ただし，原田（1993）によると，その殺生禁断の目的は，水耕稲作を推進するための労働力の確保にあったという．

（3） 鎌倉時代-安土桃山時代

この時代以降，日本の社会は，武家が急速に台頭する．武家社会が優位であった東日本では「生物兵器」としてのウマの需要が高まり，ウマが精力的に増産された．しかし，西日本では，農耕のためのウシの需要が増し，おおむね木曽川を境界にして，東日本は「ウマ」，西日本は「ウシ」という大型家畜動物の地方分布が，この時代に形成された（森田，1999a）．豊臣秀吉が太閤検地を実施した時代には，この牛馬の飼育頭数は合計して百数十万頭程度とされている．

（4） 江戸時代

徳川家康が国内を平定，その後300年も続く政権の安定期に入ると，各藩は軍備よりも産業に重きを置くようになった．この時代には貝原益軒の『菜譜』，大蔵永常の『農具便利論』などの「農書」（農業指導書）が数多く刊行された．家畜の飼育方法が記述された宮崎安貞による『農業全書』が刊行されたのもこの時代である（木村，2010）．江戸時代の後期に入ると，全体的な傾向として牛馬の飼育は停滞したが，大阪を中心に商人の文化が隆盛，貨幣経済が発達し，牛馬の商品化とブランド化が進展した．東日本（東北地方）の南部駒と三春駒，それから西日本（中国地方）の但馬牛がとくに有名で，これら家畜の商取引も活性化した．享保12（1727）年，八代将軍吉宗は，インドから白色の乳牛を輸入し，安房嶺岡（現在の千葉県南房総市大井）で飼育させ，搾乳した乳より薬用として加工乳製品（白牛酪：バター）をつくらせた．この試みに追随し，水戸藩をはじめとして，各所に養牛場がつくられた（加茂，1976）．また，この時代になると薩摩や沖縄以外でもブ

タが食肉用として飼育されるようになった．すなわち江戸時代の，とくに後期になると食肉生産の産業化が認められるようになる．

(5) 明治時代

明治維新になり，政府は西欧化の一環として欧米型の畜産方式を導入，土地利用と一体化した畜産を国策として推進した．さまざまな品種の家畜を輸入，種畜場を開設，原野を開墾したのである．とくに軍需から羊毛のための牧羊に力を注いだ．その結果，1888年には全国262カ所に牧場を開設するまでにいたったが，欧米の風土で発達した畜産方式がそのまま日本の風土に適合するはずもなく，北海道などの一部の地域をのぞき，その大半は失敗に終わり，政策は撤回される．ただし，農耕のための牛馬はその生産性の向上に貢献が大であり，労働力として非常に重宝された（森田，1999a）．

さらに時代が進むと政策的に食の西洋化が促進され，畜産食品の需要はしだいに伸びていった．しかし，食の西洋化の先導的役割は天皇を頂点とするその時代の上流階級が担っていたこともあり，食の西洋化は都市部に集中した．その結果，都市部周辺に畜産が勃興するが（水間，1995），土地利用の制約から畜産動物は自ずと舎飼となり，集約的に高能力品種を管理する方式が発達した．後のわが国の畜産の特徴となる「土地に依存しない」加工型畜産の始まりである．

(6) 大正時代

第一次世界大戦が勃発，大戦景気により畜産業も急激に振興した．それにつれて都市部を中心にして牛乳の消費も伸びた．この時期，搾乳業者数は全国で43000を超えたが，1戸あたりの飼育頭数は20頭程度と小規模であった．そして，そのほとんどは土地に密着した放牧形式の酪農ではなく，産乳牛を舎飼し，混合飼料（刻んだ稲わら・フスマ・配合飼料）を与え，泌乳量が低下すると肉用牛へ転換して屠畜，新たな産乳牛を購入するという効率化重視の飼育形態であった（水間，1995）．

(7) 昭和初期-戦後復興期

昭和初期，世界恐慌が日本経済を圧迫，日本の農業も打撃を受けた．1931

(昭和6) 年，時の政府は,「有畜農業奨励規則」を公布した．そして，都市部における畜産食品の需要が現金収入に直結したこともあり，農家における家畜飼養が浸透していった．しかし，家畜のために耕作地を牧草地として転用するという施策ではなかったので，農産物の残滓で賄える程度の家畜を飼育するという「零細な畜産業」が全国各地に勃興，その結果,「土地に依存しない」加工型畜産の原型が全国に波及した．

1941年より始まる第二次世界大戦は，労働力の不足，飼料作物の不足を招き，国内の畜産は大きく減退する．大戦終了後，畜産業は復興に向けて動き出すが，300万人を超える戦死者を出したこともあって労働力の不足はすぐには改善せず,「①家畜管理における省力化のための機械化，②群飼育にともなう収容施設・畜舎構造の見直しや畜舎環境の検討と制御，③同じく群飼育での家畜間や管理者との関係も含む家畜行動への理解とそれによる群の制御，④集約・多頭羽にともなう糞尿の処理」が管理の課題とされ（森田，1999b)，集約化が進む．畜産は，時代の趨勢として，少人数多頭飼育という省力化の道をたどることになったのである．

わが国では1950年の朝鮮戦争をきっかけとした特需景気を背景にして，1952年,「有畜農家創設特別措置法」が制定された．目的は「計画的且つ効率的に有畜農家の創設を促進するために，当分の間，これに必要な助成措置を講ずることにより，農業経営の合理化を推進し，その総合生産力の向上に資すること」であり，ウシ・ウマ・めん羊を対象動物とした．同年には政府が輸入飼料の買い入れ・保管・売り渡しを実施,「飼料の需給及び価格の安定を図り，もつて畜産の振興に寄与すること」を目的とする「飼料需給安定法」も制定している．そして1953年に「集約酪農地域制度」が制定された．目的は「酪農及び肉用牛生産の近代化を総合的かつ計画的に推進するため」の「濃密生産団地」の形成である．さらに翌1954年には「酪農振興法」が制定され，国策として集約的な酪農が積極的に振興された（北出，2001; 森田，1999a)．そのため学問的には家畜の飼養に生物学だけではなく，経営工学も含めた工学的なセンスも必要とされるようになり，1961年に広島大学の三村耕が，そして翌1962年に九州大学の岡本正夫が家畜管理学を起こした（三村・森田, 1982)．

（8） 農業基本法制定後，そして現代

1961年，畜産の変革に大きな影響を与えた「農業基本法」が制定された．1999年の「食料・農業・農村基本法」の施行により廃止されるまで「農業の憲法」として，畜産の合理化を国策として推進した．図4.1，図4.2，図4.3は，1961年からの畜産統計である．農林水産省が2007年に公表した「長期累年統計表一覧」より作図した．家畜飼養頭数については，乳牛・肉牛ともに顕著な増減はなくほぼ横ばいで推移しているが，ブタに関しては1961年の260万頭から1990年には1200万頭と約4倍強の増加を示している（図4.1）．

しかし，1961年から2006年にかけてのそれぞれの飼養戸数は，乳牛は41万戸から22000戸，肉牛は200万戸から74000戸，ブタは100万戸から7000戸と，いずれも激減している（図4.2）．すなわち1戸あたりのそれぞれの飼育頭数に換算すると，1961年の時点では，乳牛は2頭，肉牛は1頭，ブタは2頭となり，小規模飼育が全国的な一般傾向であったが，農業基本法の制定後，乳牛・肉牛（図4.3A），ブタ（図4.3B）のいずれについても1戸あたりの経営規模は著しく拡大した．とくにブタに関しては，2006年には1戸あたり1230頭と，とくにその拡大傾向が顕著である．

ところが，わが国の農業は水田稲作が主流であり，飼料作物を生産する畑地の確保はむずかしく，この規模拡大が可能になったのは無関税で飼料作物が輸入できたからである．換言するとわが国の畜産は，現代になってようやく産業化に成功したが，それは輸入した濃厚飼料に大きく依存する「土地に依存しない」加工型畜産としての産業化であった．また，森田（1999a）は産業化を可能にした要因として，「①畜産食品需要の増大」（1955年からの20年間で，1人あたりの牛肉の消費は3.0倍，豚肉のそれは12.3倍に増加），「②資金借入の容易化」（農業基本法による改革を推進するために1961年に農業近代化資金助成法を制定），「③技術面の進歩」（省力下で多頭飼育を保障する飼育技術の開発）の3点を指摘した．資本主義経済で産業として成り立つためには「利益をあげられること」が要件であるが，「少人数の多頭数管理」（鈴木，1982）を徹底して人件費の削減に努めることが必要となる．そのため経営の集中化が促進され，全国に畜産団地が誕生した．

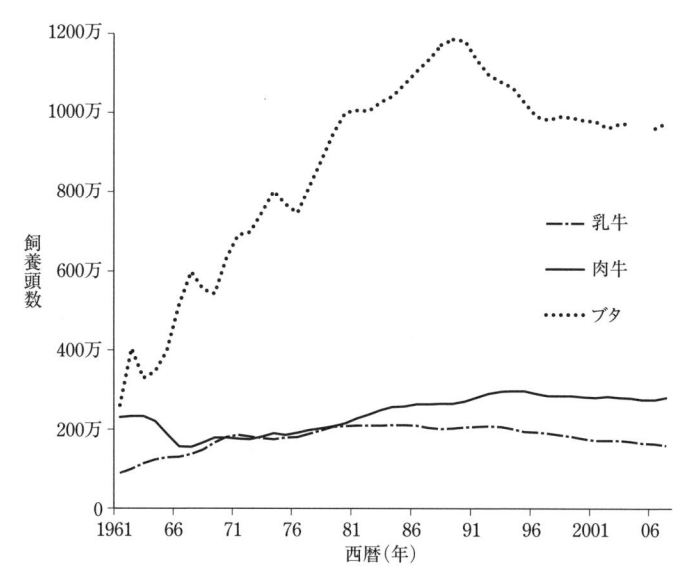

図 4.1　家畜飼養頭数の推移.

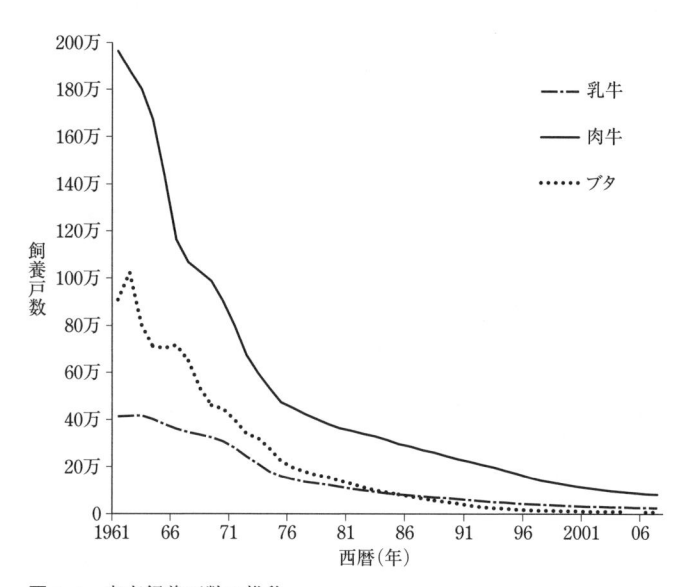

図 4.2　家畜飼養戸数の推移.

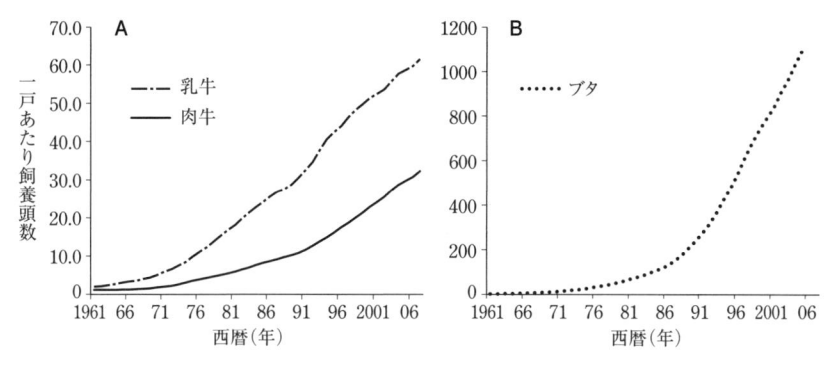

図 4.3　A：1戸あたりの飼養頭数（ウシ），B：1戸あたりの飼養頭数（ブタ）．

この省力化の過程で，管理の機械化も進む（野附，1991）．とくに酪農ではロボット化が進み，「①酪農牛舎作業の約50%を占める搾乳ロボット，②子ウシの哺乳ロボット，③各種飼料を混合し，自動給餌するTMR調整・給与ロボット，④生糞に完熟堆肥を自動的に混合し，堆肥の自動調節と牛床に堆肥を自動的に投入する堆肥ロボット」が導入されている（平野，2005）．この傾向はとくに大型の酪農経営において顕著である．

(9)　わが国の畜産業の特徴

　歴史をふりかえると，わが国の畜産は，王朝時代（700年ごろ）に産業化の芽生えを確認できた．それ以降，現代にいたるまで，幾度も政権は交代したが，「わが国の畜産はその時々の支配者階級により政策的に産業化を推進されてきた」と総括したい．そして，狭小な国土で可耕地が限られているうえに，そのほとんどは国策として水耕稲作用地とされたこと，そして「家畜からの排泄物は水耕稲作の肥料として使わない」という水耕稲作と畜産業との相性の悪さから，わが国の畜産は西欧諸国にみられるような「土地利用と一体化しての産業化」の道は歩まず，「土地利用と切り離された加工型畜産」として成立したことが最大の特徴である（新井，1999）．そして，効率化重視の経営は，管理の機械化を促進し，「人とも切り離す」傾向に拍車をかけている．近年になり人が動物に癒しを求めるようになった風潮を受け，都市部周辺では牧場が観光地化し，一部では家畜動物と人との接点が増え始

めたが，後述するように，現代では防疫の観点から「家畜の人との接点が消失の傾向にあることが止まらない」のは明らかである．

4.3 日本人と肉食

以下，畜産動物と日本人のかかわりを論ずるにあたり，「乳・肉・毛・皮」利用のなかからとくに「肉の利用」について焦点をあて，「日本人と肉食」の歴史を取り上げることとする．肉食こそが動物と人とが物理的にも生理的にも深くかかわり合う行為であって，そこには人の動物観が色濃くかつシビアに現れるに違いないと考えるからである．

（1） 日本と肉食文化

明治維新を迎え，さまざまな日本人の伝統的な風習や文化が，国際化を目指し政策的に刷新されていくなか，天武天皇の時代より制度的に1200年も続いた殺生禁断令は廃止された．明治4年，西暦でいうと1871年のことである．そして，翌5年，明治天皇は自らの肉食を公表，肉食禁忌が「公的に」解かれた．この象徴的なエピソードがあったがゆえか，日本の食文化は伝統的に「魚食・米食」であって，いわゆる「肉食の文化」はなかった，とのイメージが非常に強い．しかし，文献や資料をひもとくと，公には禁忌とされ中央から追いやられたために，文字情報として残された記録こそ少ないが，日本から肉食の文化はけっして消えることがなかった史実が随所にうかがえる（原田，1999; 鵜澤，2008）．また，最近の考古学的な発掘調査により，食痕あるいは解体痕のある獣骨がまとまって出土するなど，明らかな肉食の物的証拠も相次いで発見されている（金子，1992; 桜井，1992）．公には禁忌とされながら，なぜ肉食文化が存続したのであろうか．

この問題を解くために，「日本」そして「日本人」とはなにかという「あらためて論ずるまでもない自明のことと思われる問題を考えること」から論考を始める．まず，この論考を進めるにあたり，「日本」を国際的に認められている「日本政府の統治領域」とする（至極当然ではあるが）．いわずもがなであるが，「北は北海道から，南は九州，沖縄まで」そして，小笠原諸島までが「現代の日本」であり，そこに住む人々の文化が論考の対象となる．

以下，本論では「沖縄に住む人々」そして「アイヌ民族の人々」の文化を取り上げることから始める．

（2） 沖縄の肉食文化

沖縄では，伝統的に家畜を飼育して，その肉を食する民俗は，有史以来，途切れることなく続いていた．肉食の風習は，古くはそこに生息していたシカ，イノシシを狩猟対象としたことから始まる（千葉，1971）．原田（1993）は『歴史のなかの米と肉』のなかで「――14世紀頃から豚や山羊の飼育が始まり，少なくとも古墳時代以降の日本『本土』には見られない食用家畜の伝統が，沖縄に根付いたのである」と言及，さらに『李朝実録』の一節「一，家に鼠有り．馬・牛・羊・猫・猪・狗・雞・鴿・鵝・鴨を畜ふ．馬・牛を屠りて之を食し，或いは市に売る．亦雞を食す」を引用し，「琉球では肉食が一般的であったことが知られる」とした．後年，これらの家畜のうち，ブタとヤギは食用として沖縄の食文化に定着した．それらを「屠畜」し，その「内臓」を食す民俗が一般人の間にも認められたという．現代の沖縄においても，ヤギの肉，ブタの肉は伝統的な郷土料理として愛されている．過去からいまにいたるまで，肉食の文化は絶えることなく伝承されているのである．

（3） 北海道の肉食文化

北海道では，先住民族であるアイヌの人々に，エゾシカをおもな狩猟対象とし，その肉を煮込んで食べる食習慣があった．16世紀から18世紀にかけてつくられたアイヌ民族の貝塚は，魚類，貝類のほかに，エゾシカ，オットセイそしてイヌまでをも対象として，それらの食料となった部分以外の遺骸を「天に送り返した」送り場としての遺構であったと考えられている（宇田川，1988）．

アイヌ民族の動物送りの儀式としては「イヨマンテ」がとくに知られているが，アイヌ民族にとってじつはすべての動物は「神が姿を変えて人間に『肉や皮』を送り届けるための仮の姿」であって，すべての狩猟動物は食料となった後，「（天に）送られる」対象である（宇田川，1989）．そして，アイヌの人々が狩猟地に詳細な地名をつけていたことは，狩猟がアイヌの人々

の生活を支えるうえで必須のものであったことの，なによりの証である．た
とえば，後に和人によって「二風谷（北海道沙流郡平取町の沙流川流域）」
とひとくくりにされたかつての狩猟地に，アイヌの人々はじつに 73 カ所も
の地名をつけていた．大型獣を仕留め，それを 1 人で持って帰れないときに，
村人に取りに行かせる必要性からの詳細な地名だという（本田，1993）．農
耕がままならない寒冷の北海道の地にあって，肉食は生命維持に必須の食文
化としてアイヌ文化の基盤となっていたのである．

　以上を要約すると，本州の畿内から遠く離れた南北両極の地においては，
過去から現代にいたるまで，肉食の文化が存続してきたことは明らかである．
そこで，この史実を視覚イメージとして平面図的に鳥瞰し，導いた結論をこ
こで端的に述べてしまうと，「ウチ」と「ソト」の空間弁別が，肉食の文化
を存続させる要因になっているのではないか，と思われたのである．たとえ
ば，北海道の住民，そして沖縄の住民も本土（本州・四国・九州）を「ナイ
チ（内地）」とよぶ（半田，1999; 小野，2009）．奇しくも同じである．その
言葉のなかには「自分たちの住んでいる場所と本土は違う世界である」との
ニュアンスが込められている．日本の南北のおよそ 2500 km も離れた両地
域におけるこの一致は，偶然の一致というよりは，日本人の意識のなかに共
有される生活空間に対する弁別意識を示唆するように思われたのである．日
本には「郷においては郷にしたがえ」という，そこにいる存在者の主義・信
条というよりは，その場のルールを尊重しろと戒める意味のことわざがある．
「場所（土地）が違えばルール（風習）も違う」という意識こそが日本人の
なかに支配的であり，それが日本の南北で「肉食の文化」を存続させる要因
になってはいないかと思われたのである．

（4）　本州の肉食文化

　では，視点をその「ナイチ」である「本土」に転じてみよう．じつは，西
は九州，四国の山中，そして東は東北，中部，そして北関東の山中のそここ
こに，歴然たる「肉食の文化」の伝承が認められるのである．
　西日本における「肉食の文化」については，千葉（1969）の『狩猟伝承研
究』にくわしい．千葉（1969）は狩猟伝承を求めて，鹿児島・宮崎・大分・
愛媛・高知・徳島・島根・岡山の山中を歩き回り，「古い猟師（古老）」から

その土地に古来から伝承される「狩猟の作法」と，その結果として得られる獲物の「解体作法」，そして「肉食の作法」についての詳細を明らかにした．

千葉（1969）が明らかにした大分県の伝承からその一部を引用する．「狩の前日に相談するとき，カクラの場所を口に出してはならぬ．鼠が教えるからいたシシも逃げてしまう．ハチを射った人をウチカブといい，えものの頭を与える．したがって頭部のこともウチカブと呼ぶ．ウチカブの家に獲物を運んでそこでオロスのが正式の法である．犬はイヌカブを与えるが犬主一人に一カブで，犬の匹数にかかわらない．射たシシをタナワでくびるまでに来合わせた者には平等にカブを与えるが，一丈のタナワでくびることをツマユイといって，猟師は出来るだけ早くこれをすることを心がける．肉はシシゾウスイにして皆で食うのが普通である」．このときに執り行う「シシを撃ったら解いてキモ（心臓）を出し木の枝の先に刺し山の神にホカウ」などの山の神に対する儀礼，そして唱える文句「神はうこけし，中いざっさい．下はじしゅらい．みさきはもとの本地に帰り給え．アビラウンケンソワカ（三返）」，さらにはこの後，オオカミ（いまは絶滅してしまったニホンオオカミ）に対する謝礼として高い竿に肉を串刺しにして捧げるなどの作法の随所から，この伝承の歴史の古さがうかがえる．

東日本では，東北の青森・岩手・秋田・山形・宮城・福島，中部の新潟，関東の群馬・栃木の山中に「マタギ」とよばれる人々の集落が点在している（石川，1985）．池谷（2005）によるマタギの定義によると，マタギとは「狩猟を生業として，山の神を信仰対象とする特殊な儀礼を行う人々」のことである．その歴史は古く，マタギの精神的な支えである秘巻の1つ日光派の『山立根本・由来之巻』が書かれたのは1193年とされている．マタギの狩りの中心はクマとカモシカであったが，サル・ウサギ・キツネ・アナグマ・リス・テン・ムササビ，そしていまは絶滅してしまったカワウソなどの哺乳類全般，さらにはガン・キジ・ヤマドリ・カラスなどの鳥類も狩猟対象とした．マタギにとってこれら鳥獣の肉を，煮る・焼くなどして，ウサギ・カモシカの肉は，ときには生のままで食べた（太田，1997）．

これらの民俗学的研究が詳細を明らかにしているように，日本に「肉食の文化」が定着したのは，一般的に信じられているように明治維新後ではなかったことは明らかである．そこで，以下，4.4節以降では，まず「人間と肉

食とは切り離せないこと」を確認したうえで，「日本の肉食の歴史をふりかえり」，そして日本における肉食の禁忌がどのようにして「公に」かたちづくられていったのかについて考え，「日本人の空間弁別意識と肉食文化存続要因の関係」に焦点をあてたいと思う．

4.4 人間と肉食

（1） 人類と肉食の習性

　古生物学的な研究によると，現生人類の直系の祖先はいまから約700万年前にその他の類人猿から分岐したと考えられている．それ以前からの肉食化の傾向は，「ヒト化」とともにいっそう強化されたらしい．そして，肉食のための狩猟・動物の解体に必要な石器の使用が「人としての進化」を促進した（三井，2005）．ヒトが寒冷地へと生息域を拡大するにつれて，そこに自生する植物の「ヒトにとっての食料資源的な価値」は低下，肉食に依存する傾向はますます強まった．肉は主成分として脂質の含有率が高いがゆえに高カロリーであり，結果として寒冷地の食物としてより適当であったのである．さらに，もう1つの主成分である「動物性タンパク質」は摂食により消化管内に取り込まれた後，酵素の作用により異化される．その異化される動物性タンパク質は，その構成単位であるアミノ酸の種類がヒトのそれとまったく同一であり，体内に吸収され，すみやかに同化される．

　このときのヒトの身体にとって動物性タンパク質は，生化学的に同質で同化が容易であるという生理学上の理由もあって，肉食の習慣は，人類に定着した．生物学的な視点に立てば，解剖学的にも生理学的にもヒトの消化器官の形態と機能は，「強い雑食傾向（＝肉も食べる）」であり，ヒトと肉食を切り離せないのは明らかである．そして，何百万年もの長きにわたる肉食の習性は遺伝形質としてヒトに刻印され，ヒト種としての生物学的特徴となった．たかだか1200年程度の肉食禁忌でそれが変わりうるものなのか，疑義を禁じえない．しかし，この疑問は，肉食をタブー視する菜食主義者にはまったく受け入れられないかもしれない．ハリス（1990）の論述をそのまま借用すると「われわれ人間は植物だけしか食べなくても必要な栄養分すべてを摂取

することができるという菜食主義者の主張は全く正しい．二〇種のアミノ酸すなわち蛋白質の基礎単位は，すべて植物のなかに存在する」からである．しかし，当のハリスは，じつは，肉食を否定してはいない．この論述に続いて「二〇種のアミノ酸すべてを含む食用植物はひとつもない．食用植物からすべてのアミノ酸を摂取するには，窒素を含んだかさのある食物——たとえば豆類や堅果類——を大量に，そしてそれに加えて澱粉質の穀物や根菜類をさらに大量に毎日食べるしかない．（中略）したがって，健康と体力のために必要なすべてのアミノ酸を人体が摂取する方法としては，肉食のほうがはるかに効率が良いのである．肉ならば必須栄養素をきちんと与えてくれる」と，じつは肉食に肯定的な見解を述べている

　肉食が健康によいことについては，Yamori (1989) が科学的に実証している．Yamori (1989) は脳卒中易発生発症ラットを用い，低タンパク質食で飼育すると 80% に脳卒中が発症するが，高タンパク質食では脳卒中が発症しないことを示した．このタンパク質を構成する各種アミノ酸のそれぞれについて「抗脳卒中効果」を検討したところ，動物性タンパク質の成分であるメチオニンや，内臓や魚介類に多いタウリンにその効果が認められたという (Yamori et al., 1984)．

　また，日本は世界に誇る長寿国であり，平均寿命は女性 86 歳，男性 79 歳と，両性ともに世界最高水準であるが，家森 (2009) によるとこの平均寿命が著しく伸びたのは 1960 年代以降であり，この平均寿命の伸びと 1 日あたりのタンパク質摂取量の伸びには強い正の相関関係が認められたとのことであるから，明らかに人間にとって肉食は健康によいのであり，それを断つことは健康を損ない，そして寿命を縮める結果となるのである．

（2）　人類とカニバリズム

　しかし，肉の，その主成分は動物性タンパク質であるという生化学的同質性は，精神的にいって「カニバリズム」と紙一重である．現代社会において「カニバリズム」は禁忌とされているが，レヴィ=ストロース (2001) は肉食を「弱められたカニバリズム」と直截に指摘した．光合成から始まる「異質な食物」の連鎖の階層構造は，肉食にいたって同層かつ同質的になり，「食われるものと食うもの」の物質的境界が限りなく不鮮明になるからである．

生化学的に表現すると，動物の肉のタンパク質も，ヒトの肉のタンパク質も等しく「動物性タンパク質」であり，それを構成要素であるアミノ酸分子までに分解すると，それらは完全に同一である．アミノ酸分子のレベルでは，「肉は完全に両義的である」と表現してよい．

そして，肉食傾向のある動物ではヒトでいうところの「カニバリズム」に相当する「種内捕食（＝共食い）」は珍しいことではない．筆者自身の体験であるが，たとえば実験動物であるマウスの母親は死んだわが子をあたりまえのように食してしまう．また，系統発生的にヒトと近いとされるチンパンジーでも「カニバリズム」の実例が報告されている（保坂，2002）．そして，ヒトであっても，極限状態に置かれたとき，「カニバリズム」が発生した事例が報告されているし，世界には死者の魂を継承するといった儀式的な目的以外の，おそらく生理的（栄養学的）欲求から発祥した「カニバリズム」の文化もあった．

以下は前出のハリス（1990）の著書『ヒトはなぜヒトを食べたか』からの，中南米にかつて栄えたアステカ文明に関する記述の引用である．「供犠の当日，所有者とその兵士たちは捕虜をピラミッドのふもとまで連れて行き，やはり同日に供犠とされることになっている捕虜の所有者である他の高位の人びとと共に，事の次第を見守ったにちがいない．心臓が取り出されたあと，死体は，階段の上から単に転がされて下に落ちたのではない．途中でひっかかることなく転がっていくように，儀式の参加者たちによって突き落とされたのである．デ・サァグンがクァクァクイルティンと呼んだ老人たちは，死体を要求し，所有者の屋敷に戻した．ここで死体を切り裂き，手足を材料にした料理の準備をした．胡椒とトマトで味つけしたシチューが好んで作られた」．ハリス（1990）はこの食人習俗の成立の所以を文化唯物論——いわゆるレヴィ＝ストロースによるところの「食べるによい理論」——的に「——しかし，ある社会において，人間以外には動物性タンパク源がない場合，食人習俗のベネフィットはそのコストを上回ることになる」と説明した．

この節では，「肉食」から極論的に「カニバリズム」までを論述したが，主旨は「人間と肉食」は固く結びついていることを，まずは確認することにあった．人間は雑食であり，まぎれもなく「肉を食べる動物」なのである．かつての日本の菜食主義は，文書史料の残る一部の表層（上流）の，そして

一時期の風習であって,「人間と肉食」が固く結びついていることは,日本人といえども,まったく例外ではないのである.それゆえに日本人にとっての菜食主義とは原点回帰の問題ではなく,もしそれを普及・啓発しようとするならば,これから獲得するべき(もしかしたら生理的な変化も必要な)進化論的な問題であると考える.弁明めいたことをいうと,筆者には菜食主義を否定する気持ちはまったくない.ただ,菜食主義は一朝一夕には定着しないであろう,というのが「人間と肉食文化」をふりかえってみたうえでの素直な実感である.次節では「日本における肉食の歴史」をふりかえることとする.

4.5 日本における肉食の歴史

(1) 縄文時代

縄文時代は堅果や魚貝類を採集または漁撈するとともに,陸上動物を狩猟し,生活の糧としていた.貝塚から当時の食生活を推察することができるが,利用していた陸上動物の大半は哺乳類であり,偶蹄目はシカ・カモシカ・イノシシなど,食肉目はキツネ・タヌキ・クマなど,そのほか兎目,齧歯目,霊長目の動物も含め,多種類の獣骨が出土する(樋泉,2007; 新美,2010).当時手に入る陸上哺乳類のほとんどを食料対象としていたようであり,そこに肉食に対する禁忌はまったく感じられない.

この縄文時代の自然観は,採集・漁撈・狩猟対象の動植物にも霊魂の存在を信じるアニミズム的自然観が支配的であったと考えられている(設楽,2008).縄文人のゴミ捨て場的な印象が強い貝塚から,ときに獣骨が「ゴミとして捨てた」というよりは「意図的に安置した」との様相を呈して出土することがある.西本(2008)は,貝塚から出土する獣骨に人為的な加工が施されたり,配石などの遺構をともなう事例を取り上げ,そこに儀礼的な配慮があると指摘した.

近世まで狩猟・採集文化が継続していた北海道のアイヌ民族の文化では,狩猟対象動物に霊魂があるとして儀礼的に扱った.クマ送りの儀式「イヨマンテ」がとくに有名であるが,原田(1997)は,このアイヌ社会を実例にと

り,「――特に成熟した狩猟,漁撈文化を形成したアイヌ社会では,非常に手厚く動物を葬る――」と指摘した.狩猟・採集・漁撈といった「自然の恵み」にまったく食料を委ねる,換言すると自身の「生命の存続」を「自然の恵み」に委ねる文化では,おのずと「自然の恵み」に対する感謝の念と,ときには生命を脅かされる恐怖から,その上に畏敬の念も相加され,自然のなかに観える人知を超えた「力」を「霊魂」と半ば具現化視するということであろうか.

(2) 弥生時代

弥生時代になると大陸から伝来した水田稲作が始まり,狩猟・採集・漁撈に対する依存度は低下した.しかし,遺跡からは縄文時代から引き続いてシカ・イノシシ類の獣骨が出土するほか(設楽,2009),新たにイヌの獣骨も出土するようになる.そのなかには明らかな解体痕が認められるものもあり(西本,2008),イヌも食用に供されたことがうかがえる(内山,2009).肉食に対する禁忌はなかったのである.この時代に特徴的なのは,明らかな家畜化の形態的特徴を示すイノシシ類の獣骨が出土することで,それらは中国の河母渡遺跡より出土するブタの獣骨と類似しており,水田稲作の伝来とともに渡来人により日本に導入されたことが推察されている(西本,1991).また,愛知県朝日遺跡から出土したイノシシ類のうち,85%がブタであったと報告されており(西本,1993),当時,肉食のためのブタの飼育が本格化したことを思わせる.

この時代は卑弥呼に象徴されるシャーマン的支配者が出現,縄文時代の後半になって現れたシャーマニズム的動物観は日本に定着する(西本,2008).出土する儀礼的に扱われた獣骨は,縄文時代にあった狩猟儀礼の遺物というよりは,避邪もしくは農耕儀礼の遺物であると推察されている.卜骨が出土し始めるのも弥生時代の特徴であり,シカ・イノシシ・クジラの骨がシャーマン的儀式に供された(西本,2008).

(3) 古墳時代-平安時代

3世紀から7世紀前半は大陸文化が積極的に導入された時代である.この時代,牛飼部・馬飼部・猪飼部・犬養部などの部民が存在していたことが物

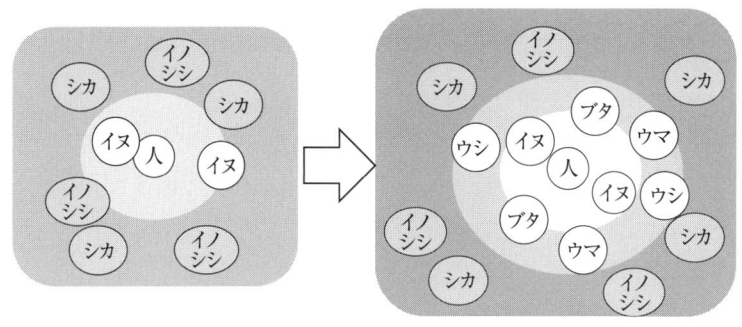

4.5 日本における肉食の歴史　　　91

図 4.4 縄文時代（左）から古墳–平安時代（右）への変化．

語るように，家畜はこの時代の権力者の所有物であった．権力の象徴である古墳から出土する埴輪にもイヌやウマなどの家畜を模したものが多い（若狭，2009）．遺跡から出土する獣骨はウシ・ウマなどの家畜で占められ（宮崎，2012），野生動物の割合は減少する．支配者層のなかで，肉食の対象は野生動物から家畜動物へと比重を移したのかもしれない．家畜の存在が支配者層から野生動物を遠ざけるようにと作用し，食料対象としての動物に，「ウチの動物」（＝家畜）と「ソトの動物」（＝野生動物）の弁別が始まったのではないかと思われる（図 4.4）．

　6 世紀初頭，大陸より伝来した仏教の殺生禁断の思想が支配階層に浸透，肉食に対する忌避が萌芽する．食料はますます農耕に依存するようになった．ただし，『日本書紀』によると，殺生禁断の思想の浸透とは裏腹に，旱魃の雨乞いの儀式にウシやウマを生贄として捧げることもあった．そして 675 年，天武天皇は日本で最初の殺生と肉食禁止の勅令を出す．『日本書紀』の記述には「庚寅詔諸國曰　自今以後　制諸漁獵者　莫造檻　及施機槍等類　亦四月朔以後　九月三十日以前　莫置比滿沙伎理梁　且莫食牛　馬　犬　猿　鶏之肉　以外不在禁例　若有犯者罪之」とあって，禁止期間は毎年 4–9 月の農耕期間に，動物種はウシ・ウマ・サル・イヌ・ニワトリに限定されていた．原田（1993）は，この勅令の意図は稲作のための労働力としてのウシ・ウマの確保であると指摘した．また，縄文時代以来の狩猟対象動物であるシカ・イノシシは規制の対象外であったこともあり，肉食禁止の勅令は，実質的には支配者層から遠ざかるほど緩やかで，日本から肉食の文化を廃絶する決定

的な要因とはならなかった．この後，肉食の禁止令は何度も発令されているのである．

　山内（1994）によると，動物名が明らかな禁止令だけでも12世紀初頭までに11回も発令されており，この時代，被支配者層のなかに肉食の文化は，堅固に定着していたことを思わせる．この天武の殺生禁断令が発令された7世紀後半から12世紀初頭にかけ，稲作を中心に据えた天皇を柱とする律令国家の支配体制が進み，食肉の供給源として家畜は利用されなくなる．そして，ウシやウマは耕作のための労役としての価値観のみが残ることになるが，この「家畜を食べない」という動物観により，食肉用以外の用途がない（労役には使えない）ブタは純粋な禁忌の対象になり下がったと思われる．しかし，これらの動物観がおよぶ範囲には天皇を中心とした空間的なグラデーションがあり，ブタも含めた肉食の習慣は日本から消滅することはなかった．同時期には沖縄ではブタを肉食とする文化がすでに定着していたし，山の民や北海道のアイヌ民族は狩猟による肉食をしていた．

（4）鎌倉時代-安土桃山時代

　中世になると武家が台頭する．武士は狩猟により入手した獣類を当然のように食材とした．武士には肉食の禁忌はほとんどなかったようであるが，ウマは武士にとって「生物兵器」としての価値観が比重を増し，肉食の対象となりにくくなった．都市部では水耕稲作もしくは畑作のための開墾により野生動物がその生息環境を追われたこともあり，人の生活圏から肉食の対象となる野生動物が遠ざかる．イヌはそのニッチの間隙に定着した．たとえば広島県草戸千軒町遺跡では，出土する獣骨の7割以上がイヌで，解体痕も認められるという．都市部では，野生動物の代替としてイヌが肉食の対象となったのである．

　原田（1993）によると，この時代，仏教伝来によりもたらされた肉食禁忌の思想に「穢れ」の観念が加わった．それは公卿や僧侶など上流の特定の身分層から肉食の習慣を廃絶するように作用したが，日本から肉食を消滅させることはなかった．市井の人々に仏教が浸透，肉食が穢れとなった時代でも，イノシシやシカの肉が入手可能な地域では食用にされていた．肉食の穢れから逃れるしくみがあったのである．千葉（1969）の指摘を以下に示す．「こ

れを可能にしたのが，ここに述べようとする鹿食免というものである．簡単にいうとその方式には二つあって，一つは鹿肉その他の肉を食べても差し支えないという証明書を，諏訪神社から発行してもらって所持する方法である．他は諏訪神社に仕える神人が作製した箸を用いて肉を食べれば，その所作によって肉のけがれが消滅するという形式であった」——要するに肉食のための免罪方法を創作した，ということになるらしい．そして，「諏訪教育会が昭和 17 (1942) 年に発行した『諏訪』というこの地方の学術的な概観書によると，全国における諏訪神社の分布は約五千社におよんでいる」(千葉，1969) とのことであるから，邪推かもしれないが全国津々浦々，肉食に対する欲求は潜在していたのではないか，とも想像される．その後，戦国時代から安土桃山時代にかけ，キリスト教の伝来とともに，一時，肉食を是認する動向があった．しかし，一転してキリスト教を弾圧するようになると，それとともに公には再び肉食禁忌に転ずる．

(5) 江戸時代

徳川家康は，1612 年,「——牛を殺すこと禁制也．自然死のものも一切売るべからざる事——」とウシの屠畜を禁じた．そして，徳川綱吉は，1687 年に「生類憐みの令」, 1693 年に「触穢令」を発令した．しかし，この禁制は一過性にすぎず，この後,『本朝食鑑』の記述に肉 (ウシの) 食は「気を補い，血を益し，筋骨を壮んにし，腰脚を強くし，人を肥健にする」とあるように，健康のためならばと，禁忌どころかむしろ肉食は推奨すらされていた．彦根藩では，公にウシを屠畜していたばかりか，御養生のためとして，牛肉の加工品を将軍に献上していた．また，下級御家人の屋敷地跡と考えられている新宿区三栄町の遺跡からは，イノシシ・シカ・カモシカなどの獣骨が大量に出土し (金子, 1992), そのなかには，少ないながらもクマ・タヌキ・キツネなどの獣骨も混在している．少なくとも武家社会においては，狩猟対象となる獣類に対する肉食禁忌はなかったと思われるのである．また，ウサギを 1 羽 2 羽と数える，イノシシを「山鯨」と，シカを「紅葉」とよぶなど，公にはよび名を変えるなどして，肉食の習慣は庶民生活のなかにも定着していた．江戸時代には「山鯨」の店が繁盛したとの記録もある．この肉食の習慣は時代が下がるほどあからさまになり，幕末近くになると豚肉を扱

う店すら市井に登場する．

渡部（2009）は，「——江戸市中の肉食をめぐる状況は大きな流れのなかでみると，鍋煮という共通の調理法で，江戸後期の野獣肉食→開港前後の豚肉食→文明開化期の牛肉食，と重層しながら段階的に推移したと思われる」と述べ，日本人は開港前後の外圧によるのでなく，主体的に肉食禁忌を解いたと言及した．野生動物の肉食は度重なる禁令にもかかわらず，廃絶することはけっしてなかったし，明治維新を待たずとも，「滋養のため」と称して牛肉は食されており，豚肉は「庶民の食べもの」として定着していたのである．佐々木（2011）は，日本には肉食の禁忌どころではなく，内臓食の習慣すらあったと指摘している．野生獣の内臓は狩猟を生活のための生業とする山野部の人々に，ウシ・ウマの内臓は被差別民に，それぞれ食用とされてきたという．

（6） 明治時代

1872（明治5）年1月，明治天皇は牛肉を試食，公に肉食禁忌が解かれ，明治政府は肉食の導入を政策的に進める．そして豚肉は牛肉の代替的な位置づけで，消費を拡大していった．これ以降，個人的な主義・信条による「肉食禁忌」はあったかもしれないが，日本から思想的な肉食禁忌は完全に消滅する．

これまで肉食の文化に焦点を絞り，日本の歴史をふりかえってきた．要約すると，身分の多層化にともなう空間構造の形成のうえに，肉食に対する生理的な欲求があいまって，肉食の習慣は縄文時代から江戸時代にいたるまで根絶することなく続いてきた，というのが史実であると考えられる．日本には伝統的に「肉食の」文化があったのである．明治維新を契機にして，それは一気に表層・普遍化する．さらに言及すると，日本には肉食以上に禁忌観が強いとされる「内臓食の」文化すらあったのである．以下の節において，それを仔細に取り上げる．

4.6 日本の内臓食文化

内臓食に関しては，その生々しさから忌避感情を示す人も多い．日本は魚

表 4.2　食対象の内臓（記述分のまとめ）．

種名＼食部位	心臓	肺	肝臓	胃	腸	大腸	消化管内容物
イノシシ	○	○		○	○		
シカ		○	○	○			
カモシカ				○			○
クマ				○			
ウサギ						○	○
ムササビ					○		

食・菜食が支配的であって肉食の文化はなかったとする判断に影響されるためなのか，「日本には内臓食の文化はなかった」とする記述も散見される．しかし，文献を調べると，狩猟文化を伝承する地域には紛れもない内臓食の文化があった．おもな狩猟対象獣は，西日本ではシカ・イノシシ，東日本ではクマ・カモシカであり（石川，1982），それらの内臓が食の対象となったのである．以下，手に入る限りの文献からくわしく紹介する（表4.2）．

（1）西日本の内臓食文化

以下は，先に紹介した千葉徳爾の『狩猟伝承研究』（1969）からの引用である．

①鹿児島県の伝承——イノシシの心臓を食べる．

「フクマルは十二に切って六づつ串に刺し，ゆがいてから，初矢をしたものの母に食べさせる」．フクマルは「心臓」を指す．1957年に採取した志布志町四浦（現志布志市）の伝承．

②宮崎県の伝承——イノシシの肺を食べる．

「解体のときにはマル（心臓）を七つに切って七コウザキに供え，フク（肺）は仲間が串にさして焼いて食う」．コウザキは猟師が信奉する神．1963-1964年に採取した西都市銀鏡の伝承．

③大分県の伝承——シカの肺，肝臓，胃を食べる．

「内臓はリョウマツリをして正座にヤヌシをすえ，ヤヌシから盃をまわしながら皆で食う」．1959年に採取した西国東郡香々地町夷（現豊後高田市夷）の伝承．

「アカフク（肺），クロフク（肝臓）は食べる．シカノワタは胃のことで生

で食べる」．動物はシカ．1959年に採取した玖珠郡九重町筌ノ口の伝承．
④愛媛県の伝承——シカの肝臓，胃を食べる．

「内臓のうちマル，アカギモ（肝），シロギモ（胃？）は人が食べ——」．1960年に採取した北宇和郡松野町目黒の伝承．

以上は，採取した時代がいまから50年も前のことではあるが，イノシシやシカの心臓・肺・肝臓・胃を，焼いてあるいは「生でも」食する風習があった，との記録である．儀式化された食事の作法からは，この伝承の歴史の古さが感じられる．この風習は現代でも存続している．永松（2005）は，1999年に宮崎県東臼杵郡椎葉村不土野で，イノシシの解体を映像に収め，その詳細を報告した．以下は内臓食にかかわる部分の引用である．

「下腹部に溜まった血液をコップに汲んで飲む．他の内臓を全て取り出しバケツに入れる．これはヒエズーシィ（稗雑炊）に入れて食される」．西日本においては畿内から遠く九州そして四国の山中に，古くから続く内臓食の風習が，現代でもなお存続しているのである．

（2） 東日本の内臓食文化

東日本の山中には狩猟を生業とする「マタギ」とよばれる人々がいる．この畿内から遠く離れた東北の，さらに人里から離れた山中に住む人々には，西日本以上の「内臓食」の風習が認められる．太田（1997）の著書から引用して紹介する．
①山形県寒河江市——青シシ（カモシカ）の胃を食べる．

「白岩マタギは青シシのハチネン袋（反芻動物のため胃袋が二つあって，ほんとうに食物を飲み込む胃袋をいう）を刻んで，小さくして乾燥，これを味噌で煮て食べる」．
②山形県戸沢村——ムササビの大腸を食べる．

「戸沢マタギは，バンドリ（ムササビ）の内臓を大好物としている．（中略）バンドリの大腸の味が最高．まず大腸の糞を取り去ってよく洗い，これをぶつ切りにして酒粕を混ぜて味噌で煮る．ほろ苦い味でうまい」．
③秋田県仙北市——クマの腸，ウサギの大腸を食べる．

「玉川マタギ（仙北・田沢湖町）はクマのオビ（腸）だけを湯煮し，それから鍋料理として味噌で味をつけてオビ貝焼きを食べる．（中略）春のクマ

の腸は脂がのっていて非常にうまいものだといっている．彼らはまた山ウサギの大腸も刻んでクルミとつぶした豆を混ぜ，醤油で味をつける．これをホロアエといって食べる」．

　胃・腸などの消化器官は，一見するとどろどろとしているうえに生臭く，石田（2008）の表現を借りると「生々しさの度合いが高い」ため，忌避感情を抱きやすいというのが日本人としての一般的な感覚であると思われるが，引用からはむしろ好んで食べている様子がうかがえる．そして畿内により近い関東でも内臓食の習慣はあった．秩父山中では狩猟で仕留めたシカ・クマの内臓を，山中で背負ってきたネギとともに狩猟仲間と煮て食べるという（小林，2010）．さらに，筆者自身の見聞を以下に紹介する．その秩父より南下し，山を隔てた上野原市の山中で遭遇した光景である．河原でたったいま仕留めたばかりのイノシシを解体する猟師の一団に出会った．解体の様子をみていると，真っ先に腹を切り裂き，肝臓・心臓などの内臓を取り出し，沢の水で簡単に水洗いしてはつぎつぎにバケツへと放り込んでいる．胃腸はどうするのかとみていると，ナイフで切り裂き，内容物を沢の水でていねいに洗い流した．「どうするのですか」とたずねると「もちろん食べる」との答え．続けて「モツ（胃腸）が一番うまい．ただいたむのも早いけどね」とのことであった．

　どんな種類にせよ獣の内臓が（人にとって）うまいのは，どうも事実のようである．そして一番うまい内臓は，獲れた場所で獲った人によって消費されていた．昔は流通も発達していなかったうえに，「酵素・雑菌を含み腐敗が早い内臓」を保存するような技術もなかったので，残念ながら，この一番の珍味を都市部の人々が口にすることはなかった．「日本には内臓食はなかった」とする見解が生まれた理由の一部には，それを都市部の人々は入手できなかったことがあると思われる．そして，流通と冷凍保存技術が発達したいま，ようやく動物の内臓は珍味として広く好まれるようになり，食文化として定着した，というのが筆者の理解である．

（3）「腸の内容物」を食べる文化

　吐き出したもの（おう吐物）に対して食指が動くことはまずない（顔をそむけたくなる）ことからも明らかなように，「動物の消化管の内容物」は

「とても気持ちが悪いもの」であって、食の対象にはもっともなりにくいものであろう。しかし、世界の食に対する価値観はまさに多様であり、極北に住むイヌイットの人々は、アザラシなどの小腸の内容物を、それこそ「おかゆをすするように」（佐藤，2000）おいしそうに食べるし、「カリブーの脂身を胃の内容物で和えて食べる」（岸上，2005）という。筆者がこの食習慣を知ったとき、「極北の厳しい食環境ならではの究極の食適応」と理解に努めた。しかし、田口（1994）によると東北のマタギの人々には消化管の内容物を好んで食べる食習慣があったという。以下は、その引用である

① 山形県戸沢村――カモシカの糞を食べる。

「戸沢マタギは、青シシのヨドミ（カモシカのこの場合はヨドミは糞）を格別にうまいものとしている。同古老マタギたちは、ほかの食べものでも、うんとうまいものを食べたとき『ヨドミの味がする』と表現するほどである。戸沢の門脇宇一郎マタギの話によると、青シシがヒバ（桧葉）、カエデ（楓）、トリキシバ（クロモジ）などのウラ芽を食べているヨドミ（糞）がとくにうまいそうだ。ヨドミといっても胃でどろどろになったこれらの木のウラ芽（積雪の深山の大木の枝先についている芽）が詰まっている小腸あたりの糞のことである。まだ完全に糞化しておらず、これに塩をつけて食べると、さまざまな木のウラ芽の香がし、ほろ苦く、ちょうどウルカ（アユの腸の塩づけ）のような味がしてとてもうまいとのことである」。

② 秋田県内山地――山ウサギの糞を食べる。

「三メートル以上も雪の積もった深山で、木の新芽や樹皮を食べている寒の山ウサギの糞は、さながらこれらの木の新芽の腸詰めといったところである」。

後者の「ウサギの糞料理」は、仙北郡角館町（現秋田県仙北市角館町）の武士や商家でもマタギからの伝承として好んで食べていたという。糞の詰まった小腸を内容物が飛び出さないようにと切り口を縛ったうえで、煮て食べたというのであるから、まさに野趣あふれる「腸詰（ソーセージ）」といった趣である。

以上、本節では、日本の「内臓食文化」から始めて、もっとも生理的な忌避感覚が強いであろう「糞食文化」の日本における史実までをも引用したが、主旨は、日本には内臓食文化はなかった、とする一般的な見解を払拭するこ

とにある．明治維新後の肉食の解禁以後，一気に内臓食の文化も庶民の食生活のなかに浸透していくが（佐々木，2011），それは西洋化の流れに乗った食文化の変容というよりは，そもそも日本人は内臓食を受け入れていたのであって肉食の解禁以後それが表出しただけである，と理解するほうが正しそうである．そして現代，焼肉チェーン店の隆盛や，モツ鍋の流行に現れるように日本の肉食文化が開花したのである．

4.7 日本人の空間弁別意識と肉食

前節で述べたように，度重なる時の支配者による禁令にもかかわらず，日本において肉食の，そして内臓食の文化ですら温存されてきたのは明らかである．その理由の1つとして，日本人固有の空間弁別意識を考えたい．

（1）「ウチ」と「ソト」

日本人の思考様式のなかに「ウチ」と「ソト」の対立概念がある（Lebra, 1976）．この概念は，たとえば建屋（ウチ）から外出するときに「内履きから外履きに履き替える」などと行動様式にも色濃く表出しているし，また徹底している（柏木，1996）．一般的にいって「ウチ」は清浄な空間，「ソト」は不浄な空間と厳密に区別されている．内履きのまま屋内から屋外に出歩くことは，やや心理的な抵抗はあるにしても状況によっては許される．しかし，「外履きのまま屋外から屋内の座敷に上がり込むことは，傍若無人のおきて破りである」というのが現代日本であっても日本人のコンセンサスであろう．これを巨視的な視点から論じてみよう．

ベルク（1990）は，「弥生時代の稲作の導入が野性の空間（山）の知覚のあり方を根本的に変えた」と指摘，日本においては，稲作の普及により，集落を取り巻くように恒久的な水田地帯が形成され，それが水田に適さない山地との強い空間的対比を生み，それゆえに「神道において野性の空間に聖性が認められるようになった」と，日本における山中異界概念の生成要因を論考した．その指摘に「ウチ」と「ソト」の空間対比を外挿して，水田地帯は巨視的な「ウチ」と「ソト」の空間概念を強化した一因である，と考えてよさそうである．

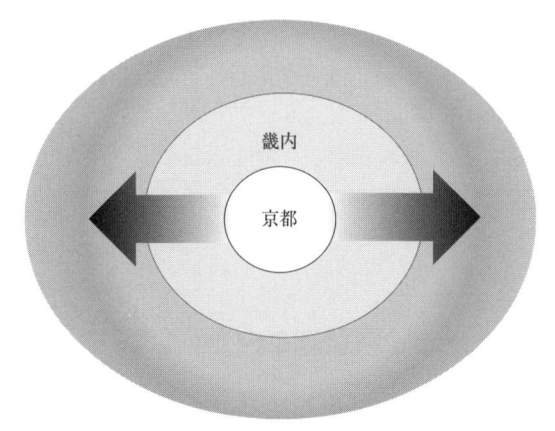

図4.5 中世日本国家における浄・不浄の同心円構造.

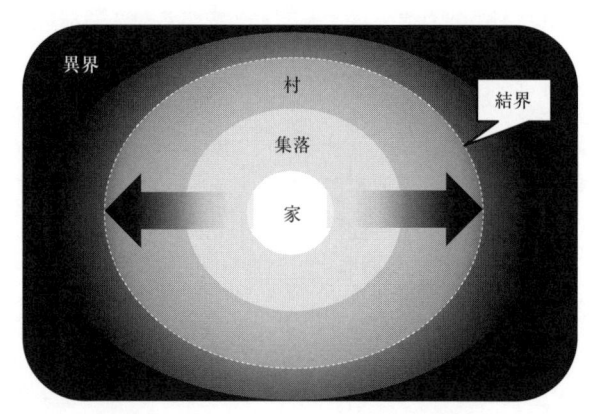

図4.6 地域社会における浄・不浄の同心円構造.

　村井（1985）によると，中世の日本国家には天皇の在所である京都，そして京都がある畿内，最後に外国と「浄」から「穢（不浄）」へと同心円を描く空間構造があり，「国家の境外の異域は穢の充満した空間として意識された」という（図4.5）．この「ウチ」と「ソト」の対立概念は一地域のレベルでも存在，「家→集落→村」と同心円状に重層していると思われる（図4.6）．その最外層である村の外の世界は魑魅魍魎の跋扈する異界であって，そこは，自分たちとまったくかかわりあいのない世界である．そして日本人はその意識のなかで幾重にも重層化している空間を，「物理的に」というよ

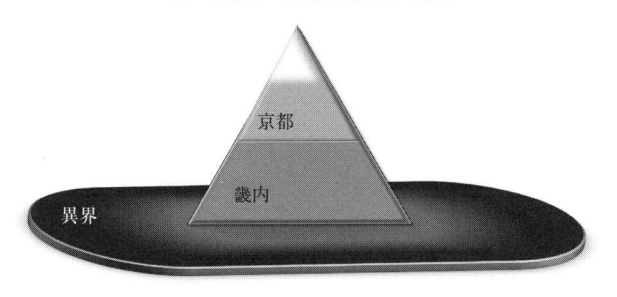

図 4.7 空間の重層構造.

りは「表象的に」構造化した．たとえば，日本人は村の「ソト」の世界から災厄がこないようにと集落（ウチ）とソトとの境界に道祖神，庚申塔，祠などの石仏を配置した．そこに堅固な障壁を築いたわけではないのである．そこに道標のような精神的な障壁を設置し，「結界」を築いたのである．

このような，結界標示の遺跡は広く日本中に認められる（秋道，1995）．また，日本家屋の屏風・襖・障子，そして入口に下げられる暖簾も物理的には非常に脆弱な障壁で，むしろ精神的な障壁としての役割を担っており，「結界」と等価である．

（2） 二重の重層構造

天皇はこの「ウチ」の中心に収まり，天皇を中心とした空間の輪層構造が形成される．この輪層構造は「ウチ」の極にある天皇を「貴」とする貴と賤の身分の階層構造をともなった（図 4.7）．この空間構造のなかにあって，近世以前は現代社会ほどの物流，人の移動，それにともなう中央と地方との文化の交流があったわけではない．「中央と地方の交流」は時代をさかのぼるほど減衰し，限りなく「断絶的になった」と推察する．それゆえに 7 世紀後半から 12 世紀初頭にかけて繰り返し発令された「天皇の禁令」は，必然的に「ソト」に向かうほどその効力は減衰し，対照的に「ウチ」に向かうほど影響力を増したであろう．度重なる「肉食の禁令」にもかかわらず，日本から「肉食の習慣」が払拭されなかった所以をそこに求めたい．この時代の紙媒体に記録される史実は「ウチ」に特化されたものであると考えられ，「ウチ」の文化としては肉食の禁忌は定着したのかもしれないが，それをす

べてにわたった史実と拡大解釈してしまったことに誤謬があると思われる．繰り返すが，日本には公的な文章記録としては残りにくい「ソト」の世界にずっと「肉食の習慣があった」のである．原田（1993）は「――律令国家が覆いきれなかった北海道のアイヌ社会，および琉球（沖縄）の社会には，かなり"日本"とは異なった価値観が根づいていた――」と言及した．北海道，沖縄ともに肉食は「食生活の中心」として存在し続けた．さらに本州でも山地に定住した人々は狩猟を生業とし，肉食を続けたのである．その人々と接点があった市井の人々もまた，肉食を続けた．律令国家の威信がおよばない「ソト」の世界では，身分にかかわらず肉食をしたのである．いいかえると，日本社会における空間の輪層構造と身分の階層構造とに二重に守られて，日本の肉食の習慣は継続した．そして，「ソト」の世界では「内臓食」に対する禁忌もなかったと結論する．

　一方，律令国家内部でも肉食をした人々は存在していた．天皇を貴の頂点とする身分階層のなかにあって，対極の賤に位置づけられた人々である．天皇制度が確立し，後に国策として仏教が導入された結果，その教えである「殺生禁断」の歴史が始まった．それとともに，食の対象にしかならないブタは，ただ単純に禁忌の対象へとなり下がり，飼育されなくなったと考えられるが，国策として稲作を推進するための必要な労働力として，「牛馬」の飼育は続けられた．その肉食は禁ぜられたものの，ウシやウマにも当然，寿命がある．天寿を全うせずとも，不慮の事故，傷病で死ぬこともあったであろう．これらの死んだウシ・ウマを処分する必要から誕生したのが「牛捨場馬捨場」である．

　政策的な肉食禁忌に始まり，仏教の殺生禁断の教えが支配者層に広がった時代にあっても，ウシ・ウマの皮に対する需要は多かった．喜田（2008）は「――捨てられた老牛馬や斃牛馬の皮革を利用することなく，またその肉を食用に供することなしに，いたずらに腐敗に委することは実社会的にも不利益な次第である．ここにおいて社会の落伍者たるいわゆる屠者の輩は，いわゆる牛馬捨場を尋ねてこれが利用の途を講ずることを忘れなかった．彼らは捨てられた老牛馬を屠殺してその皮を剥ぎ，肉を喰らい，また捨てられた斃牛馬についても同様の事を行った――」と言及，「貴の世界（＝ウチ）」の側からは「ソトの世界にあたる住民」によるウシ・ウマの屠畜および解体の歴

史が始まった可能性を指摘している．すなわち，日本の輪層的空間構造と身分の階層構造との二重構造によって，天皇を頂点とする「ウチ」の世界の人々は，「生々しい屠畜・解体の現場」から完全に隔離されたのである．そして，おそらく「ウチ」の世界の人々の前には原型がわからぬほどまでに変形した畜産加工物のみが献上された．天皇に対する献上品としての「蘇」（牛乳を煮詰めてつくる乳製品の一種）はその典型といってよいだろう．

現代の日本においては，この「屠畜・解体の現場」から完全に隔離される状況は，なにも特別なことではなく，広く一般の人々もその状況に置かれてしまっている．この問題については，後の第6章のなかで取り上げる．

5 「すみわけ」の動物観

5.1 「すみわけ」の実態

　石田ほか (2004) の研究によると，1990年代前半から2000年代前半にかけて日本人の動物観はより「家族的に」と変容した．人の動物に対する価値観は乳・肉・毛皮などの「もの」よりも，「こころの糧」へと比重が移り始めたのである．「ペット」という言葉に置き換えられるように，一部の動物たちの総称として「コンパニオンアニマル」というよび名が使われるようになったのもこのころである．いわゆる愛玩動物ブームの到来である．筆者が学生たちにその背景を説明するとき，枕詞のように「衣・食・住が足りて生活にゆとりが生まれてきたがゆえの価値観（動物観）の変容である」と説明してきた．そして，バブル経済崩壊後の景気の陰りが消え去らない2000年代にあってもなお，ペット産業は右肩上がりの成長をしていた．畜産系の大学のなかで，コンパニオンアニマルに関する学科が相次いで新設されたのもこのころである．さて，「イヌ・ネコ」は家族の一員であって生活空間をともにする存在である——そのような動物観は日本人のなかに定着したと考えてよいのだろうか．以下，それを具体的に検証する．

（1）　避難所とペット

　2011年3月11日午後2時46分，東日本大震災が発生，その瞬間を境にして世相は激変した．東北の沿岸一帯に当初予報の6 mをはるかに超える大津波が押し寄せ，壊滅的な被害を与えたのである．その被害の全容がみえ始めたのは数日経ってからであった．昨日までの平穏な日常が消滅した世界

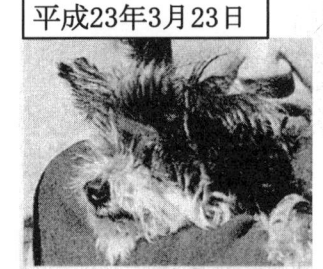

5.1 「すみわけ」の実態

図 5.1 避難所に入れないペット.

がそこにあった．衣・食・住のすべてを喪失し，明日の生活もままならない．愛玩動物ブームの後ろ盾となっていた「生活のゆとり」が一瞬にして失われた世界がそこにあった．

　この「1000年に一度」ともいわれる未曾有の大災害，平穏な日々のなかで育まれ，「家族的にと変容しつつあった日本人の動物観」の根幹を揺るがす事態の発生である．報道はその直後から震災記事一色となった．日にちが経つにつれ，報道の内容は被害の全体概要から，住む家を奪われた人々の困窮極まる避難生活の様相へと変化する．そして，住む家を失ってしまったのは人間だけではなく，人と生活をともにするペットも同様であった．新聞報道は，着の身着のまま避難所に身を寄せる被災者の傍らに「避難所に入れないたくさんのペットがいる」ことを伝えた．「一緒に暮らす犬を避難所に持ち込むわけにはいかないから」と避難所に入らず自宅にとどまり，あえて孤立した生活を選択する人すらいた．なかには「ペット同伴可」の避難所もあったが，新聞報道を読む限り，ごくわずかであり，特殊な例外との印象を受けた．どうも「ペットは避難所に持ち込めない」のがいまの日本人が共有す

るコンセンサスのようである（図5.1）．

（2） 公共空間と補助犬

避難所に限らずとも，この不特定多数の人が集まる場所（＝公共の空間）に「ペットを持ち込んではいけない」あるいは「持ち込めない」という感覚は，日本人のなかに強く根づいているようである．たとえば，市中を歩くと商店街のあちらこちらで「ペットの同伴お断り」の掲示を目にする．補助犬法が施行されてもなお，盲導犬などのイヌを公共の空間に持ち込むことについて，日本人のなかに完全な合意がなされているとはいいがたい（甲田・松中，2008）．病院は「公衆衛生上の」理由から，なお持ち込みにハードルが高い場所である（甲田・東，2004）．しかし，筆者は公衆衛生上の理由は動物の持ち込みを断るための理由（たてまえ）であって，潜在し，かつかなり支配的な理由はほかにあると考えている．日本人の意識の奥底のどこかには，「動物はケガラワシイ」から，との感覚があり，それゆえに「すみわけよう」とするのではないだろうかと疑っている．

（3） 病院と動物

筆者はかつてとある大学病院附属の病理部に「そこの場所（研究室）の片隅を借りて動物の組織片から組織標本をつくることを承諾していただけませんか」とお願いしたことがあるが，その場の責任者である病理部の教授から「人の組織を取り扱うところに動物の組織を持ち込むことは犯罪行為に等しい」とにべもなく断られた経験がある．ホルマリン漬けの組織片には，科学的になにひとつ公衆衛生的な問題はないはずである．もっとも後日，政治力のある教授の口添えによりその発言が撤回されたことを考えると，要するに「動物はケガラワシイので，その病理部の教授は感覚的に拒絶したのだ」といまは理解している．死んだ動物のホルマリン漬けにされた肉の小片に対してさえ，この拒絶反応である．

日本では1990年ごろより，病院に生きた動物を持ち込み，「アニマルセラピーの実践」を試みようとする動向が散発的に見受けられるが，遅々として進まない現状がある．横山（1996）によると，欧米では救急外来でさえ生きた動物の持ち込みが許されているという．横山（1996）は日本と欧米諸国の

この差異を取り上げ，日本人の動物観が欧米のそれとあまりにもかけ離れていることを「日本の病院においてアニマルセラピーが実現しない問題の根」として指摘している．要するに，日本においては「そもそも人と動物とはすみわけるもの」であり，その価値観は容易には覆らないほど，日本人の深層意識の底にしっかりと根づいていると筆者には思われるのである．

（4） すみわけの感覚

生態学者の今西は「棲み分け（すみわけ）」による生物の進化を論じたが（今西，1941），その空間にいる主体は「棲み分ける」ものであるという感覚は，かなり日本人のなかに支配的であり，秩序を維持し世界をかたちづくるための働きとして普遍的なものであるとの認識を，日本人は共有しているのではないだろうか．その主体の一方の対象が「ケガラワシイ」とき，その働きは露骨に相反する方向に作用，空間を共有することを許さず「すみわけが具現化」する．そして，「日本人の価値観として」秩序が保たれるのである．

東日本大震災のなかで「家族同様であるはずのペットであったとしても，避難所（人の生活空間）のなかに入れない，もしくは入れられない」という事実が報じられた．公共であるとはいうものの，一時的かつ偶発的に発生した避難所という生活空間に対して集団が共有する意識に，日本人に通底する配慮と感覚が強く感じ取られた．そこでこれ以降では，「日本人の生活空間に対する意識」を軸に「日本の動物観」を読み解くことを試みる．第II部では「産業動物」を論述の主対象としているが，ここでは論証の都合から，家畜・実験動物などの産業動物に限定せず，イヌ・ネコなどの愛玩動物についても，限定的にではあるが，取り扱うこととする．

5.2 「ウチ」と「ソト」の場の支配性

日本人は生活空間を「ウチ」と「ソト」とに厳密に区分していることに着目，第4章4.7節では，「ウチ」を清浄な空間，「ソト」をその対極の不浄な空間としたうえで，両空間の物理的というよりは精神的な断続性のゆえに，「ウチ」の世界では不浄とされた肉食の文化が「ソト」の世界では存続した可能性を考えた．この節ではさらに考察を進めて，動物に対する「場の支配

性」を考えてみたい．日本には「郷においては郷にしたがえ」という，そこにいる者の主義・信条というよりは，その場のルールを尊重しろと戒める意味のことわざがある．そこで，本節では「場所（土地）が違えばルール（風習）も違う」という意識こそが日本人のなかに支配的であるとの観点を掘り下げることから始める．

（1） 場の支配性

　キリスト教やイスラム教に代表される一神教の宗教とは対極に，日本は万物に霊が宿ると考えるアニミズムから始まり，神道に強く影響される多神教の世界である．この世界観はきわめて堅固なようで，仏教が国策として伝道されたとしても消し去ることはできなかった．たとえば今日，民家で仏壇と神棚が一軒家のなかに同居しているのはあたりまえの風景である．そこでは，たとえ仏様といえども神道の八百万の神様と同列に扱われてしまっている（逵，2007）．大都会東京にあっても，地方都市あるいは山村・漁村にあっても，いわゆる「集落ごとに」大小の神社があり，地域住民は神社の普請などを通じての結束があり，地域ごとの「祭り」を行う．神社には土地神様が祭られている．その地域は土地神様のテリトリーであって，たとえ他所からきたものであっても，そこに住んだ瞬間から集落共同体のルールにしたがうのが日本古来の風習である．すなわちその場に存在する主体（＝人，そして動物）は，能動的にというよりは，まったく受動的に「場（＝空間）」に帰属するとの感覚が，過去から現在にいたるまで日本人のなかに支配的であると思われるのである（図5.2）．

　たとえが飛躍的かもしれないが，日本古来のゲームである将棋では，敵対する相手（駒）であっても，こちらの手中に取り込んでしまえばたちまち味方となり，こちらの戦術（ルール）にしたがって盤上に踊る．同様の駒獲りゲームが世界中にあるなかで，「たとえ敵であっても取り込んでしまえば味方として使える」ルールがあるのは日本の将棋だけであるという（増川，1977）．敵が味方に変身してしまうのである．将棋のように瞬時に属性が変化してしまうのは，極端に象徴的であるとしても，他所者がそこに移り住んだときから場の支配を受け始め，やがては変わってしまう（当事者の感覚的にはコミュニティに受け入れられる，あるいは受け入れた）のは，日本人が

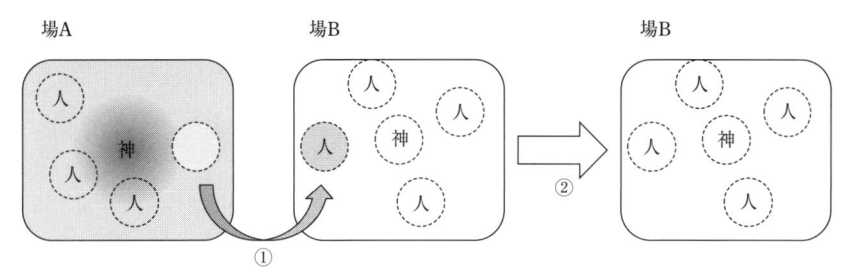

図 5.2 「場」の支配性．①「場 A」より「場 B」に転属，②やがて「場 B」のルールに帰属．

共有する暗黙のルールではないかと思われる．

(2) 変節する教義

前述したように，マタギの人々は肉食の文化を伝承し続けてきた．そのマタギには「高野派」と分類される一派がある．その一派が伝承する『山立根本秘巻』は，弘法大師のシシ引導の法を伝え，きわめて仏教色の強い内容であるという．千葉（1969）は「――この高野派文書を各地に伝えて狩人たちに教化を与えたのは高野聖の一派に属する人びとではなかったか――」と指摘した．しかし，この秘巻が，「狩猟により動物を殺したとしても罪を受けないことを説いている」ことに着目したい．殺生を禁忌とするはずの仏教の一派であるにもかかわらず，「動物を殺しても罪はない」と変節してしまう――要するに，殺生を禁忌とする仏教といえども，日本においては，その土地における風習が優位であり，「そこに合うように」（郷においては郷にしたがうように）と教義を変節してしまうのだ，と理解したい．小室（1993）は，日本国内における仏教の変節を取り上げ，「日本は仏教の戒律を消してしまった」と指摘したうえで，「日本において法律は機能せず」と結論した．日本に原理原則は馴染まず，絶対的なよりどころであるはずの教義といえども，場に（状況に）流されてしまうのである．

(3) ペットに対する場の支配性

山内（2005）は「――そうなるとコスモスを構成する境界線がなくなり，秩序が崩壊してカオスに回帰するから，神の律法によらない，いわば集団無

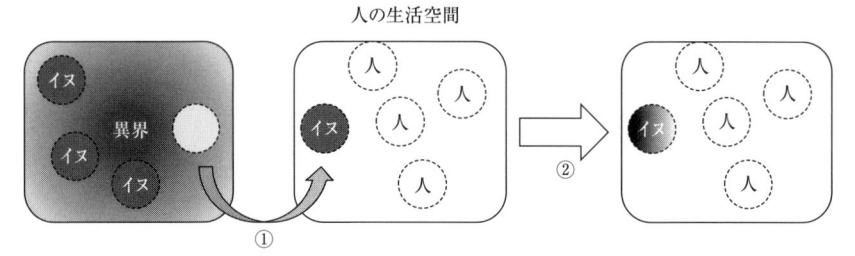

図 5.3 「人の気」を帯びるペット．①「異界」より「人の生活空間」に転属，②やがて「人の気」を帯びる．

意識的な世俗的タブーが形成された．それがペット食禁忌にほかならないが，人間と動物の間にあってそのどちらでもあり，どちらでもない境界的存在を禁制とした——」と，人がペットを食べない理由を説明した．筆者は日本におけるこの「人間と動物の間にあってそのどちらでもあり，どちらでもない境界的存在」にペットが位置づけられてしまった理由として，ペットが人と生活空間を共有したがゆえに，人の生活空間にある支配的な「気」によって変容を強いられ，その結果として擬人的要素を帯びてしまうためであると考えている．それゆえにカニバリズムが禁忌であるならば，「人の気」を帯びたペットもまた，ほぼ自動的に食べることに対する禁忌性を帯びてしまうのではないだろうか（図 5.3）．

5.3 動物とケガレ

「ケガレ」は，秩序が乱された状態であるとされている（波平，1985; 丹生谷，1986; 山本，2009）．また，伊藤（2002）は「ところで，このように歴史的背景から考察すると，『ケガレ』はある意味では，自然秩序が乱された状態を一般に示すと思われる．従って『ケガレ』は，生理的なものに係わる出産，月経，結婚のことであり，死自体も災禍であり，禊ぎの対象となるのではないだろうか．『ケガレ』とは『ケ』という日常の普通の状態から隔たった状態を指し示していると考えられる」と述べた．そこでこの節では，民俗学者による重ねての指摘にしたがい，「ケガレ」を「秩序のみだれ」（波平，1985; 丹生谷，1986; 伊藤，2002; 山本，2009）とする視点に立ち，日

本人の意識の奥底にある動物に対する「ケガレ」意識について考える．

(**1**) 野生動物とケガレ

まず，日本人は生活空間を「ウチ」と「ソト」に厳密に弁別する．それは生活習慣のなかに深く刻まれている．日本人は一般的にいって家屋に入るとき，土足で「ウチ」のなかに入ることに強く抵抗を感ずる．そして，古くからの因習では「ウチ」と「ソト」を分ける「敷居」は両義的な境界であって，またぐべきものである．境界を踏むということは，一瞬にせよ，わが身を「ウチ」と「ソト」の両方にかかる存在——秩序をはみ出した（＝乱した）存在——にしてしまうことを意味するので，禁忌とされる．このような厳密な生活空間の弁別意識から派生して，やがて，ウチのなかにあるべきものとソトの世界にあるべきものとが弁別されるようになった．そして動物の帯びる換喩性から必然的に野生動物は「ソトの世界」の象徴となったと推察する．その結果，野生動物をウチに入れることは「秩序を乱すこと＝ケガレ」となった．野生動物はソトの世界に有るときは畏怖の対象ともなりうるが，それがウチに入ってきた瞬間，その存在はケガレと化すのである．もっとも 5.2 節で論述したように，そこにとどまることで「場」の影響を受け，やがては擬人化し，人の気を帯びるようにと変容するが，そこに立ち入った瞬間は秩序を乱す存在にほかならない．この動物観のなかでいつのまにか，「野生動物の存在そのものが」ケガレと転化したのだろうと推察する（図 5.4）．

(**2**) 家畜動物とケガレ

家畜動物のなかで，ウマ・ウシ・ブタはおそらく大陸から「家畜として」日本に渡来したと考えられる．これらは最初からウチの動物として渡来した．しかし，このなかで唯一ブタのみが，日本在来の野生動物であるイノシシと交雑可能であった．ウシ・ウマともに日本には野生種はいない．もしかすると，ブタの野生種との交雑可能性，換言すると「野生と家畜との両義性」が，ウチとソトの秩序を乱す「ケガレ」として厭われたのではないだろうかと想像する（図 5.5）．イヌも一時，「ケガレ」ものとして厭われた歴史があるようだが，いまは絶滅してしまった日本在来種のニホンオオカミとの交雑可能性がその理由の一部にあったのではないだろうか．その点，ネコに関しては，

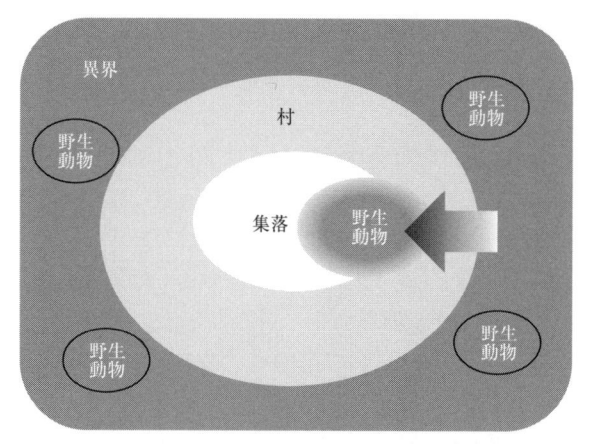

図 5.4 野生動物とケガレ．野生動物の進入による「浄」「不浄」の同心円的秩序のみだれ．

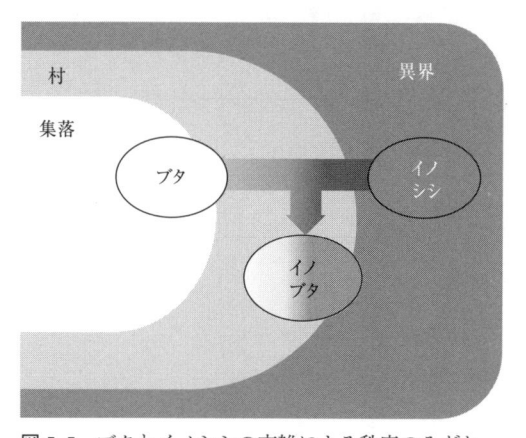

図 5.5 ブタとイノシシの交雑による秩序のみだれ．

対馬にツシマヤマネコが，西表島にイリオモテヤマネコが生息しているのみであり，本州に野生のネコがいなかったことが幸いした．野生動物と交わることのないネコはウチのなかに安住の場を，そして高貴な動物としての地位を手に入れることに成功した．

5.4 ケガレと触穢

　肉食に対するケガレの意識の起因を2つに分けて考えたい．野生動物の肉食と，家畜動物の肉食とではケガレの起源が異なっているように思われるのである．なお，肉食のための必須の作業である屠畜に対する忌避感情の問題は，その対象が野生動物であれ，家畜動物であれ共通することであるので，この節ではあえて取り上げず，後に5.6節で取り上げる．

（1） 野生動物の肉を食することとケガレ

　古来より神道では穢れとされたものに対して触れることで「穢れは伝染する」とされてきた．この「穢れたもの」に対する感覚は鋭敏で，空間をともにしただけでも「ケガレ」は伝染すると考えられてきた．いわゆる「触穢」の思想である．「延喜式」によると穢れに感染した者は謹慎を求められ，一定期間疎外された．たとえば肉食をしてしまった場合，3日間の物忌が定められている．延喜式は肉食禁忌にとどまらず，中世以降の「触穢」の思想浸透の契機となった．

　触穢の思想をもとにすると，野生動物のケガレは野生動物のなかにとどまらず，その存在から同心円状に周囲に拡散すると解釈される．野生動物を食する以前に，「ケガレ」は伝染してしまうのである．それを断ち切るための手段が「結界をはること」や「お祓い」である．

（2） 家畜動物の肉を食することとケガレ

　一方，家畜動物は，厳密な生活空間に対する弁別意識のなかにあって，野生動物よりは「ウチ」よりの存在であるので，空間をともにすることによる「ケガレ」の意識は野生動物よりははるかに低いと思われる．しかし，家畜動物の肉を食べることは，国策としてウシ・ウマを屠畜することを禁じたことに始まり，後に仏教の殺生禁断の教えが浸透することで，戒律として禁じられた．その結果，その肉を食すことは戒律を破ること＝秩序を乱すことと等価であるから「ケガレ」とされた．その成因には，日本人の高い秩序を守ろうとする意識があると考える．

(3) 衛生概念と触穢の思想

この触穢の思想は，現代では迷信として定着しているというマイナスの面もあるが，一方では科学的な公衆衛生の概念の浸透にとって有益であったとの評価もされている．たとえば流行性の伝染病の場合，その病原体の感染力が強ければ，まさに「空間をともにしただけで」感染してしまう．毎年のように流行するインフルエンザなどはその典型例で，発症した場合は病原体をまき散らす新たな感染源となってしまうので，医師からは不特定多数の人がいる公的な場所に行かないようにと指導され，一定期間の謹慎（＝自宅療養）を求められる．1998年に伝染病予防法が廃止されるまでは，それが法定伝染病であった場合，もっと徹底していて，強制的な謹慎（隔離病棟に入院）を命じられていた．また，感染源に触れることにより伝染のリスクは高まるので，そのときは病原体を除去するための科学的な清めの儀式である「消毒」もしくは「滅菌」の手順をふむ．いずれにしても病原体の伝染を防御するための科学的に根拠のある措置である．

(4) 人畜共通感染症と触穢の思想

近年になり，新興の人畜共通感染症が新たな社会問題となるようになった．BSE，SARSや鳥インフルエンザである．とくに鳥インフルエンザの場合，感染力の強さから，抗体もしくはPCRによる遺伝子診断により陽性と科学的に判断された場合，同一の鶏舎内にいるニワトリはすべて殺処分され，そこから半径20 km圏内の鶏卵の出荷も制限されるなど，行政的に隔離が徹底される．科学的な根拠が明白であるので，それだけならばまだしも，ひとたびヒトへの感染が疑われ出したときのその過剰反応の底には「触穢の思想」が透けてみえる．横山（2004）は動物観研究会のなかで，報道で繰り返される「念のため手洗い，消毒をしてください」という専門家のコメントの科学的な不自然さを指摘したが，その根底には「触穢の思想」があり，それに強く支配されているがゆえの発言ではないかと思われる．やや迷信めいた発言であり，「触穢の思想」のマイナスの側面の表出であると思われるのである．病原体がごく微小であるための肉眼的な不可視性から，感染するかもしれないという不安を取り除くための所作が「手洗いと消毒」であり，神

道の「お祓い」や「清め」の儀式を執り行うことと動機が同根であるように思えてならない．この場合の「手洗いと消毒」とは，科学的な「お祓いと清め」にほかならないと表現してもよいのではないだろうか．そう考えたとき，消毒用のアルコールによる所作は，神道によるところの「清めの塩」に替えたとしても，心理的不安の払拭の程度は変わらないのかもしれない，とさえ筆者には思われる．

5.5 慰霊・供養と動物

　動物に対する慰霊や供養は日本人に独特の風習であるとの指摘がある．科学者であっても慰霊の意識は強く，大上ほか（2008）の調査によると，全国の生命科学系研究機関のじつに90％で実験動物に対する慰霊行為を実施しているという．日本人がなぜ動物を慰霊・供養し，そして塔や塚を築くのかについて，「ソト」と「ウチ」の空間弁別意識，そしてすみわけの視点から考察してみたい．

（1）動物慰霊祭

　日本にはアニミズム的感覚が根づいている．万物は霊を宿す．動物も例外ではない．動物が狩猟，あるいは屠畜され，その肉体が消費されることは，霊よりその住まいを奪うことを意味する．霊が住まう肉体を，霊にとっての「ウチ」であるとしよう．「ウチ」である肉体を奪われた霊は居場所を失い，「ソト」を浮遊する．そしてときにほかのものに憑依し，祟るなど，災いをもたらす存在と化す．霊に憑依されたことが災いのもとと判断された場合は，お祓いによって徐霊され，霊はまた浮遊する．肉体から彷徨い出した霊は「憑依」の性質を帯び，「ウチ」である肉体から「ソト」へと出入り可能な存在である．すなわち，彷徨う霊は「ウチ」と「ソト」の世界観のなかでは，その秩序に捕らわれないという意味で「両義的」な存在と解釈され，「ケガレ」である．とすると，霊が彷徨う混沌とした無秩序状態を秩序ある状態へと回復する方法が，慰霊もしくは供養＝動物慰霊祭なのではないだろうかと思われるのである（図5.6）．

　日本人は，慰霊・供養の儀式を行うと，その証として「慰霊塔」もしくは

図 5.6 彷徨う霊と慰霊祭による秩序の回復.

「供養塔」を設置するが(松崎, 2004), この場合, 霊は「そこに封印される」か「あの世に送られて」, 世界は秩序を取り戻す. 依田(2005)は, 東海道一帯の動物塚について調査, 日本人のなかに「人と動物の連続性の認識がある」と考察した. その(霊的な)連続性のゆえに, 秩序を保とうとする意識から, 日本人は「動物とすみわけよう」とするし, 動物に犠牲を強いる場合は, 慰霊・供養するのではないだろうか. また, 中世の日本では, 動物霊は生命と健康を脅かす脅威と考えられていた(瀬田, 1994). それゆえに動物慰霊祭における「慰霊と供養の儀式」は, 平穏な日常を保障するためにも必要な「霊とすみわけをするための所作」であり, 慰霊塔・供養塔はそのための装置ではないかと思われるのである.

(2) 日本の狩猟民の解体作法

以下は, 太田(1997)が報告したマタギの人々の解体作法である.「クマの頭を北にして, あおむけにする. 使った用具はすべて南にたてる. シカリが塩をふり九字を切り, 次の唱え言葉を三度唱える(この時解体に使う小刀

を腹の上にのせて行う場合もある）．『オオモノセンビキ・アトセンビキ・タタカセタマエヤ・ナムアブラウンケンソワカ』皮を剥ぎ終わると，剝いだ皮を手に取り，反対にかぶせる．次に，小枝でクマの尻の方から頭の方へ三度なでて，『ナムザイホウ・ジュガクブツ』と七回唱え，さらに『コウメヨウ・シンジ』と三回唱え，最後に『コレヨリノチノヨニウマレテ・ヨイオトヲキケ』と唱える」．現代にいたるまで肉食の文化を伝承してきたマタギの人々は，仕留めた動物を処理する際に，神事同様の丁重な取り扱いをすることが示されている．永松（2005）は，宮崎県東臼杵郡椎葉村の山中で猟師と同行，獲物の解体作法をくわしく調査した．永松（2005）によると解体の場所はシシ宿と称せられ，神聖な場所でなければならないという．そこでは解体に先立ち，仕留められたイノシシは軒先に一晩つるされる（シシツリ）．そして「シシツリの際，山の神が獲物の霊を持ち去ってくれる」との伝承に着目，「解体作法全体から見ても，動物の霊を肉体から分離することは，極めて重要な儀礼であったことが知られる」と指摘した．また，永松（2005）は椎葉村の猟師の解体作法を詳らかにしたうえで，「日本人の持つ動物霊に対する概念，あるいは山に対する異界観というものは，特定の職業のなかに規定されて存在するものではなく，もっと広く潜在的に有されているのではないだろうか」と言及した．すなわち，慰霊・供養とは屠畜や解体にともなう作法を忘れてしまった現代日本人の，動物霊に対する畏怖の残滓の現れではないだろうかと考えられるのである．

5.6　動物の霊性とすみわけの論理

（1）すみわけと秩序

　中村（2006）は西欧と日本の民話や寓話などを比較し，日本の特徴は「動物から人」「人から動物」へと変身の相互方向性にあると指摘した．外観はともかくとして，霊的にいって日本では「動物と人」はきわめて近接していると考える．変身が相互方向的であるということを，「人も動物も霊的には等しく両義的な存在である」とすると，人と動物を分かち，秩序を保つためのなんらかの方法が必要であろう．その秩序を保つための方法が人と動物の

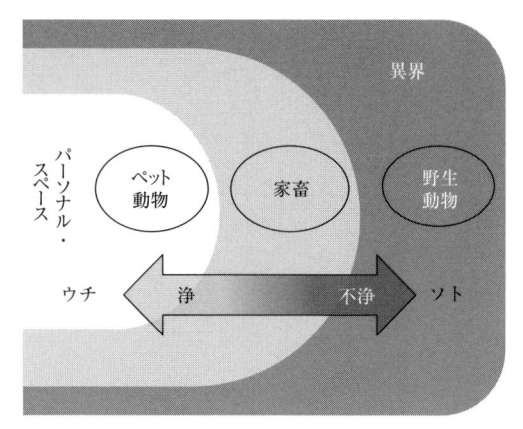

図 5.7 「ウチ」「ソト」のすみわけによる秩序形成.

すみわけではないだろうか．日本人は人間中心的視点から，人を「ウチ」に，動物を「ソト」にとすみわけた．「ソト」から「ウチ」へと侵入してきた動物は，この秩序を脅かす存在であり，「穢れ」とみなされる．しかし，「ソト」の世界へと放てば，秩序は回復される．この「ウチ」と「ソト」の区分は，動物の人との関係性のなかで可変する．「ウチ」の極は「パーソナル・スペース」であり，そこから同心円的な広がりをもって「ソト」の世界がグラデーションを形成，動物は人との関係性のなかでこの同心円のなかのどこかに位置づけられている（図5.7）．

(2) 動物の殺生を忌避する理由

先に述べたように，動物の肉体を動物の霊にとっての「ウチ」であるとするならば，その霊は肉体をもつことで，そしてその肉体は同心円のどこかに「物理的に」位置づけられることで，秩序は二重に保たれている．仏教の戒律以前の，日本人が動物を殺すことを嫌う根源的な理由は，この秩序体系に求められるのではないだろうか．動物を殺すことは，霊を肉体（＝ウチ）から追い出すことを意味する．霊が肉体に宿っているときは，その肉体を囲い込むなどの物理的な制限で秩序を維持できる．しかし，霊を囲い込むことは，その不可視性からいって感覚的にむずかしいため，「霊の囲い込み」を納得するための所作が必要となる．それが慰霊や供養であると考えたい．すなわ

ち，一時のこととはいえ，動物を殺すことは霊の彷徨を許すことを意味し，その瞬間秩序は乱されるので，日本人は動物を殺すことを嫌うのではないだろうか，と思われるのである．

5.7　すみわけと変身

中村（2006）はグリム童話と日本の昔話を実例にとり，「――日本昔話においては，人間が動物に変身する例が四二例であるのにたいし，動物が人間に変身する例はその二倍以上の九二例にたっする．すなわち，グリム昔話にはほとんど存在しなかった動物から人間への変身譚が日本昔話では非常に多い．日本においては，動物は少なくとも人間的状態までは上昇しうる」と指摘した．本節ではこの先行研究をもとにして，日本における「人間から動物への変身」の原因について考えてみたい．

（1）　人が動物に変身する理由

中村（2006）は人間から動物へ変身した昔話を精査し，昇華態がめだつことこそが日本人の動物観の特徴であり，「昇華態はほとんど日本独自の変身型であるといってよい」と結論したうえで，この昇華変身にはだれの意図も働かないことを指摘した．筆者は前掲の5.2節で「すなわちその場に存在する主体（＝動物）は，能動的にというよりは，まったく受動的に『場（＝空間）』に帰属するとの感覚が，過去から現在にいたるまで日本人のなかに支配的であると思われる」と考察したが，「人間が動物に変身してしまう」理由の1つとして，日本人のもつ「郷においては郷にしたがう」という能動的というよりは受動的な秩序意識を考えたい．「ウチ」と「ソト」の空間弁別意識にあって「日本人は『ウチ』のなかには人が，『ソト』には動物がすみわけている世界観をもっている」と仮定する．「ウチ」から「ソト」へと出向く人は，「ウチ」にとどまる人からの視点では，野生味を帯びる方向へと伸びるベクトルに乗ったように感じられる．そのベクトルの先は「動物の世界」であり，そこに身を投ずることを，あたかも「人から動物へ」と変身したかのように表現するのではないだろうか（図5.8）．この変身は主体の意志によらない．場の自動的作用による受動的な変身であるため，中村

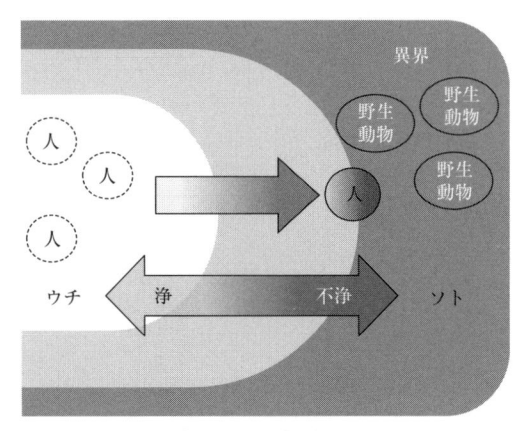

図 5.8　変身——「人」から「動物」へ.

(2006) の表現を引用すると「——変身の根拠が不明または曖昧だということである」と解されると考える.

(2) 動物が人に変身する理由

つぎに動物から人間への変身について考える. 筆者は動物が人間に変身する理由も,「その場に存在する主体のもつ特性は, 能動的にというよりは, まったく受動的に『場 (＝空間) によって』決定されてしまう」というルールで相当の部分が説明可能であると考えている. 中村 (2006) が明らかにしたことによると,『古事記』『日本書紀』『風土記』が著された時代では, 動物から人に変身したのは「ワニ・ヘビ・タツ・カメ・白トリ・ムジナ」であるという. この時代は狩猟から農耕へと産業の主幹が移り始めたときであるが, 後代の農耕が主幹として定着した時代と比較すると「ワニ・ヘビ・タツ・カメ」の変身譚が多いことに着目したい. これらの動物はいずれも狩猟対象にはなりにくいと思われる. シカやイノシシなどの狩る対象を求めて山野に入った人にとって, これらの動物は「ウチ」(人のテリトリー) に入ってくることを「ただ見守られる」対象でしかなかったであろう. そして「ウチ」に入り「人の気」を帯びたと感じた瞬間の文脈 (＝状況) によって, そこに「通婚」や「通話」などのいろいろな意味を読んだのではないだろうか (図 5.9).

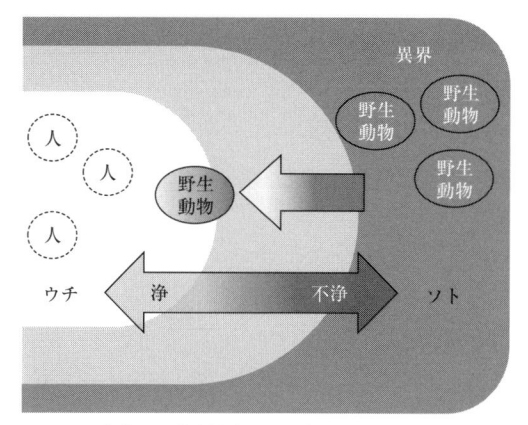

図 5.9 変身――「動物」から「人」へ．

中村（2006）によると『今昔物語集』が著された時代になると，動物から人への変身譚は「キツネ・ウシ・ウマ・イヌ・サル・イノシシ・ヘビ」などと，種数が豊富になる．この時代には農耕が主幹産業となっている．すなわち，人は動物を狩猟対象あるいは食料対象としてみなさなくなった傾向が強まり，いろいろな動物が「ただ見守られる」だけの対象となったことを，「変身譚における動物種数の増加」の原因と考えたい．この時代，人は住居のまわりを農耕地として開墾，そこにいる動物の「ソト」から「ウチ」へのベクトルの延長線上の先に「人への変身」を想起するとともに，その瞬間の前後の文脈（＝状況）により「上昇・通婚・報恩・通話・利便・悪戯・加害」などの意味を読んだのではないだろうか．

（3） 家畜が変身しない理由

中村（2006）は「労役に使われる家畜もまた，近世初期までの死後転生譚をのぞくと，ヒトに変身しない」と結論した．筆者は，「ただ見守られる」対象であるはずの労役に使われる動物が変身しないことの理由も，「その場に存在する主体（＝動物）のもつ特性は，能動的にというよりは，まったく受動的に『場（＝空間）によって』決定されてしまう」というルールに準拠して説明できると考える．すなわち，農耕が確立することにともない，労役に使われる動物は人を中心に据える空間構造のなかに「ウチ」の動物として

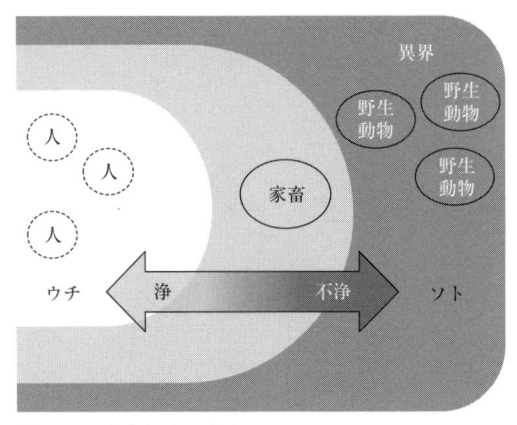

図 5.10 変身しない家畜.

定点を与えられたため,「ウチ」⇔「ソト」のベクトルの変化は消失,自動的に人に変身することのない「ただの動物になった」と推察する(図 5.10).

(4) 変身しないイヌ・変身するネコ

また,イヌに比べるとネコは,人に変身する傾向がはるかに強いようで,近世になるとネコが人に変身し,人に害をなす説話が散見されるようになる.ともに人の生活圏のなかにある動物であるのにもかかわらず,「ネコの人への易変身性」の理由をイヌ・ネコ両者の飼育形態と行動特性の差異に求めたい(Thorne, 1997).

イヌは,伝統的に屋外飼育とされるし,社会性の動物であるがゆえに人と行動をともにし,人を中心に据えた「ウチ」⇔「ソト」のベクトルは変化せず,人に変身することはない.しかし,ネコは屋内飼育とされるばかりか,屋内外の行き来もネコの自由にまかされるうえに,その社会性の欠如から人と行動をともにすることはなく,人を中心に据えた「ウチ」⇔「ソト」のベクトルは自在に変化する.そしてときには,「ウチの最深部」まで入り込み,家屋内にあってはタンスや梁の上などに登り,視線的に人を見下ろす心理的に優位なポジションを占拠することも日常の光景であったとの想像も難くない.

すなわち人を中心に据えた「ウチ」⇔「ソト」のベクトルはつねに変化するがゆえに「ネコは人に変身し」,また,家屋内でしばしば帯びる心理的優位性

——もしかしたら神棚に鎮座するなどの——から「ネコは人よりも優位的に化け」,そしてその強い肉食性のゆえに「化け猫は人を襲う」ようになったのではないかと思われるのである.

6

産業動物と動物観

6.1 現代の畜産

(1) 家畜動物の「ウチ」と「ソト」

明治維新から第二次世界大戦までの畜産は,「1戸にウシやウマが1頭」と畜産というにはきわめて小規模であり,家畜と日本人の関係は濃密で,「家族的」ですらあった.たとえば,東北地方には,ウシやウマと家族同然に同居する生活スタイルがあった.岩手県の「南部の曲屋」の構造は東西方向に住居を構え,住居の土間から南に飛び出す位置に「うまや」をつけている.寒い北国にあって少しでも太陽光線があたるようにと,人と同等どころか,人に対する以上の心配りが「かたちとなって」そこに現れている.佐川(2009)によると,東北のある地域の人々は,「長く厳しい冬をともに過ごす牛は,人間の子供と同じように手をかけて育てた家族の一員だといまでも語る」という.

しかし,西洋の畜産業を手本として大規模・集約化されることで,日本人と家畜の関係は希薄化の一途をたどる.経営上の効率化を求めると,人件費は削減され,当然,就労人員も削減される.その結果,家畜1頭あたりの人の作業時間は秒単位までに切り詰められ,家畜と人間の交わりは流れ作業のなかに埋没してしまう.家畜の集約的な飼育は,大量に排出される屎尿に帰結し,公害化する.それに物流手段の進歩が加わった結果,公害のもととみなされる家畜の飼養は,一般市民の目のとどかない人口希薄地帯へと,半ば隔離されるように切り離された.その結果,「ウチ」のなかにあったはずの家

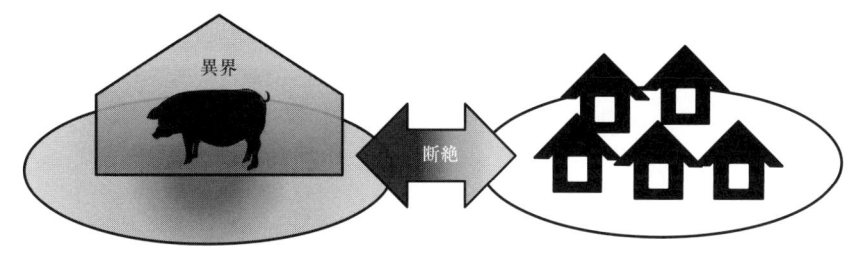

図 6.1 異界の動物と化した「家畜」．

畜が，一般市民の感覚からは野生動物と同様，「ソト」の世界の動物と化してしまった（図 6.1）．

（2） 家畜動物に対して動物福祉が浸透しない理由

この工業的な家畜飼養の実態は，オーストラリアの哲学者であるシンガー（1988）によって糾弾の対象となった．彼は，アニマルライツ（動物の権利）の思想の下，動物解放運動を活性化した．いま西欧諸国では，先鋭化する思想が露払いをするように「動物福祉」の思想，そしてそれにもとづく飼育技術が定着しているが（マイケル・バリー，2009），日本では家畜管理学の専門家が再三にわたり指摘するように，家畜動物に対する「動物福祉」の思想が浸透しない．前述したように，日本には家畜動物に対する同胞愛にも似た「家族的な配慮の風土」があった事実との整合性を欠くように思われる．しかし，西欧に倣った家畜飼養の近代化の結果，家畜が「ソト」の世界の動物になってしまったのだと仮定すると，この矛盾は氷解するように思われる．日本人の伝統的な感覚として「ソト」の世界は人知のおよばぬ「魑魅魍魎の世界」であり，そこは人の介入を必要としない世界なのである．そして，家畜の処遇がどうであれ，それが「ソト」の世界のできごとなのであれば，日本人の感覚としてまったく無関心ですまされる．

土居（1971）は，「日本人にとって生活空間は自己を中心とした同心円として意識される」としたうえで，「一番外側の見知らぬ他人に対しては一般に無視ないし無遠慮の態度がとられる――」と言及した．日本人は，同類の人に対してできえ，それが「ソト」の世界にいるのであれば「どうであろうと無関心ですまされる」のである．家畜に対してはなおさらのことであろう．

このように考えるとき，日本の動物観の1つの特徴は，日本人が抱く「ウチとソトの二極化した世界観」に規定されているように思えてならない．この世界観のなかにあって，動物は「ウチのなかにいる伴侶動物」と，「ソトの世界にいる野生動物」とに二分化される．この二極構造のなかで動物は，ウチのなかの同胞として近接的に（家族的に）向き合うか，ソトの生きものとして距離を置くかのどちらかに対極される．中間的な態度の極がみえないことが「日本人は動物とのつきあいが不器用で下手である」との評価につながっていないだろうか．

6.2　現代の屠畜

明治維新後の天皇による歴史的な「肉食の」パフォーマンスにより，日本における肉食の禁忌は解かれ，食の西洋化が始まる．第二次世界大戦後の国策としての畜産の振興により，安定的に「食肉」が流通するようになり，現代日本に肉食の文化は定着した．しかし，日本人の肉食に対する感覚には，それが「いのちをいただく（＝動物を殺す）」行為であることに対する欠如がある．「豚肉を食べたい」あるいは「牛肉を食べたい」と思うとき，「屠畜」というプロセスがあることについての欠如がある．ある新聞のコラム記事で，モンゴルに旅行した一団が「ヒツジの肉を食べたい」と現地のガイドに所望したところ，生きたヒツジ1匹を連れてこられ，目の前で屠畜されてひどくうろたえ後悔した，との回顧録を目にしたことがあるが，日本人の屠畜に対する意識の欠落を如実に表すエピソードである．

（1）　現代の畜産とケガレ

近代，現代の肉食の歴史をいま一度ひもとく．明治天皇が宮中で牛肉を食したことが報道されたのは，1872（明治5）年の初頭であった．それに先立つこと7年前の1865年の江戸時代末期，江戸幕府は横浜北方村に日本初の公設牛舎を設置する．その翌年，近代日本の食肉史上の重要人物である中川屋嘉平衛は横浜で牛肉屋を開いたが，記録に残っているその当時のウシを屠畜するときの所作は，非常に興味深い．ウシを屠畜することによる穢れを恐れ，「青竹を四本立て，それに御幣を結び，四方へ注連を張りめぐらした」

6.2 現代の屠畜

という（石井, 1969）．そこに神道の作法にしたがって，「結界をはった」のである．度重なる禁令によっても日本から肉食の風習が消えることはなかったとはいえ，天皇中心の同心円構造のなかでより天皇に近い人々の間では，仏教の浸透とともに動物の殺生や肉食を「ケガレ」とする価値観は定着していたので，ウシやウマを屠畜し，その肉を食することについては，強い禁忌感情があった．そして，社会構造的にあるいは地理的に天皇を中心とする「浄の同心円構造」の辺境に追いやられた人々は，死んだウシやウマを処理，あるいはそれらを屠畜してその肉を食したが，支配者層からの差別感情に曝された．1871 年，明治政府は，「従来斃死牛馬有之節ハ穢多へ相渡候処，自今牛馬ハ勿論外獣類タリトモ総テ持主ノ勝手ニ処置可致事」（太政官達第146 号）と，屠畜と被差別身分を切り離す通達を出す．このとき，「穢多・非人」の身分も廃止され，「平民」のなかに組み入れられる．いわゆる「解放令」である．そして，1906 年，わが国で初めて「屠場法」が制定される．第二次世界大戦後の「と畜場法」（1953 年）を経て，現在の屠畜場制度が完成する．身分制度の撤廃と法律の制定により，公的には現代社会では，だれでも「屠畜業」に携わってもよいことになった（桜井, 2009）．

しかし，「屠畜」に対する「ケガレ観」が払拭されたわけではない．前節の「現代の畜産」でも言及したが，1960 年代から公害が新たな社会問題として取り上げられるようになると，「集約的な畜産場」から排出される屎尿が公害視されるのと同様に，整備のいきとどかない屠場からの「排水」と「におい」もまた公害視されるようになり，「忌避」の対象とされた（桜井, 2009）．旧来の「ケガレ観」が現代風に「公害を問題視する」とかたちを変えただけであって，意識の深層には依然として「ケガレ観」が根強く残っているのではないだろうか．

（2） 現代の屠畜とケガレ

内閣府は平成 18 年，「食育推進基本計画」を決定，「国民の食に対する意識，食への感謝の念や理解等が薄れ，このままでは健全な食生活の実現は困難とも言える状態にまで至っている」との懸念から，子どもたちの健全な育成のために従来の「知育・徳育・体育」と同列に，「食育」の推進を打ち出した．平成 23 年からは「第 2 次食育推進基本計画」へと移行している．以

下，内閣府のHPからの抜粋である．平成23年3月に作成された「第2次食育推進基本計画」のなかでは，「農林漁業者やその関係団体は，学校，保育所等の教育関係者と連携し，食育を推進する広範な関係者等の協力を得ながら教育ファーム等農林漁業に関する多様な体験の機会を積極的に提供するよう努める」と記載されている．また，農林水産省のHPで紹介された「農山漁村文化協会」作成の子ども向けワークシート（2009）「肉はどこからくるの？（牛肉）」の全文は以下のとおりである．「みんながスーパーで見る牛肉は，農家で育てられた牛の肉だ．農家で育てられた牛は，食肉センターで解体されて，肉になるんだ．食肉センターでは，食肉衛生検査所の獣医さんが病気にかかった牛がいないかを調べたり，肉質によって専門家が肉の等級を決めたりするんだ．それから，食肉市場で部位ごとに分けられ，加工センターで加工されてから，スーパーに並ぶんだよ」．筆者が注目したのは，2文目の「農家で育てられた牛は，食肉センターで解体されて，肉になるんだ」の1節である．食肉を得るうえで重要な手順であるはずの「屠畜」が，そこから省かれている．子ども向けに簡潔に表現するならば，ほんとうは「食肉センターで殺されて，解体されて──」との表現になるだろうか．子ども向けであるのであえて「殺す」との表現を避けた，と想像する．

　しかし，この配慮が日本人のコンセンサスを得られるものであるならば，そこに仏教思想の「殺生禁断」の影響が感じられる．「殺生すること」は「＝戒律を侵す」ことであり，「秩序を乱すこと」と同義である．それは日本的な感覚では「ケガレ」にほかならない．すなわち「殺す」ことの表現を避けることが日本人のコンセンサスを得られるものであるならば，現代の日本社会でも「屠畜」に対する「ケガレ観」が残っているのではないだろうか．かつて日本社会の身分制度の垂直構造のなかで賤民層に隔離された「屠畜」の「ケガレ」は，身分制度の撤廃によって現代社会では，じつは水平的に隔離されるようになっただけであり，隔離の事実は変わっていないばかりか，屠畜とそれに引き続く処理の過程に対する「ケガレ」の感情は「工業的な畜産と屠畜のシステム」によって，日本人のなかにむしろ温存されていると思えてならない．そして現代，「生々しい屠畜・解体の現場から完全に隔離された人々」は，かつての天皇に対する献上品のように，原型がわからぬほどまでに変形し，衛生的にパック詰めされた畜産加工品のみを手に入れるよう

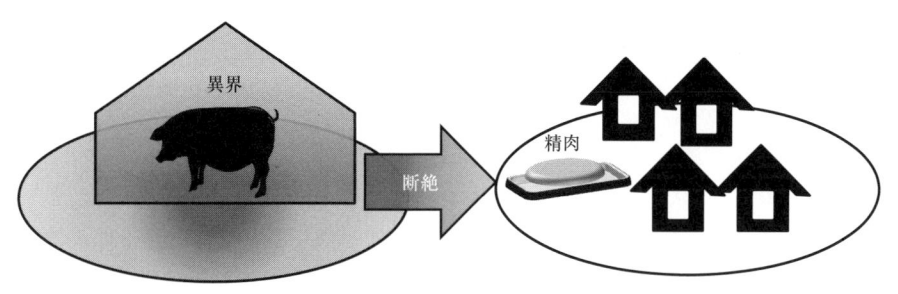

図 6.2 屠畜に対する生活実感の喪失.

になったのである（図 6.2）.

6.3 実験動物の世界

　産業動物（＝家畜）と「実験動物」とを同列に扱うことについては，違和感を覚える方も多いかと思う．しかし，本節では，「実験動物」を「研究家畜」と取り扱うべきとの視点に立つこととする（農林水産省畜産局家畜生産課，1986）．その存在は一般の目に触れることはほとんどないため，産業規模についての実感がともなわないが，どんなに少なく見積もっても数百億円を超える規模と推定される．現代社会では，実験動物は食品・新薬などの安全性試験のために，そして，再生医療などの医療技術開発のためにと「人間の生活」を陰で支える重要な役割を担っている．

　実験動物としてもっとも消費される（犠牲を強いられている）動物は，「ハツカネズミ」とのよび名が一般的な齧歯目のマウスである．日本では，錦鯉やニワトリなど，観賞用に動物を飼育する習慣が伝統的に定着しているが，江戸時代にはハツカネズミを観賞用に飼育することが好事家の間で流行したという（安田，2010）．明治維新後，欧米社会の文明が積極的に導入され，感染症やその治療法の研究のために，マウスを「ヒトのモデル動物として」使用する実験思想も導入された．マウスを実験材料とすることの利点は，繁殖が容易で多産であること，哺乳類のなかで最小の部類であり，狭いスペースでたくさん飼育できること，雑食性で飼育が容易であること，などである．「1頭あたりの飼育経費が安い」，経済的な動物なのである．

（1） 実験動物の歴史

　このマウスの飼育管理は，実験精度の向上，実験再現性の確保の視点から，集約化と隔離化の一途をたどる．以下は，その半世紀である（日本実験動物学会，2003）．1951年,「1.感染のない，感受性の一定した動物の供給, 2.癌研究に必要な特殊系統の動物供給, 3.一定飼料の供給, 4.飼育管理の改善」を主要な目的として「実験動物研究会」が設立される．後の「日本実験動物学会」の誕生である．同年，現文部科学省の前身である文部省が「（マウスの）系統保存システム」を発足させるとともに，国立遺伝学研究所には系統ネズミを専用に飼育するための部屋が設置され，東京大学伝染病研究所福島出張所では系統マウスの量産が始まる．1952年，現東京都瑞穂町に「実験動物中央研究所」が設立され，翌53年には東京大学伝染病研究所福島支所，実験動物中央研究所，武田光工場，大阪純系試験動物飼育所で実験用マウスの生産と供給が始まる．1955年，文部省は実験用動物の生産と購入を予算化，生産のための予算は東京大学・東北大学・名古屋大学・京都大学・大阪大学・九州大学・群馬大学に，購入のための予算は各大学の医学部に配分する．伝染病や癌などヒトの病気の基礎研究のため，マウスの飼育管理とそれを使用しての実験は国策として集約化された．

　1960年代に入ると，病原微生物による感染症研究の精度維持のために，実験用マウスの品質を病原微生物的に保障する動きが始まった．1961年，実験動物中央研究所は"Specific Pathogen Free; SPF"施設を設置，実験動物の飼育は，施設的・制度的な「隔離化」の第一歩を踏み出す．そして1963年には，病原微生物的に品質が保障されたSPF動物の量産が始まる．同年，日本の実験動物の歴史のエポックメーキングとなる国策が始まる．中央薬事審議会の医薬品安全対策特別部会が「サリドマイドの薬害問題」対策として，「胎児に対する影響を重視，新薬認可の際，動物実験資料を提出すること」を義務づけたのである．隔離化されたSPF動物は，新薬開発のうえで，必須の存在として確固たる地位を与えられることとなった．実験動物の隔離化はますます先鋭化し，1966年には名古屋大学の無菌研究所で「無菌の」ラットが作出される．1974年，実験動物の隔離化に向けた人的な保障の必要性から，日本実験動物研究会（後の日本実験動物学会）認定部会に

よる「初級認定資格試験」が実施される．1975年には，SPFならびに無菌動物の量産技術が確立．同年，実験動物としての「ブタ（ミニブタ）」の量産計画が始まるが，その5年後の1980年にはブタも「無菌化」されている．

1980年，総理府は「実験動物の飼養及び保管等に関する基準」を告知．この年，「日本実験動物研究会」は「日本実験動物学会」に改称される．1982年には「実験動物施設の建築設備のガイドライン」が作成され，実験動物隔離は基準化される．1984年，日本実験動物学会は中級技術員資格認定試験を開始．この資格者認定事業は，翌1985年，日本実験動物協会に移管，後に「上級」の技術員資格認定試験も実施され，実験動物の世界が，高度に教育された専門家集団によって，制度的に隔離されるようになった．

（2）　実験動物の「ウチ」と「ソト」

前項では日本における実験動物の歴史を，マウスを中心にして概観した．科学的な必要性からとはいえ，実験用のマウスはハード的に，そしてソフト的にも世間からの「隔離」の一途をたどっていることがわかるであろう．よく管理された実験動物施設では，施設内で飼育されているマウスにたどりつくまでの手順が厳密に決められている．まず，施設内に入れるのは，専門的な教育を受けた者のみである．施設内に入るときは，当然のことながら上履きに履き替える．入ってすぐに滅菌された着衣に着替え，使い捨ての帽子・マスク・ゴム手袋を装着する．そこでは人間はいわば穢れた存在（なにがしかを保菌している）なので，菌を施設内にまき散らさない配慮である．長靴に履き替え，消毒槽を通り，管理区域への扉を開ける．なかは外からの汚れを入れないように滅菌された空気が供給されていて，つねに「陽圧」に保たれている．そこは，病原微生物的に完全な清浄空間で，外界とは完全に隔離された，いわば「異界」である．外から搬入される物品は必ず滅菌処理を施される．日常業務として消毒液は振りまかれ，清浄度は毎日のように検査される．このような努力にもかかわらず，好ましからざる菌によりマウスが汚染されてしまうことがある．そのような場合，その一室のマウスは，感染の広がりを防止するため，すべて殺処分される．科学的な判断とはいえ，「触穢の思想」と紙一重の感がある．このようにしてまで清浄度が保守されている施設の平面図をみると，清浄に管理されたマウス飼育室は何層かに区画化

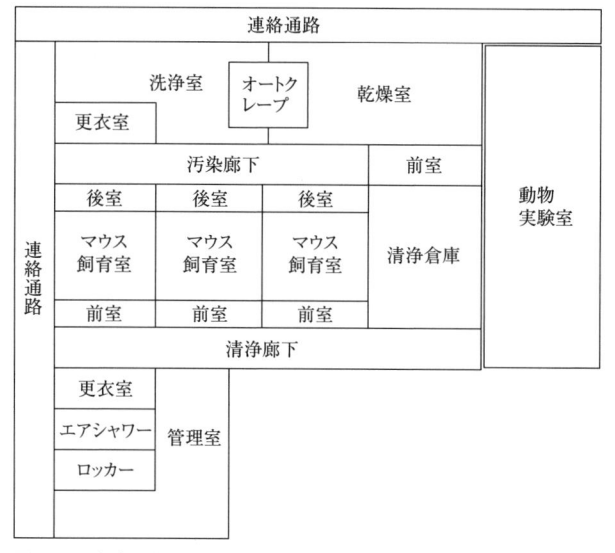

図 6.3 完全隔離されたマウス飼育室.

された空間により，外界から隔離されている．日本人が精神的な障壁でもって分かつ「ウチ」と「ソト」の空間構造が，物理的にかつ科学的に様相を変えて具現化されていると表現できよう（図6.3）．

6.4 産業動物の歴史から導いた現代日本の動物観

ここでひとまず「現代日本の動物観」についての私見を述べる．古代の日本社会はいまのような組織社会ではなく，全員が平等の狩猟採集民で，アニミズムに支配された世界観のなかにあった．おそらく「宿神論的動物観」が支配的であったと想像する．その後，定住化が進み，世界観は「ウチの世界」と「ソトの世界」に二分化，それにともない動物観も「ウチ（家畜）」と「ソト（野生）」に二極化した．そして社会構造の複雑化につれて「ウチの世界」に身分の，後に制度上の「すみわけ」をともなう「空間構造」が形成され，「動物」もそれにともなって再配分された．そして日本では，「動物そのものの属性」というよりも「その動物がどの空間にいるか」，換言するとその動物がすんでいる「場の属性」により，その動物に対する動物観が形

成されるようになったと考えたい．

　その空間の「ウチ」の極には「パーソナル・スペース」があり，それを中心に「ソト」の極に向かって空間は同心円状に構成されている．動物が「ウチ」（空間の内側）に入ってくることは「＝秩序の乱れ」であり，「ケガレ」と等価である．やがてその動物は「ウチ」のなかの空間の重層構造のどこかに再配置され，「ウチ」空間の場の属性に取り込まれた結果，その動物を含む新しい秩序体系ができあがる．

　しかし，「その動物の参入により新しい秩序体系ができる」ということは，言葉を返せば，その動物はいつでも秩序を乱しうる存在であることを意味する．日本社会のなかで動物はつねに危うい秩序の平衡状態にいる．ただし，「ウチ」から「ソト」に出ていくことは，仏教思想の表現を借りれば「放生」であり，「もとの世界に帰ること（＝秩序の復旧）」であって「秩序の乱れ」とはならない．むしろ神道でいうところの「キヨメ」的な意味合いさえある．

6.5　日本の動物観と日本の国土

　第Ⅱ部を総括し，日本の動物観の構造を以下のように要約する．
　日本においては，
　1．「ウチ」と「ソト」の空間弁別が徹底，動物はそのどこかに位置づけられている．
　2．動物に対しては「すみわけるべきである」との強い意識がある．
　3．その場に存在する主体（＝人と動物）の様態は，能動的にというよりは，まったく受動的に「場（＝空間）によって」決定されてしまう．
　以上のルールを日本人は共有する．
　第Ⅱ部の要旨の特徴は，最後の「その場に存在する人と動物の様態は，能動的にというよりは，まったく受動的に『場（＝空間）によって』決定されてしまう」とすることにあるが，なぜ日本においては，そこまで「場」が支配的なのであろうか．本書の扱う分野から逸脱してしまうが，筆者は日本国土の「地球科学的特徴」にその論拠を求めたい．

（1） 環境決定論的な視点

「大陸的でおおらかな」あるいは「南国育ちで陽気」などの人柄を表現するときによく用いられる慣用句が物語るように，地勢・気候などのその土地の風土は，人格や価値観の形成に直接的に影響する重要な環境要因であると考えられる．

和辻（1935）は，人間がその身を置く環境――風土は，人間の自己了解の方法であるとした．人間の精神活動が環境に決定されるという主張に対しては批判も多いが，生物学的には，そのもののもつ「行動も含めた表現型」は，遺伝（内因的要因）と環境（外因的要因）に支配されていると考える．学問領域を超えて「環境の支配性」を重要視する視点は，真実の側面をとらえていると思われる．そこで，価値観は風土により醸成されるとの着想から，以下に「日本の動物観」をかたちづくる環境要因について論述を展開する．本書の扱う分野からは逸脱してしまうかもしれないが，まず日本の地球科学的特徴を確認する作業からとりかかることとする．

（2） 日本の国土

日本は北緯45度から北緯20度の範囲に，南北に細長く存在する島嶼からなる国である．南北に細長い国土であるため，気候帯は亜寒帯から亜熱帯までを含むが，中緯度帯に位置していることもあり，四季の変化は明瞭である．北から順に北海道，本州，四国，九州そして沖縄本島の5島と，6847の離島で構成され，全面積は377930 km^2 と全世界の国土のわずか0.25%にすぎないが，その島々はユーラシアプレート，フィリピンプレート，北米プレートがぶつかり合う上にあり，地殻変動が活発である．活火山数は110山と，全世界の活火山数の7.1%が狭小な国土に集中している．さかんな造山活動を反映して，国土の約73%が山地で占められている．そして，山がちな国土であることと四方を海で囲まれていることが典型的な水の大循環を誘発，列島中央部を縦断する山脈が分水嶺を形成するとともに，国土の全域にわたり降水量は多い．そのため日本の国土は一級13989，二級7084と，大小の河川で縦横に刻まれている．急峻な地形が過半であるため，河川の流路長に対して川床は急勾配であり，いずれもが急流を形成，山地はV字型に深く

図 6.4 地形単位が小さく，箱庭的な景観の例．山梨県上野原市原地区の景観．

渓谷を刻まれている．山地より削り出された土砂は，山麓には扇状地，河口には三角州を形成している．

(3) 日本の国土と狩猟・採集文化

このようにしてかたちづくられた日本の国土は複雑に地形が入り組み，1つ1つの地形単位が小さく，「箱庭的な」と形容される特徴を呈する（長谷川，2004）．図 6.4 は，山梨県上野原市原地区の三頭山を背にした南に面する緩斜面の景観である．山に囲まれた狭い扇状地に集落が広がっているのがみてとれるであろう．昭和 40 年代には，当時の町役場職員が泊りがけで出向いたという山奥であるが，じつは，扇状地に点在する民家の畑からは多数の縄文式土器が出土するのである．縄文時代の価値観では，生活するのに十分な土地の恵みがあったということであろう．

日本の地形の特徴である箱庭的に凝縮した山地，渓谷，河川は，人の移動を制限する地理的な隔離要因であるが，日本はおしなべて温暖かつ湿潤であ

り，生態系は多様性に富み，植物のバイオマスは巨大である．ゆえにそこが安全であるならば，青森県の三内丸山遺跡で確認されているように，たとえ縄文時代前期の狩猟・採集に依存する文化であったとしても，1700年余の長きにわたる定住生活が可能であった（樋泉，2007）．狩猟・採集生活には漂泊的な印象がともなうが，日本においては土地からの恩恵が非常に大きかったので，「その土地に大きく依存していた」と結論されるのである．

（4） 日本の国土と農耕文化

本項では「地形などの地球科学的環境要因が，そこに住む人の思想に対して支配的に作用する」との視点に立つ．繰り返すが，日本は地形単位が非常に小さいものの個々に自然の恵みが豊かであり，ほかとの交流がなくとも，地産地消的にそこでの生活が可能なのである．佐藤（2004）は日本の農業環境について，「里山になりうる低山地が農耕集落の近接に数多く存在する地形環境を有している．これは大陸ではあまり期待できない地理的環境である」と指摘した．そして，「湿潤温暖気候が支配する列島では，植物バイオマスが巨大であるため，日本の農業では里山や雑木林が供給する植物質肥料である程度まかなうことができた」と，日本では有畜農業の必要性がそもそも低い理由を説明した．西欧では牧畜と農耕が一体化し，農耕は家畜の堆肥に支えられていたが，日本では「土地からの恵みが大きいために」その必要性がなかったとの指摘である．日本において畜産の定着が遅れた理由の1つとして，留意しておきたい．要するに湿潤温暖な気候である日本においては，土地からの恩恵が非常に大きかったので，西欧にみられる農耕よりも「その土地に大きく依存していた」と結論されるのである．

（5） 日本の国土と自然災害

日本の国土を形成する島々はユーラシアプレート，フィリピンプレート，北米プレートがぶつかり合う上にあり，寒流と暖流がその沖合を洗う．そのため日本は，世界有数の地殻変動と気候変動の激しい国土である．それゆえに，そこに住む人々――日本人は有史以来，多種多様な天災に曝され続けてきた．地質学的には，火山の噴火，それにともなう火砕流，地震とそれにともなう土砂崩れや津波などである．そして気象学的には，台風，ゲリラ豪雨，

それにともなう洪水，土石流，冬の雪崩などである．日本人はつねにこれらの天災により生命を，またすべての財産を失う可能性に曝され続けてきた．

これらの天災は，そこに住むすべての人に平等にふりかかる．身分の貴賎はまったく関係がない（寒川，1994）．人智や人為によってこの天災を回避することは，その圧倒的な破壊力によってまったく不可能であり，人々はただそのなかに運命を委ねるしかない．そこで生死を分かつのは，ただ単純に「そのとき，どこ（どこの『場』）にいたか」だけである．このとき，数 m のあるいはたった数 cm の差が生死を分かつこともあったであろう．生と死という主体の存在にかかわる事象でさえも，「どこの場にいたか」ということで支配されてしまう．要するに，日本においては地質学的にも気象学的にも変動が激しく，運命を「その土地に大きく依存していた」と結論されるのである．これに前項の「(3) 日本の国土と狩猟・採集文化」と「(4) 日本の国土と農耕文化」の結論も相加したうえで敷衍して，日本人の意識の深層に「能動的にというよりは，まったく受動的に『場（＝空間）によって』決定されてしまうルール」が強く植えつけられたのだと思われるのである．

東日本大震災が発生したとき，想定をはるかに超える津波により，多くの人々が命を落とした．そのなかを生き延びた人の体験談の随所から「数 m のあるいはたった数 cm の差が生死を分けた」との事実がいくつも読み取れる．そして，その圧倒的な破壊力の前には，どんな堅牢の建物であってもひとたまりもなく消え去ってしまう．そんなことが繰り返されてきた有史以来の経験の積み重ねが，日本人に「物理的な障壁をつくる」のではなく，目印程度の「精神的な障壁をつくる」ことで生き延びることが許された安全な「ウチ」の世界と，命を落とす可能性のある危険な「ソト」を分けるようにと適応を強いたのではないかと想像されるのである．日本人の「ウチ」と「ソト」の「空間弁別とすみわけ」は，そのような狭く厳しい国土で生き延びるための行動適応ではないだろうかと思われるのである．

6.6　日本人論と現代日本の動物観

ここで種明かしをすると，第 II 部は，東日本大震災の後，避難所に入れないペット動物がいるとの新聞報道が論考の基点になっていた．そして，論

考を進めた結果，日本の動物観は従来の日本人論といくつかの点で整合することに気がついたので，以下，最後の節で取り上げることとする．

(1) 日本人の他律性と動物観

荒木（1973）は，「日本的行動をとくカギ」として，「他律の概念」を提唱，「他律は集団の論理に従って行動する日本人の基本的属性であり，この概念を導入することによって日本人の行動のパターンが明快に説明できることが多い」と言及，その成因に「日本的独自性をもったと予想される日本的農業共同体」を指摘した．以下，さらに引用すると「農耕的定住集落的共同社会においては，生存のための食糧生産という大前提の前にはいかなる個人の恣意も許されなかった．集団の成員は，共同の作業に，共同の祭式，儀礼にお互いの連帯感を深めながら相互依存的に生きていかざるをえなかったのである．個人の恣意の許されない世界を動かすものは，当然集団の論理であった．そして集団の論理が絶対的に支配する世界は，すなわち他律の世界にほかならない」と日本人の他律性について言及した．他律性を主体性のなさ（あるいは弱さ）と読み替えることにより，本章の主旨である「その場に存在する主体（＝動物）のもつ特性は，能動的にというよりは，まったく受動的に『場（＝空間）によって』決定されてしまう」と整合すると考えてよいのではないだろうか．荒木（1973）は，「原則として弥生文化の担い手であったと考えられる年齢階梯的，水稲栽培的種族に属する社会」と，弥生時代に他律性の原初を指摘した．しかし，筆者はその他律的共同体意識の芽生えは縄文時代にまでさかのぼることが可能なのではないかと考えている．前述したように，「日本はおしなべて温暖かつ湿潤であり，生態系は多様性に富み，植物のバイオマスは巨大である．ゆえにそこが安全であるならば，青森県の三内丸山遺跡で確認されているように，縄文時代前期の狩猟・採集に依存する文化であったとしても，1700年余の長きにわたる定住生活が可能であった」からである．ゆえに，荒木（1973）の記述をそのままに借りれば，「生存の場としての自足的全体社会的ミクロコスモスとしての己の世界と，自分たちとまったくかかわりあいのない，あるいはかかわることを拒否する他界」からなる世界観の原初が，おそらく縄文時代には形成されたと考える．

この他律社会においては，「自我」でさえ容易に変容する．荒木（1973）

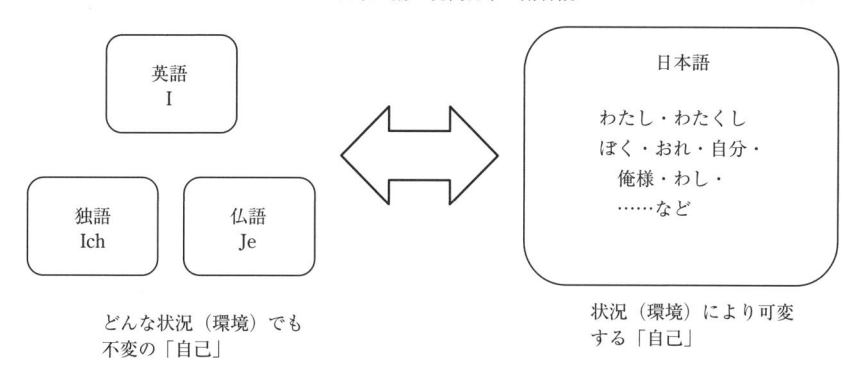

```
┌─────────┐                    ┌──────────────────┐
│  英語   │                    │     日本語       │
│   I     │                    │ わたし・わたくし │
└─────────┘        ⇔           │ ぼく・おれ・自分・│
┌─────┐ ┌─────┐                │ 俺様・わし・     │
│独語 │ │仏語 │                │ ……など           │
│Ich  │ │ Je  │                │                  │
└─────┘ └─────┘                └──────────────────┘
どんな状況（環境）でも          状況（環境）により可変
不変の「自己」                  する「自己」
```

図 6.5　日本語の一人称は多様．

は，「印欧語にあっては，一人称代名詞は英語の I, ドイツ語の Ich のように原則としてただひとつであり，文中にあって省略されることがないのに対して，日本語にあってはその性別，年齢，社会的ステイタス，対話の相手，あるいは心の動きなどによってつねに可変的であるばかりでなく，文中にあってもまったく省略されてしまう例の多いのも，日本人の他律性とかかわる自我の不在と，決して無関係ではないと思われるのである」と言及，日本語には自分自身を示す多様な一人称代名詞があるという事実を，その「変容する自我」の論拠とした（図 6.5）．筆者は，この「状況により可変する一人称」には，言葉を替えると「変容する自我の事実」には，日本人の触穢の思想と同根の成因があると考えたい．すなわち，日本人が「たやすく穢されてしまう」と感じるのは，この他律的であるがゆえの「自我の可変性」に，その一因があるのではないかと思われるのである．

（2）　状況主義的日本人と動物観

この日本人の状況に支配される特徴を最初に指摘したのは，ルース・ベネディクトである（ベネディクト，1972）．彼女は西欧の「罪の文化」と対比して，日本の文化を「恥の文化」と総括した．キリスト教文化圏の人の行動原理が神の教えに背かないことの一点に集中，その点，ブレがないのに対して，日本人の行動原理は世間の目，換言すると状況に従属する傾向があることが特徴であるとした．この著書は 1944 年に著された日本人論の古典であ

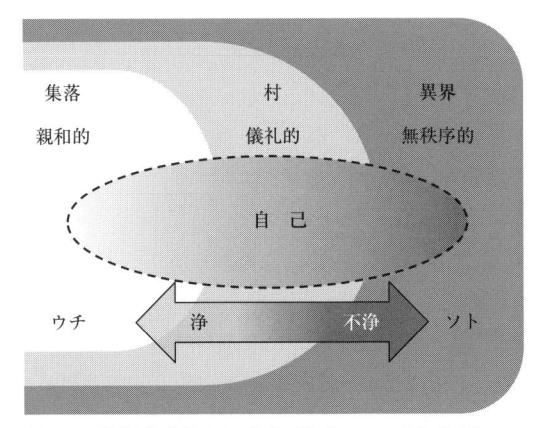

```
                集落        村       異界
                親和的     儀礼的    無秩序的

                       自 己

            ウチ    浄        不浄    ソト
```

図 6.6　状況主義的な日本人（佐藤，2001 より作図）．

るが，現代日本人にも適合すると判断してよい．佐藤（2001）は，「幼児のしつけと教育の日英比較」から，日本人は状況主義であると結論している（図 6.6）．

　状況の変化にうとい人間を「KY（空気が読めない）」と蔑称する現代日本人の言動に現れているように，一般的にいって日本人は状況に鋭敏な感覚をもち，それにつれて行動も変化してしまう．その心身の可変的な特性がゆえに，動物と対峙するとき，それとの関係性も「自己が変化してしまう」ことにつれて相対的に変容してしまうので，ときには「相互協調的に動物が（もしくは自分が）変身する感覚を抱いたり」あるいは「相互協調的に自己が穢された」との感覚を抱くのではないかと思われるのである．

（3）　日本人の自己観と動物観

　状況によってゆらぐ，「他律的な」日本人の「自己観」は，心理学の一分野である文化心理学の研究者により「相互協調的自己観」と名づけられている（それに対立する自己観は「相互独立的自己観」）．「相互協調的自己観」において，自己は「他者・まわりの状況・物事との関係から構築されると考え，実体というよりは関係である」と定義される（丸山，2006）．「自己というものが自己そのものによって規定されるというよりも，だれとコミュニケーションをしているか，あるいは，どういった場面・状況によって自己規定

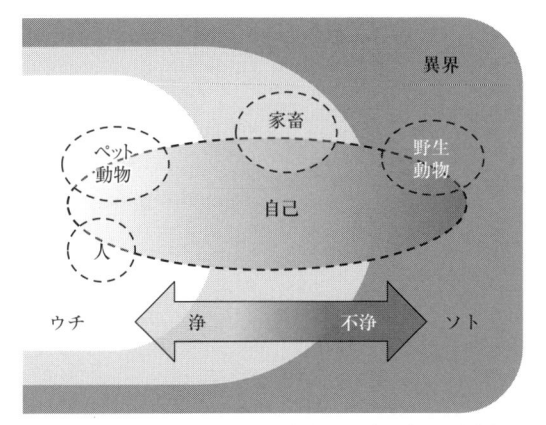

6.6 日本人論と現代日本の動物観　　　　　　　　　　　141

図 6.7 状況と関係性により変化する自己観と動物観.
どこの状況の自己から動物を観るかで動物観は変わる.

が変化」するのが特徴であるとの指摘である（図6.7）．その状況によって「自己が変化してしまう」のが日本人のコアパーソナリティーであるという指摘から敷衍すると，その状況によって「相互協調的に自己が変容した結果」，相対的に「対峙する対象も変化してしまう」との感覚が日本人のなかに支配的ではないかと思われるのである．この影響されやすい可変的な自己を，動物観の研究者は「日本における人と動物の連続性」と表現したと考える．また，それゆえに，日本人は「動物とすみわけよう」とすると結論するのである．

（4） 日本独特の動物観

スティーブン・ケラートは，動物観を12の態度類型に分類した（高柳ほか，1991）．そのなかの「宿論的態度」はアニミズムが色濃い日本人に特徴的な態度であるとされている．本章で論考を進め，「場の支配性」から「日本人の他律性」にたどりついた．最後になるが，ここで仮説を提示したい．日本人のなかに，動物を自己のよりどころとする「他律的態度」と表現してよさそうな動物観があるように思われるのである．いいかえると，他律的で状況に流されやすく脆弱な自己を「動物をよりどころとして支えようとする態度」である．人間関係の軋轢のなかであからさまとなる脆弱で依存的な自己を，人間関係のなかで成長させ自己肯定感をもとうというよりは，むしろ

人間関係に背を向け，動物との関係性のなかに埋没して自己を支えようとする態度である．端的に表現するならば，動物に無条件で受け入れられる・あるいは必要とされるがゆえに，「人間関係よりも動物との関係に価値観を置く態度」と表現してもよいかもしれない．自律・他律の概念で西欧と日本との対比が可能であるならば，西欧にはない「日本独特の動物観」として位置づけられるのではないだろうか．機会があったら検証してみたいと考えている．

III
野生動物

瀬戸口明久

　これまでの動物観研究は,「日本人の動物観」の独自性を「西洋人の動物観」と対比させて論じることが多かった.けれども「日本人の動物観」はけっして不変ではないし,一枚岩でもない.第III部では,日本における「野生」をめぐる動物観が,複数の社会集団の間で対立をはらみつつ,時代とともに大きく変化してきたことを明らかにしていく.

　まず第7章では「野生」をめぐる動物観について基礎的な考察を行う.そこでは「野生動物」という概念に,「人間」と「自然」を切り離す特殊な動物観が潜んでいることが指摘される.では,人為的な介入を受けていない動物を「野生」とカテゴライズする動物観は,どのようにして生まれたのだろうか.第8章では,飼育されていない鳥が「野鳥」とカテゴライズされるまで,江戸時代から昭和初期にいたるまでの「鳥」をめぐる動物観の変遷を追う.続く第9章では,「野猿公苑」の成立と展開に注目して,戦後日本において「野猿」をめぐる動物観がどのように変容したのか明らかにする.

　以上のような歴史的な展開をふまえて最後に,現在の生物多様性保全における「野生」をめぐる動物観について考えてみたい.

7
「野生」をめぐる動物観

7.1 「野生動物問題」と動物観

　近年，日本では「野生動物」をめぐる動物観が問われるような問題がつぎつぎと生じている．その1つは，野生動物が人間と出会う機会が増え，人々の生活に危害をおよぼしているという問題である．明らかに分布が拡大しているのはイノシシである．環境省の調査によれば，1970年代からイノシシの分布は拡大している．2003年の調査では，中部地方以西全域に生息しているほか，それまでイノシシがいなかった東北地方にも分布を広げている．その要因としては，温暖化によって積雪量が減少したことや，山間部での人間の土地利用が少なくなったことが指摘されている（高橋，2001，2008）．山間部で増加しているもう1つの動物はニホンジカである．1980年代以降，狩猟者の減少などが原因でシカの個体数は増加したといわれている．このような野生動物の増加は，山間部の農林業に被害を与えるだけでなく，食害によって自然植生にも影響をおよぼすことが懸念されている（河合・林，2009）．

　もう1つ，野生動物をめぐって近年問題となっているのは，外来種による生態系の攪乱である．かつては人間にとって有用な生物を移入して野外に放つことは，ほとんど問題とされていなかった．その結果，現在では多くの外来種が日本列島に生息している．沖縄本島・奄美大島でハブを駆除するために移入されたマングースや，各地でネズミを駆除するために放飼されたイタチは，行政によって意図的に放たれた外来種である．あるいは毛皮生産のために移入されたヌートリアや，動物園から逃げ出したタイワンザルのように，

飼育されていたものが野生化した例もある．1990年代に生物多様性保全がさけばれるようになると，外来種は生態系を乱す原因として駆除が求められるようになった．2005年に外来生物法が施行されてからは，各地で駆除事業が行われている．

　こうした野生動物と人間の間で生じている問題群を，動物学者の羽山伸一は「野生動物問題」とよんでいる（羽山，2001）．「野生動物問題」においては，動物学や生態学，野生動物管理学などの科学的な知見が重要な役割を果たすことはいうまでもない．しかし，科学的な判断だけで「野生動物問題」が解決できるわけでもない．科学的な観点からの野生動物保護の方針が，獣害に苦しむ現地の人々から反発を受けることがあるからである（丸山，2006；鈴木，2008）．外来種問題では，とくに哺乳類を駆除しようとすると，動物愛護の観点から市民の反発を受けることがある．つまり「野生動物問題」とは，たんに野生動物だけの問題ではなく，人間の社会の問題でもあるのだ．こうした問題は近年では野生動物保護の「ヒューマン・ディメンション」として社会科学的な関心の対象となっている（桜井・江成，2010）．

　そこで重要になってくるのは，ときに科学的な判断と衝突する一般の人々の動物観をどう考えるかという問題である．これまで「野生動物問題」においては，「日本人の動物観」と科学的な野生動物管理とのズレがしばしば問題にされてきた．日本人は人間と動物の境界が不明確であると考えていて，動物に対して「情緒的」な感情をもっている．それに対して西洋人にとって動物とは人間が利用するために神から与えられた存在であり，人間より下位の生きものである．そのため欧米では野生動物管理学など科学的な手法を用いて動物を管理しているのに対して，日本では合理的に野生動物を管理するという発想がなかなか定着しない（池上，1990；河合・林，2009）．このような「日本人の動物観」論はほとんど定説になっているといってもよい．

　本章では，このような「日本人の動物観」をめぐる定説を再検討し，その問題点について考察していく．まずこれまでの「日本人の動物観」論をふりかえり，近年の動物観研究の進展のレビューを通して，定説の問題点を指摘する（7.2節）．続いて「野生動物」という一見すると自明に思える概念を検討し，そこに特定の動物観が含まれていることを明らかにする（7.3節）．最後に今後の動物観研究を進めるための新たな枠組みについて提示したい

(7.4 節).

7.2 「日本人の動物観」とはなにか

　日本における動物観研究の出発点は，科学史家の中村禎里による『日本人の動物観』とされる（中村，1984）．本書のもとになった論文「日本人と西欧人の動物観」は 1975 年に『技術と人間』誌に掲載された（中村，1975）．そこで中村は，グリム童話と日本の昔話に登場する「動物変身譚」を網羅的に調査している．すると動物が人間に変身する物語は，日本では膨大に残っているのに対し，ヨーロッパの童話ではほとんどみられないことがわかった．そのことから「西欧人においては人と動物の隔絶感が強く，日本人のばあいは連続感がいちじるしいという定説」が確認されたという．つまり「動物観研究」というものが登場した 1970 年代には，すでに「日本人の動物観」の定説が存在していたことがわかる．さらに中村（1984）は，このような違いが生じた理由は，キリスト教の一神教的なヨーロッパ文化では動物の神性が否定され，動物の地位が人間に比べて低くなったからだという．それに対して日本では，人間と動物が「ほぼ対等の地位」を保っていた．また肉食が発達しなかったことも，人間と動物の「友好の発想」を育てる要因となったという．

　以上のような中村の議論は，昔話や説話をもとに実証的に日本の動物観を分析したという点で先駆的なものである．その後，中村は，キツネやタヌキなどを題材に，物語に込められた動物観の研究を多く発表している（中村，1989, 1990, 2001）．しかし，これらの研究では，物語がだれによって書き残され，どのような人々の間で語り継がれていたかという，物語が成立した社会的な文脈についてはほとんど注意が払われていない．さらに地域差や社会集団による差異についても考慮に入れられていない．したがって，この結果がどの地域，どの時代にも適用できる普遍的な「日本人の動物観」といえるかどうかは疑問が残るだろう．中村自身も後に，文字資料をもとに「一般の人々の動物観」を議論する際には「十分な注意が必要」であると指摘している（中村，2000）．中世以前の日本では多くの場合，文字資料を残すことができたのは特権階級の人々に限られるからである．

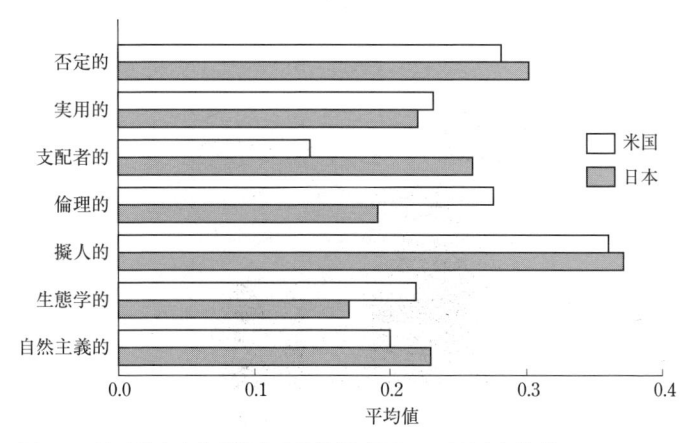

図 7.1 アメリカ人と日本人の動物観（Kellert, 1991 より改変）.

　中村の研究が文献調査にもとづく歴史研究だったのに対し，社会調査によって現代人の動物観を探ろうとしたのが社会学者のスティーブン・ケラートである．ケラートは，日本人450人とアメリカ人2555人を対象にアンケート調査を行った（Kellert, 1991）．その結果，日本人ではもっとも多くが動物を擬人化するような「情緒的」な態度を示した（ケラートはこれを「ヒューマニスティック」な動物観と名づけているが，ここでは「擬人的」と訳しておこう）．また50人の日本人を対象にしたインタビュー調査によれば，盆栽や石庭に典型的にみられるような人工的な「半自然」が好まれることがわかった．そのことをもってケラートは，日本人の動物観は「情緒的」で「審美的」であると結論づける．さらにインタビューからは，日本人が自然と「同一化する」傾向があり，「自然を科学的に管理し保全するという倫理的傾向」が欠けていると指摘した．また，ケラートの方法を参考に一般の日本人を対象に調査した亀山章らは，789件のデータをもとに「審美的」な態度を示した被験者がもっとも多かったことを指摘している（亀山ほか，1992）．
　確かにケラートのデータからは，日本人のサンプルでは「擬人的」な動物観をもっている者がもっとも多いことがうかがえる．だが，このことをもって「日本人の動物観」の特徴とすることはできない．ケラートのデータをみる限りでは，アメリカ人でもやはりもっとも多くが「擬人的」な態度を示しているからである（図7.1）．むしろ明らかに違いがあるのは，定説とは違

って日本では動物をコントロールしようとする「支配者的」な動物観をもつ者が多いという点である．そもそもケラートの分析は，東京23区から北海道中標津町まで多様な人々を対象としているにもかかわらず，「日本人」を均一な集団とみなしている．だが，都市生活者と農村の人々の動物観は当然異なっているだろうし，受けてきた教育によっても変わってくるはずである．このような社会調査は，統計的に有意であるかどうかというだけでなく，どのような社会集団を対象とするのか注意しなければ意味をなさない．さらにケラートがインタビューから引き出している結論は，きわめてステレオタイプな日本人論で，社会学的にはずさんな議論といわざるをえない．

　このように欧米と日本を対比させて違いを強調する議論は，和辻哲郎の『風土』のように戦前からみられるものだが（和辻, 1935），とくに1970年代から80年代にはさかんに論じられている．その背景には1960年代の西洋文明の問い直しがある．とりわけ有名なのは，1967年に技術史家のリン・ホワイト・ジュニアが"Science"誌に発表した論文「生態学的危機の歴史的根源」である（White, 1967）．ホワイトは1960年代に噴出した環境問題は，西洋文明を支えてきたキリスト教の自然観に由来すると指摘した．人間が「自然を支配」することを神に託されたとする観念が，資源の枯渇や環境汚染を招いているというのである．この議論は西洋文明の見直しとともに，東洋文明の再評価につながった．たとえば科学史家の渡辺正雄は1974年に"Science"誌に発表した論文で，「伝統的な日本思想」では人間は自然の一部であり，西洋のように境界が分断されていないと論じている（Watanabe, 1974）．中村やケラートの議論は，このような西洋／日本の二分法の延長線上にあるものである．

　しかし1990年代以降の歴史学や社会学では，こうした単純な日本文化論は厳しく批判されるようになった．江戸時代までの日本は，およそ300の藩からなる多元的な社会であり，蝦夷地のように直接には幕藩体制に組み込まれていない地域を周辺にかかえている．蝦夷地と琉球を包摂して国民国家としての「日本」の境界が明確にされ，言語や教育の均一化が図られた明治以降でさえも，「日本文化」はけっして単一のものではありえなかった．地域間の差異と格差は依然として残ったばかりでなく，周辺地域への帝国主義的拡大によって，「日本」の境界はつねに揺らいできたといえよう（小熊,

1998; Morris-Suzuki, 1998).

　このような視点をふまえ，近年では「日本人の動物観」を固定的で不変的なものではなく，ダイナミックに変容する多様な価値観として論じることが多くなったように思われる．たとえば遺跡から発掘される動物遺体を調査する「動物考古学」では，時代によって日本列島の人々の動物観が変わってきたことが指摘されている．動物考古学者の西本豊弘によると，縄文時代には動物骨を装飾品に使った痕跡が多くみられ，「アニミズム的な動物観」が一般的だったと考えられるが，大陸との関係が深まった弥生時代にはイヌやブタを食べる習慣が伝わり，動物観が変容していったという（西本，2008）．また，近世史家の塚本学は，日本列島の自然環境や動物相に規定された「基層的な文化」が存在すると指摘しつつも，その上に地域によって異なる「さまざまな文化」が共存していたという枠組みを提示している．そのうえで，外来の文化や支配層によって「表層ともいえる文化」はつねに変容していると指摘している．塚本はこのような枠組みをもとに，「生類憐れみの令」によって江戸時代人の動物観が大きく変わっていったことを読み解いていく（塚本，1995）．

　さらに最近の研究では，しばしば伝統的な「日本人の動物観」とされるものも，じつは明治以降に大きく変容した比較的新しいものであることも明らかにされている．たとえば日本では，クジラや魚，イノシシやシカ，さらには草木のような植物にまで供養の儀礼を行ってきたことが「日本人の動物観」として指摘されることがある．確かに日本各地に，江戸時代に建立された動物供養塔がみられ，現在でも実験動物にまで供養が行われていることはよく知られている事実である（松崎，2004; 依田，2007）．しかし，民俗学者のエルメル・フェルトカンプは，現代の実験動物や産業動物に対する慰霊祭は，かつての動物供養とは大きく異なっているという（フェルトカンプ，2009）．フェルトカンプによれば，現代の動物慰霊は動物を資源として大規模に利用する産業にともなって生じたもので，「動物の命を消耗品としてみなすようになったことに対する正当化の道具」とみなすことができる．また，動物慰霊行事は戦時期の軍用犬や軍馬の慰霊から始まったもので，日本以外の諸外国でもみられるものだという．宗教学者の中村生雄も，日本の「供養の文化」と西洋の「人間中心主義」を対置させて優劣を論じるようなステレ

オタイプな比較文化論に警鐘を鳴らしている（中村, 2001）.

　歴史社会学者の渡邊洋之は,「伝統的」な日本文化とされる捕鯨が近代に大きく変容したことを明らかにしている（渡邊, 2006）. 日本各地, とくに江戸時代の西日本において, 捕鯨を生業とする文化が存在したことはまちがいない. しかし, そのような文化は地域的なもので,「日本の動物観」といえるような単一の文化が存在したわけではない. むしろクジラと人間との間には「複数のかかわり」があったと渡邊は論じている. そのため明治以降に近代的な捕鯨産業が広がっていくと, 外部から押しつけられた動物観に対して激しく反発した地域もあった. たとえば明治末期の青森県の八戸では,「クジラは神であるから捕獲してはならない」と考えた漁民たちが, 捕鯨事業場焼き討ち事件を起こしている. 日本の「伝統的」な食文化とされる鯨肉食も, 戦後になって給食などで普及する前は, 地域によって大きくばらつきがあった.「伝統的」とされる捕鯨文化は, むしろ日本列島の文化が均質化した近代に入って確立したものなのである. このような「伝統的」とされる動物観の変容と再構築は, 捕鯨のほかにも狩猟や養鯉, 闘牛などさまざまな領域においてみられることが指摘されている（菅, 2009）.

　以上のことからいえることは,「日本人の動物観」について論じる際には,「日本人」とはいつの時代の, どのような人々を指しているのか注意しなければならないということである. これは「西洋人の動物観」について論じる際にも同様である. はたして西洋人は科学的で管理主義的な動物観をもっているのだろうか. 実際には, 欧米の野生動物保護の現場でも, 科学的管理と社会との間でさまざまな軋轢が生じている. たとえば外来種駆除事業を行うと, 日本と同じように激しい感情的反発が起こっている（Dan and Perry, 2007）. グローバル化が進んだ現代においては,「日本人の動物観」とされるものは, じつは世界的に一般的な動物観である可能性すらあるのである.

7.3 「野生動物」とはなにか

　「野生動物問題」においては,「野生動物」には人間が介入すべきでなく, 野生のままにしておくべきだといわれることがある. あるいは「野生動物」を擬人化すべきではなく, 自然物として管理すべきだといわれることもある.

しかし，そもそも「野生動物」とはなんだろうか．一見自明とも思えるこの問いを考えてみよう．

一般的に「野生動物」は「家畜」との対比で定義されることが多い．「家畜」とは，人間が飼育し，人間の手で生殖を管理された動物のことを指す．それに対して「野生動物」とは，生殖への人為的な介入がない動物のことをいう．このような区分法は，科学的で議論の余地がないように思えるかもしれない．しかし実際には，「野生動物」から「家畜」になるまでは連続的な過程であって，厳密な境界を引くことはできない（秋篠宮・林，2009）．環境社会学者の丸山康司が指摘するように，連続的な自然を人為と非人為の間でカテゴライズすること自体，「人間と自然を明確に区分する世界観」にもとづいている（丸山，2008）．つまり「野生動物」という概念のなかには，「人間」と「自然」を切り離す動物観が込められているのである．

このような「野生動物」という動物観は，日本においては比較的新しいものである．明治初期の和英辞典をみると，「野生」は自分をへりくだって指す謙譲語と書かれている．「拙者」と同じような意味である（『英和和英字彙大全』1885-86）．明治後期になると，「動植物の，山野に生長するもの」という意味が出てくる（『言海』1889-91）．「野生の苺」というような表現は，江戸時代の『大和本草』（1709）にもみられるものだが，ほとんどの場合，山野に育つ植物に対して用いられている．現在のように「野生動物」という言葉が一般的に使われるようになったのは，北米の動物文学が紹介され始めた1930年代のことである（たとえばヘスティングズ，1939）．日本において人間に管理されていない動物を総称して「野生動物」とよぶようになったのは，比較的最近のことと考えてよい．

では「野生動物」は，西洋由来の動物観なのだろうか．環境史家のエティエンヌ・ベンソンによると，英語の「野生動物（wildlife）」も20世紀に入ってからの概念であるという（Benson, 2011）．アメリカ合衆国では19世紀末に現在の「野生動物」によく似た"wild life"という用語が登場する．だが当時の"wild life"とは，文明化されていない生活一般を形容する用語であって，人間に管理されていない動物という意味ではない．もちろんハイイログマを指して"wild life"ということもあったが，原野に生きる人々も"wild life"だったのである．つまり「人間」と「野生の生活（wild life）」の間に

境界があったわけではなかった．20世紀初頭のアメリカに登場した保全主義者たちは，「狩猟獣（game）」より広く野生の動物全体を指す用語として"wild life"を使い始める．それでも「野生動物」という用語は一般的ではなかった．一単語としての"wildlife"が一般的になるのは，野生動物を扱う科学分野として「野生動物管理学（wildlife management）」が確立した1930年代のことである．逆説的であるが，「野生動物」を管理する専門家が登場したことによって，人間から切り離された存在としての「野生動物」という概念が確立したのである．

現在の自然保護における「野生動物」は，人為的な介入を受けない動物という存在にとどまらないこともある．科学史家のグレッグ・ミットマンは，バイオテレメトリーの出現によって生物学者にとっての「野生動物」の意味が大きく変容したことを指摘している（Mitman, 1996）．野生動物に発信器をつけて行動を追跡するバイオテレメトリーは，第二次世界大戦中に開発された電子技術を応用して，1960年代に野生動物研究に使用されるようになった．イエローストーン国立公園のハイイログマにバイオテレメトリーを装着したクレイグヘッドらは，この技術のパイオニアである（Benson, 2010）．ミットマンによれば，この方法によって生物学者は「神の眼」に通じるような「パノラマ的な視点」を獲得したという．それまでの生物学者にとって「野生動物」とは，フィールドワークを通じて遭遇する人間から遠い存在であった．それに対して新しい装置のもとでは「野生動物」とはつねに監視され，ときには介入を受けて個体数などを管理される存在である．つまり今日の「野生動物」は，一見すると人為的な介入を受けていないように思えるが，じつは入念に監視され管理され続ける存在となったというのである．

このような「野生動物」という概念に含まれる二重性は，日本の自然保護政策にもみられる．環境社会学者の菊地直樹は，兵庫県但馬地方のコウノトリ野生復帰事業を題材に，「野生」と「家畜」の間を揺れ動く動物の姿を描いた（菊地，2008）．自然集団が絶滅し，飼育繁殖によって放たれるコウノトリは，一度は家畜化された動物といってよい．その後，コウノトリを野外に放ち，自然のなかで自立させることによって「野生」に復帰させるのが事業の目標である．しかし菊地によれば，野生化したコウノトリは近親交配を避けるため，科学者によって遺伝的なモニタリングを受けているという．つ

まりここでは「『野生』化という名目で家畜化を強め」るという逆説的な事態が起こっているのである（菊地，2008）．

人為を排するために人為的に管理する．現在の「野生動物」という概念は，このような矛盾した動物観が内包されたアンビバレントな価値観なのである．

7.4 社会的ネットワークのなかの動物観

ここまで本章では，「野生動物」をめぐる動物観を考えるための基礎的な考察を進めてきた．初期の動物観研究においては，人間から切り離された動物を科学的に管理する「西洋人」と「情緒的」で動物を擬人化する「日本人」を対置する文明論的な議論が一般的であった（図7.2）．このような枠組みが「野生動物問題」に適用されると，しばしば「日本人の動物観」が科学的な野生動物管理の「障害」として問題視されることがある（東海林，2008）．あるいは逆に動物との距離が近い「日本人の動物観」を賞讃するような目線もみられる．たとえば地理学者の安田喜憲は，ヨーロッパでは動物を利用し，自然を克服しようとしてきたのに対し，「日本人は動物とのやさしいつきあい方」をしてきたと論じている．そのような動物観が，里山のように動物たちと「共存」する関係をつくりあげてきたという（安田，1995）．このような文明論的な議論に意味がないとはいえない．しかしそれが「定説」となり，とくに根拠も示さずに繰り返し語られるようになると，ステレオタイプな文化本質論となってしまう．

それでは，これからの動物観研究はどのような枠組みで進めるべきなのだろうか．第1に「日本の動物観」について論じる際には時代や地域，社会集団による違いに注意しなければならない．科学的な教育を受けた人々と一般の人々の動物観は違うし，一般人でも都市部と農山村では異なった動物とのかかわりをもっている．多様な社会集団がもつ動物観は，おたがいの動物観に影響を与えつつ，あるいは反発し合いながら変容していく．動物観とは「日本人」のような国民国家に属する人々が生まれながらにもっているものではなく，社会的関係性のなかから生み出されてくるものである．多様な動物観が，社会的ネットワークのなかに組み込まれているようなモデルを想定するとわかりやすいかもしれない（図7.3）．

7.4 社会的ネットワークのなかの動物観

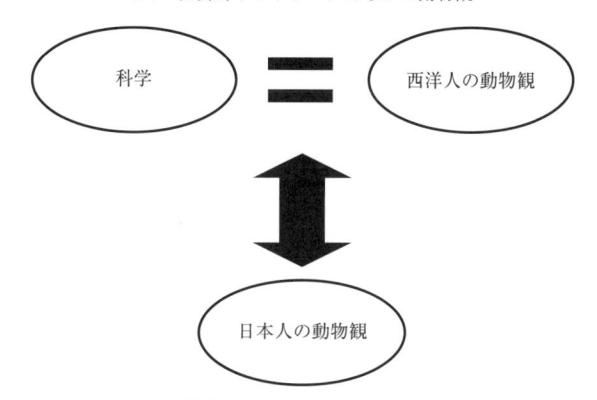

図 7.2 従来の動物観研究の枠組み．

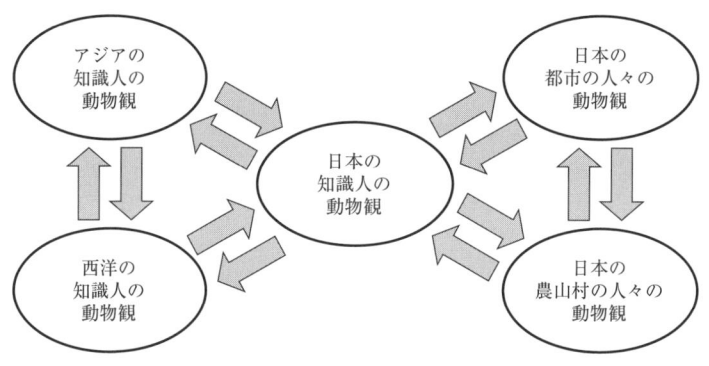

図 7.3 社会的ネットワークのなかの動物観．

　第2に「野生動物」という概念には，人間と自然を切り離す動物観が潜んでいることに注意しなければならない．さらに現在の「野生動物」という概念には，人間から切り離されているようで，同時に監視され管理される存在というアンビバレントな視点が含まれている．つまり科学者が「野生動物」に対してもつ動物観も普遍的なものではなく，科学研究の展開や社会状況の変化で変わっていくものなのである．そういった意味で，科学者がもつ動物観も，社会的ネットワークに組み込まれたさまざまな動物観の1つとみなすことができる．このように科学的な動物観と一般人の動物観を同列に扱うことには異論があるかもしれない．しかし社会科学的なアプローチから動物観研究を進めようとするならば，いったんは特定の価値観から距離を置いて，

社会のなかの動物観のあり方を分析的に考察することが求められるだろう．

以上をふまえて，続く第8章と第9章では，日本における「野生動物」をめぐる動物観について検討する．動物観研究にはさまざまなアプローチがあり，哲学者や作家，画家などの作品から動物観を読み取る思想的研究（河合, 1995; フォントネ, 2008），フィールドワークによって地域社会の人々の動物との関係を研究する人類学・民俗学的研究（池谷・長谷川, 2005; 奥野, 2011; 奥野ほか, 2012），一定の社会集団を対象にアンケートや聞き取りで動物観を明らかにする社会学的研究などがある（丸山, 2006）．以下では，多様な動物観の生成と変容を明らかにする歴史的アプローチから検討を進めたい．近年，動物観をめぐる歴史研究は，環境史や科学史，歴史社会学や地理学など，さまざまな分野で進められている．日本では2008年に『人と動物の日本史［全4巻］』（吉川弘文館）が出版され，海外でも「動物」はホットな研究課題となりつつある．以下ではこうした研究動向をおさえつつ，日本における野生動物をめぐる動物観について検討していく．

なお，これまでの動物観研究では，農山村の人々の民俗的な動物とのつきあいが取り上げられることが多かった．しかし，ここではそのような「伝統的」な社会の動物観についてはほとんど取り扱わない．おもに取り上げるのは，都市の人々や知識人，科学者や支配者層がもつ動物観である．その理由としては，文字記録として残されたものの多くが，知識人や都市住民によるという資料的な制約に加えて，現代社会に注目することで日本のなかの動物観の多様性とダイナミックな変化を考える視点を提示するという意図もある．

まずつぎの第8章では「野鳥」という概念に注目して，江戸時代から昭和初期までの鳥をめぐる動物観の展開を検討する．そこでは，それぞれの時代の社会秩序のなかから動物観が形成され，「野鳥」という概念が生まれるまでをみていく．第9章では「野猿」に注目し，戦後日本の野生動物観の変容について検討する．そこでは生物学者と一般の人々の「野生動物」をめぐる動物観が，時代とともに大きく変化してきたことが明らかにされる．現在の「日本の動物観」とは，多様な社会集団の間の複雑なせめぎあいのなかから形成されてきたものなのである．

8
「野鳥」をめぐる動物観

8.1 「野鳥」という動物観

　1934年6月2日，その直前に発足したばかりの「日本野鳥の会」のメンバー数十人は，富士山麓の須走で「探鳥会」を行った．参加したのは鳥類学者の内田清之助，清棲幸保，詩人の北原白秋，窪田空穂，言語学者の金田一京助，民俗学者の柳田國男など各界の著名人である．彼らは山中で鳥の声を聞き，案内する地元の老人に鳥の名を聞いた．そして鳥の巣をみつけるたびに手帳にとどめて写生し，鳥の声を聞くたびに記録していく．彼らは日本でもっとも早いバード・ウォッチャーだった．ここに野外で鳥を楽しむという新しい文化が生まれたのである（中西，1935）．

　日本野鳥の会を設立したのは，僧籍をもつ異色の詩人中西悟堂である．中西は天台宗僧侶としての修行を終えた後，ヨーロッパの文学から社会主義まで広範囲の思想に影響を受けつつ，詩人として名をなしていった．しかし31歳で突然すべてを捨てて東京を去り，武蔵野の烏山で「木食生活」に入る．そこで野外の虫や鳥のいきいきとした観察記録をつぎつぎと発表し，今度は自然文学者として注目を集めるようになった．とりわけユニークだったのは鳥の観察である．中西は野外の鳥を間近に観察するために餌づけし，家のなかで一緒に暮らしたのである（図8.1）．中西は周囲の人々からも勧められ，新しい愛鳥家運動のための雑誌を発刊することにした（中西，1993）．

　こうして1934年5月に創刊されたのが，日本野鳥の会の機関誌『野鳥』である（図8.2）．中西は雑誌の名称をどうするか，かなり思い悩んだという．そのときのことを中西は，10年近く後につぎのように回想している．

図 8.1　中西悟堂とオナガ（中西，1932 より）．

「毎日のように雑誌の題を考えていたのであるが，一ヶ月を経過しても，まだ定まらず，この夜も同じ考を繰返していたのであった．……そこにふと翻訳書の背文字に『野鳥の……』云々という題のあるのを見ると，私の目はぴたりとそこに貼りついたのである．『これだ！』と私の気持に，閃くものがあった．『野鳥！……これならいい．Wild 又は Field の意味をも示す簡明な単語だ．これに限る』と私は思った．」（旧字体は新字体に，旧仮名遣いは新仮名遣いに修正した．以下の引用も同様）（中西，1943）

　ここで「翻訳書の背文字」からみつけたと中西もいっているように（翻訳書の正確な題名は不明），「野鳥」という言葉自体は必ずしも新しいものではなかった．古くは江戸初期の日本語・ポルトガル語辞典『日葡辞書』（1603）にも「野鳥」の項目があり，「ノノトリ」とある．また昭和初期には「野鳥」をタイトルに含む書籍もいくつか出版されている（清棲，1930; 竹

図 8.2 『野鳥』の表紙.

野, 1933; 農林省畜産局, 1933).

　しかし中西によれば，当時はなかなか「野鳥」という概念が理解されなかったという．野鳥の会ができてからしばらくの間，中西は「飼鳥と野鳥とどこが違うか」という質問を何度も受けた．人間の飼育下ではなく，野生の鳥を愛好するという文化は目新しかったのである．中西は「単に愛するという見地からだけならば，鳥を人間の家に閉じこめて『家族の一員』として置く必要はなく，元来野外にあるべきものは野外に還すのがいちばん良い愛し方なのである」と主張した（中西，1939）．野鳥の会が発足して数カ月後には，中西はそれまでの餌づけと放し飼いをやめ，数羽を残してすべて伊豆大島の動物園に寄贈してしまう．そして数年後には，野鳥を飼育して楽しむ「飼鳥」を「人間の退嬰的道楽」と激しく批判するようになるのである（中西，1939）．

　このような人間から切り離された「野生」に価値を置くような動物観は，どのようにして生まれたのだろうか．本章では，江戸時代（8.2節），明治時代（8.3節），昭和初期（8.4節）と時代の流れに沿って，社会的な変容の

なかから「野鳥」という動物観が生まれるまでを明らかにしていきたい．

8.2 「飼鳥」と大名庭園の動物観

　中西は「飼鳥」を批判し，「野鳥」は野外にあるままで愛するべきだと考えた．それでは日本において「飼鳥」は，いつごろから始められたものなのだろうか．飼鳥史にくわしい細川博昭によれば，すでに平安時代から貴族たちがスズメやヒヨドリを飼って楽しんでいたという．オウムやインコのように日本には生息しない鳥も，大陸からすでに伝えられていた．しかし「飼鳥」が一大ブームになったのは，江戸時代になってからのことである．江戸や大坂では珍しい鳥を売る鳥屋が繁盛し，飼育のマニュアル本も多数出版された．江戸の人々にとって，鳥を飼うことは日常的な楽しみの1つだったのである（細川，2006）．

　とりわけ大名や富豪たちは，自らの財力を使って，一般の庶民の手には入らない珍しい鳥を好んで飼育した．磯野直秀と内田康夫によれば，江戸時代を通して50種類以上の鳥類が外国から輸入されている．持ち込んだのは中国船やオランダ船だが，原産地は東南アジアから南アメリカ，アフリカまで広範囲にわたる（磯野・内田，1992; Chaiklin, 2005; 細川，2012）．江戸時代の日本は「鎖国」からイメージされるような閉ざされた世界ではなく，すでにグローバルな動物交易のネットワークに組み込まれていたといえよう．ときには一般の庶民でも，このような珍しい動物を目にすることができた．大坂には「孔雀茶屋」，江戸には「花鳥茶屋」という見せ物茶屋が設けられ，多くの庶民がクジャクやオウムを見物にきている（若生，2007）．江戸時代後期の文化・天保期に渡来して全国で見せ物になったラクダには，見物人が餌を与えることもできたという（川添，2009）．とはいえ，このような珍しい動物をみることができたのは，都市に生活する人々に限られていただろう．

　このように海外の珍鳥を集めた大名たちのなかには，きらびやかな図譜をつくらせ，動植物へ博物学的なまなざしを向け始める者も現れる（図 8.3）．薩摩藩主の島津重豪(しげひで)は外国産の珍鳥を長崎から購入し，自らオランダ語を学んで博物学を研究し，鳥類図譜を作成した（高津，2010）．ほかにも高松藩主松平頼恭(よりたか)や熊本藩主の細川重賢など，昆虫や鳥類，魚類などの精巧な博物

図 8.3 『観文禽譜』(宮城県立図書館所蔵).

画を残した大名は少なくない．とりわけ幕府の若年寄も務めた堀田正敦は，諸侯がもつ図譜を集めて模写させ，包括的な鳥類図譜『観文禽譜』を描かせた．18世紀は，ヨーロッパでも世界中から生物を収集して博物図譜を作成する「大博物学時代」であった．ちょうど同じころ，日本でも支配者層の間で動植物の収集と図譜作成が流行していたのである（荒俣，1982; 荒俣ほか，1994; 西村，1999）.

美術史家の今橋理子によれば，大名たちの博物学趣味は，幕藩体制下の支配者層の狩猟文化と関係があるという（今橋，1995）．江戸時代の将軍や大名たちにとって「狩猟」とは，訓練されたタカを放って動物を捕獲させる「鷹狩り」のことを指していた．ここで重要なのは，狩猟とは動物を支配することであり，人間の支配ともつながっていたということである．古代の天皇から江戸時代の将軍・大名にいたるまで，ときの支配者たちはさかんに狩猟を行った（中澤，2009）．江戸時代の将軍や大名も，鷹狩りのための「鷹場」を設けて民衆の狩猟を禁じ，とりわけ鉄砲の使用を厳しく制限した（塚本，1983）．鷹狩りの獲物は，おもに鳥類である．江戸時代の支配者たちは

図 8.4 恩賜浜離宮庭園に現存する鴨場.

　鷹狩りを楽しみ，捕らえられた鳥を食し，珍しい鳥を手に入れたときには将軍やほかの大名に献上した．こうして入手された珍鳥を写実的に描きとめたのが，現在に残る博物図譜である．つまり江戸の博物図譜は，領地の動物を狩り，手元に置いて飼育するという支配者層の文化と深く結びついていたのである．

　動物を支配して飼い馴らす．このような動物観が凝縮されているのが，各地の大名が自らの領地や江戸屋敷のなかにつくりあげた「大名庭園」である．現在も東京の都心に残る六義園や浜離宮などからもわかるように，大名庭園は都市の一角に持ち込まれた広大な自然空間である．そこに捕らえられた鳥が放たれることもあった．小石川の水戸徳川家の後楽園では，ツルやヤマガラ，ガンやカモなどさまざまな鳥が飼われていたという（今橋，1995）．ときには庭園のなかで鷹狩りを楽しむことさえあった．徳川将軍家の別荘があった浜御殿（現恩賜浜離宮庭園）には，鳥を引き寄せて鷹狩りを行うための「鴨場」が残されている（図 8.4）．大名庭園は，身近な場所で野外の動物と

ふれあうことができる遊興空間だったのである．

造園学者の白幡洋三郎は，側用人として絶大な権力をふるった柳沢吉保の庭園，六義園に「園内の山里」がつくられていた様子を描いている（白幡，1997）．1701年，六義園に招かれた将軍綱吉の生母桂昌院は，庭にひなびた茅葺き小屋が並んでいるのを見出す．なかをのぞいてみると，村人たちが草花や扇，果物やおしろいを売っている小屋だった．桂昌院らは村人に声をかけ，やりとりを楽しむ．もちろん彼らは吉保の家来たちが扮した役者である．江戸の支配者たちは，牧歌的でのどかな農山村を「大名庭園」というミニチュアのなかに再現しようとした．そこで放し飼いにされる動物たちは，支配者層の権力を象徴する存在にほかならなかった．動物を支配して飼い馴らす．このような動物観は，幕藩体制のもとでの領地の支配という社会秩序に深く組み込まれていたのである．

8.3　進化論と明治の動物観

江戸時代の大名庭園にみられた動物観は，一般の庶民の狩猟を制限し，動物の支配を独占することによって成り立っていた．1826年に長崎から江戸まで旅をしたドイツ人博物学者シーボルトは，ある村でトキをみかけ，標本にしたいと捕獲を申し出ている．しかし村長に「ここの藩主は火器の使用を禁じている」と断られ，あきらめざるをえなかった（ジーボルト，1967）．約50年後の1877年，日本を訪れたもう1人の動物学者モースは，東京のような都会の真ん中でも野生の鳥が豊富にみられることに驚いている．皇居の堀にカモやガンが群れているのをみて，モースは，日本の動物ほど「この国民，或は少年や青年達の，やさしい気質を力強く物語るものはない」といっている（モース，1929）．実際には，日本人がやさしい動物観をもっていたというよりも，幕藩体制下の厳しい狩猟の制限が，まだ人々の間に残っていたのだろう．

明治時代に入ると，それまでの動物をめぐる社会秩序は大きく揺らぎ始める．明治政府の新しい支配者層は，欧米列強に並ぶ近代国家をつくりあげようとした．そこで大きな影響を与えたのが，ちょうど同時代のイギリスで生まれたばかりのダーウィンの進化論である．ヨーロッパではダーウィンの進

化論は，人間と動物の境界を取り払い，キリスト教社会に衝撃を与えた．一方，日本では，動物学者のモースなどが進化論を紹介し，国家主義者から自由民権運動まで広い範囲に影響を与えた（坂上，2003）．進化論は新しい社会秩序の方向を指し示す枠組みとなったのである．それだけでなく，進化論は人と動物の関係のあり方にも影響を与えた．近世史家の塚本学は，進化論は「優勝劣敗の考え方」によって下位の生命を「殺すことの正当化」をもたらしたという（塚本，1995）．明治とは近代化の名のもとに動物を殺し，利用することが正当化された時代だったのである．

そこで「劣った動物」として駆除が勧められたのがイヌである．歴史家のアーロン・スキャブランドによると，明治政府にとって日本のイヌは狂犬病に冒された未開の動物であり，近代化した社会にはふさわしくない動物であった．たとえば千葉県にあった内務省下総牧場の周辺では，1200匹以上のイヌが殺されている（スキャブランド，2009）．このような動物の殺戮がより組織的，かつ大規模に行われたのが，新政府が科学的農業の先進地と位置づけた北海道である．北海道では開拓使顧問のアメリカ人エドウィン・ダンの指導のもと，オオカミとイヌを徹底的に駆除した．さらに開拓使はヒグマやカラスまでも，報奨金を出して駆除を勧めた．その結果，1890年代の北海道では，オオカミの姿はほとんどみられなくなる．エゾオオカミは人間の手によって絶滅したのである（ウォーカー，2009; 山田，2011）．

動物の殺戮と利用は，明治政府だけでなく，一般の民衆の間にも広がっていく．幕末以降，支配者層や富裕層を中心にレジャーとして広まった銃猟は，明治後期にはさらに普及し，日清戦争のころには狩猟人口は20万人にまで達した（林野庁，1969）．この時期に顕著に減った動物は少なくない．たとえばニホンオオカミは，1905年に奈良県鷲家口で捕獲されたものを最後に姿を消した．肝が漢方薬として利用されるカワウソも，この時期に減少していく（安藤，2008）．とくに減少したといわれているのは大型の鳥類である（高島，1986）．明治維新以前には，江戸のような大都市でもトキやツル，コウノトリなどが普通にみられた（松田，1995; 安田，1995a, 1995b）．明治後期には，毎年大量の鳥の剝製や羽毛が輸出されていて，それが鳥類の減少の一因になったのだろう．

この時期の激しい乱獲によって絶滅寸前まで追いやられたのが，小笠原諸

島や太平洋の島嶼に生息していたアホウドリである．アホウドリは食用には向いていないが，良質の羽毛をもち，人を恐れず容易に捕獲されることから（それが「アホウドリ」の語源とされる），多くの実業家が注目した．地理学者の平岡昭利は，山師的な実業家たちがアホウドリを求めて太平洋の島々に手を伸ばしたことが，「『帝国』日本の領域を東へ，南へと拡大した」と指摘している（平岡，2012）．1887年からアホウドリの捕獲が始まった鳥島では，15年後に火山の爆発で事業所が全滅するまで，毎年およそ30万羽のアホウドリが撲殺された．またアメリカ人が「マーカス島」と名づけた島にもアホウドリが多数生息していることがわかり，日本の実業家が上陸して羽毛の採取を始めた．この島は1898年に日本の領土に組み込まれて「南鳥島」となる．このように日本の実業家たちはアホウドリを求めて太平洋を東へ南へ，尖閣諸島や南洋，さらには北西ハワイのミッドウェー諸島にまで足を伸ばした．このことは当然，アメリカとの間の外交問題の1つとなる．動物を支配するということは，領土の支配という国際秩序と無関係ではなかったのである．

8.4 「野鳥」と都市郊外の動物観

では，このような激しい動物の殺戮と利用に対し，動物を保護し守ろうとする動きはなかったのだろうか．1873年，明治政府は「鳥獣猟規則」を公布し，銃猟を免許制とした．この規則は人家の近くでの危険な銃猟を禁じることがおもな目的で，動物の保護は問題にされていない．しかし明治後期になると，乱獲によって害虫などを捕食する鳥類が減少していることが問題になる．1881年，農商務省は「鳥獣の有効なるものを保護し其有益なるものの繁殖を謀」るよう，各地方に通達を出している（林野庁，1969）．明治政府は，「害虫」「害鳥」のように農業に被害を与える動物は駆逐する一方で，有益な動物については保護しようとしたのである（瀬戸口，2009）．1892年の「狩猟規則」では，ツル，ツバメ，ヒバリ，シジュウカラなどが保護鳥獣に指定された（林野庁，1969）．とはいえ，野生の鳥獣すべてに価値を認め，保護しようとする動物観はここにはみられない．それは1895年に「狩猟法」が制定されても同様である．

日本においてすべての野生の動物が「鳥獣保護」の対象となったのは，大正期に入ってからのことである．1918年，狩猟法が改正され，指定された「狩猟鳥獣」をのぞくすべての動物の捕獲が禁じられた．続いて1920年には初めて農商務省に鳥類調査を行う専属の職員が配置され，2年後には哺乳類まで含めて「鳥獣」の保護を担当するようになった（林野庁，1969）．その中心となった動物学者の内田清之助は，人間にとって有益な動物を保護すべきという見方を強く批判している．「大体，益鳥とか害鳥とか云う分け方が曖昧なものなのである」と内田（1940）はいう．そして「鳥は人間のために生まれたものではないから，時には害もしようし，時には益もするだろう」というのである（内田，1940）．ここには人間の手を離れた「野生」の動物そのものに価値があるとみなす新しい動物観を見出すことができる．この文章を内田が書いたころ，一般の人々の間でも「野鳥」を愛するという新しい動物観が登場しつつあった．

　野鳥を保護する運動は，世界的にみれば19世紀後半の欧米で生まれた．愛鳥家団体としてもっとも初期に結成されたのは，1875年に設立されたドイツ鳥類保護連盟である（Schmoll, 2005）．続いて1886年にはアメリカの銃猟家ジョセフ・グリンネルがオーデュボン協会を設立し，1889年にはイギリスで鳥類保護協会が設立された（Barrow, 1998; アレン，1990）．これらの団体のメンバーは，過剰な狩猟や鳥類採集によって野鳥が減少していることを問題とした．とりわけ批判されたのは，女性の帽子につける装飾用の羽毛である．この時期には，羽毛は国際的に取引される商品となっていた．ちょうど日本で，アホウドリなど大量の鳥類が殺戮され輸出されていた時期のことである．

　一方，日本における野鳥保護運動は，本章冒頭でみたように，1934年に中西悟堂が設立した「日本野鳥の会」に始まる．この時期のハイキングやワンダーフォーゲルなどのアウトドア・ブームともあいまって，設立の数年後には300人近くの会員を擁するようになった．彼らは「探鳥会」に参加して鳥の声を聞き，双眼鏡で鳥の姿を探した．そこではたんに鳥をみて楽しむというだけでなく，科学の目で野鳥を観察することが求められる．中西悟堂が自然観察を出版したきっかけも，「文学と自然科学の婚姻を企てるという意図」をもっていたからであった（中西，1932）．旅行ブームも自然観察を後

8.4 「野鳥」と都市郊外の動物観

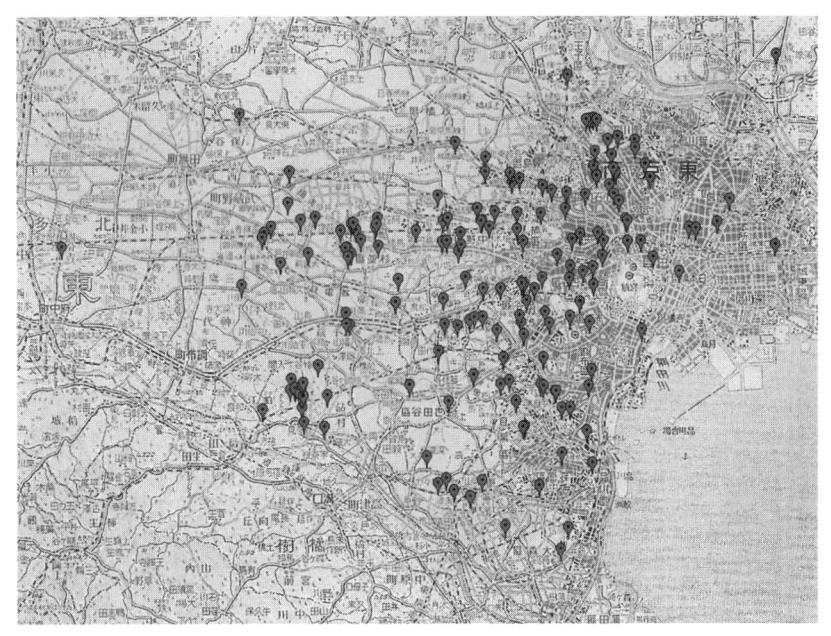

図 8.5 1930 年代の日本野鳥の会会員の分布（「東京」1934 年の帝国図）．

押しした．鉄道局は東京から富士山麓まで「自然科学列車」を走らせ，中西悟堂に野鳥観察を，牧野富太郎に野草観察を指導させている（中西，1938）．1937 年に山中湖での探鳥会に参加した川端康成は，旅の目的が文学的な名所旧跡から，科学的な観察へと変化したと述べている．「日本の昔の行脚や風流が，今の世では，動植物の生態を見るということへ，移って来ているにちがいない」（川端，1937）．かくして，野外に出かけて科学の目で「野鳥」をみるという新しい動物観が生まれたのである．

ここで注目すべきは，「野鳥」を楽しむという新しい動物観を身につけたのは，動物と日々接している農山村の人々ではなく，都市近郊の住民であったということである．初期の野鳥の会のメンバーの居住地域をみると，圧倒的に都市に集中しており，全体の 60% 近くが東京府の住民である（「日本野鳥の会会員名簿」，1936）．さらにその大部分が東京の西側に集中している（図 8.5）．杉並区，世田谷区などの東京西部は，関東大震災後に郊外住宅地として開発され，新たに東京市に組み込まれた地域である．このことはけっ

して偶然ではない．都心から郊外住宅地へと移った住民たちは，そこに美しい農村に囲まれ，豊かな自然を楽しむことができる理想的な田園生活を見出した．そのような生活を乱すとみなされたのが，鳥や獣を撃ちに都心からやってくる銃猟家である．実際のところ，初期の野鳥の会のおもな活動は，東京郊外を禁猟区に指定し，そこに巣箱を設置して鳥を増やすことだったのである（中西，1941）．

　そのような郊外生活者の1人が，民俗学者の柳田國男である．1927年に東京の都心から郊外の成城に移り住んだ柳田は，「改めて天然を見なおす様な心持」になったという（柳田，1940）．そこで鳥に目を向け始めた柳田は，草創期の日本野鳥の会に積極的にかかわるようになる．鳥の鳴き声や地方名，民話などに関心をもった柳田は，数年後に『野鳥雑記』というエッセイ集を出版する．そこでは，成城を「燕の児のチチチチと啼く村」にするため，燕棚を設置するアイデアが提案されている（柳田，1940）．そのような柳田にとって，鳥を脅かす銃猟は好ましいものではなかった．野鳥の会の座談会では「私共の方も禁猟区にしたい」と希望を述べている（内田ほか，1936）．

　柳田が人と動物の関係にも関心をもち，オオカミやキツネについての文章も残していることはよく知られている（柳田，1939）．1930年に著した『明治大正史世相篇』で柳田は，近代以降の「野獣交渉」の変化について述べている（柳田，1930）．柳田によれば，かつては人々の間で豊かな動物の物語が交わされたものだった．オオカミが「夜路に人を送」った話や，サルが「人の真似を失敗し」た話，キツネは「陰鬱で復讐心が強く」，タヌキは「悪者ながらすることがいつもとぼけている」……．しかしそのような「野獣野鳥の物語はすでにロマーンスに化した」．その理由は「人間の土地利用が，追い追い彼らの生息を不可能ならしめていた」ということもあるが，「最近の狩猟制度が，それ以上にわれわれと鳥獣との間を，疎隔させたことも事実である」と嘆いている．ここには，それまでの動物を獲り尽くす銃猟家の動物観を批判し，失われつつある「野生」の鳥獣をなつかしむ動物観がみられる．

　このように「野鳥」に価値を見出したのは，農山村の人々でもなく，都会の真ん中の住民でもなかった．のどかな田園生活を求めて都心を脱出した郊外の住民が，失われつつある「野生」の鳥を発見したのである．「野鳥」と

図 8.6 野鳥の会と鴨猟(『野鳥』第5巻第5号, 1938 より).

は，都市郊外の人々がつくりだした動物観にほかならなかったのである．

　ここまで本章では，江戸・明治・昭和と，それぞれの時代の社会秩序のなかから，鳥たちをめぐる動物観が生じてくる過程を追ってきた．江戸の「飼鳥」と大名庭園の動物観は，支配層の狩猟文化と密接に結びついていた．有用な動物を獲り尽くす明治の動物観は，進化論とグローバルな羽毛・毛皮交易のなかから生じてきたものである．そして「野鳥」を愛し，保護しようとする動物観は，昭和初期の都市郊外の住民たちから生まれてきた．こうして人間から切り離された野生の鳥たち――「野鳥」に価値を見出す動物観が誕生したのである．

　とはいえ，ここでいう「野鳥」とは，人間の介入をまったく受けない存在ではなかったことにも注意しなければならない．中西ら初期の野鳥の会の人々は，銃猟のような近代的な営みを批判し，失われつつある野鳥を守ろうとした．その一方で彼らはしばしば，霞網猟や鴨猟のような伝統的な狩猟を

楽しんでいる．たとえば1934年11月，中西らは多摩の百草園で霞網猟を見学し，捕獲されたツグミ，ホオジロ，アオジなどの野鳥に舌鼓をうった．この1日で彼らがたいらげたツグミは200羽にものぼったという（「百草霞網猟見学会の記」，1936）．また1938年2月には，東京羽田で叉手網を使った鴨猟を楽しんでいる（金井，1938）．捕られたカモはお土産になって参加者の胃袋に入った（図8.6）．初期の野鳥の会では，霞網猟や鴨猟の見学会は頻繁に行われていて，けっして珍しい行事ではない．

　戦後になると霞網猟に激しく反対した野鳥の会が，かつてはそれをさかんに行っていたことは，意外に思われるかもしれない．しかし当時の人々にとって「野鳥」とは，たんに人間から切り離された存在というわけではなかった．都市郊外の人々は休日に野外に繰り出して，「野鳥」の姿を目で追い，鳴き声を耳で聞き，そして舌で味わった．「野鳥」とは，たんに観るだけのものではなく，体験するものだったのである．

9
「野猿」をめぐる動物観

9.1 日本の霊長類学と「野猿」

　1952年夏，その3年前から宮崎県幸島でフィールド調査を開始していた京都大学のグループは，ニホンザルの餌づけに成功した．その翌年には，大分県の高崎山で，当時の大分市長の発案でサルの餌づけが始まる．こうして幸島と高崎山は，野生ニホンザル研究の拠点となっていく．その中心になったのは，今西錦司の周辺に集まる若手生物学者らによる霊長類研究グループである．彼らはニホンザルを個体ごとに識別し，「精悍な相貌」をもつ「ボス」には「ジュピター」，赤ら顔で「酔っぱらっているようにみえる」オスには「バッカス」というように名前をつけていく（伊谷，1954）．このような研究方法は，同時代の欧米の霊長類研究からは，サルを擬人化するものだとして批判を受けた．彼らの視点からは，日本の霊長類学の方法は科学的な基準を逸脱しているように思えたのである．だがその後は欧米の霊長類学でも，個体識別と名づけは一般的な研究手法となっていく（山極，2012）．

　本章では，おもに「ニホンザル」をめぐる動物観を検討し，戦後日本における野生動物観の変容を明らかにする．ニホンザルは北は青森県から南は屋久島まで分布し，山間部に住む人々にとっては身近な動物である．それだけでなく，戦後日本では都市部の人々にとっても，親しみやすい動物となった．各地で観光客向けの「野猿公苑」が設立されたためである．高崎山では，大分県が自然公園として整備し，餌づけを続けた．その後，全国各地につぎつぎと野猿公苑が設立され，1970年代初頭までに40園以上が開園している（三戸・渡邊，1999）．そのうちの一部は，野生ニホンザル研究のために生物

学者が餌づけした個体群から出発したものである．「野猿公苑」とは，研究対象が必要な生物学者と，観光地を求める社会の両方の思惑の産物だったのである．以下では「野猿公苑」の展開に注目して，生物学者と一般の人々の両方の動物観の変容を追っていくことにしたい．

まず1950年代に設立された野猿公苑の動物観について検討する（9.2節）．そこでは生物学者と一般の人々の間で，野猿公苑を通じて，動物観が共有されていた．しかし1970年代に入ると，両者の動物観の間にズレが生じ始める．そこで，この時期の生物学者や自然保護運動における動物観（9.3節）と，一般の人々の動物観（9.4節）について検討する．そして最後に，1990年代以降の生物学の展開による新しい動物観の登場（9.5節）について考察する．

9.2 野猿公苑の動物観

「野猿公苑」は，複数の異なる集団がかかわることによって誕生した施設である．まず生物学者にとっては，餌づけされたニホンザルを至近距離から観察することができる場所であった．一方，地域社会にとっても，餌づけによって農作物に被害を与えるサルたちを観光資源にできるという期待があった．名鉄の援助のもと設立された犬山野猿公苑のように，大規模な観光産業がかかわった事例もある．さらに一般には知られていないが，初期の野猿公苑には実験用のニホンザルを安定的に供給したい実験動物学者たちもかかわっている．このように「野猿公苑」とは，多様な人々の思惑の産物であった．こうして生まれた野猿公苑の管理運営を進めるため，公苑管理者と生物学者らが中心となって，1957年に「日本野猿愛護連盟」が設立される．会長には日本自然保護協会会長も務めた造園学者の田村剛が就任し，機関誌『野猿』を発行した（図9.1; 宮地，1966）．

野猿公苑で餌づけされたニホンザルを観察した生物学者たちは，きわめて活発に研究成果を発表していった．そのうち一般社会にも広く知られるようになったのが，高崎山をフィールドとした伊谷純一郎が明らかにしたニホンザルの社会構造の研究である．伊谷（1954）は『高崎山のサル』で，ボスによって統制されている群れの構造をいきいきと描いている．伊谷の観察によ

9.2 野猿公苑の動物観

図 9.1 『野猿』(日本野猿愛護連盟) の表紙.

れば,群れのトップにいるのが「その腕と覇気でこの大きな群れを統御」するボスの「ジュピター」である.その外側には「ボス見習い」のオスたちがいて,給餌のときには餌場に入ることができない.メスの間には整然とした順位はない.

このようなニホンザルの社会構造論は,霊長類研究グループが出した一般向けの著作や,科学映画『ニホンザルの自然社会』(1954) などを通じて,一般の社会にも広く浸透していった.その結果,野猿公苑を訪れる人々の多くが,サルの群れに順位があるという知識をあらかじめもっている.京都の岩田山自然遊園地の来園者の会話と行動を分析した人類学者の竹内潔によると,ほとんどの来園者が「どの個体がボスか」という点に関心を集中させているという (竹内, 1994).また,岡山県の神庭の滝自然公園で行われた最近の調査でも,やはり来園者の多くが「ボス」がどの個体かに関心をもっていることが報告されている (山田・中道, 2009).

現在では高崎山のように直接の餌やりを禁じているところもあるが,初期の野猿公苑では訪問者が直接手渡しで餌やりができることが大きな魅力とな

図 9.2　餌をねだるサル（岩田山自然遊園地）.

っていた（図9.2）．設立後まもないころの高崎山自然公園を訪問した動物学者の梅棹忠夫は，サルと人間の間に新しい関係が生じつつあることを，つぎのように指摘している．

> 「なんとも奇妙なことになったものだ．ベンチに腰掛けた若い女性のかたわらに，大きなサルがすわっている．女もサルも，あたりまえのような顔をしているけれど，このサルは野生のサルである．……これはどうも，日本の歴史はじまって以来の珍現象ではないだろうか．ここにわたしたちが対面しているものは，人間にコントロールされることのない，なまの自然である．自然に対するあたらしい接触の仕方が，ここにはじまっているといえないだろうか．」（梅棹，1960）

ここで注目すべきは，餌づけされたニホンザルが「なまの自然」「野生のサル」であることがなんら疑われていないということである．このころの野猿公苑は，生物学者と一般の人々の両方が「野生」とふれあい，観察し，研

究するために訪れる場所であった．1960年代を通して全国各地につぎつぎと設立された野猿公苑は，最盛期の1972年には34カ所に達した（三戸・渡邊，1999）．しかし次節でみるように1970年代以降，野猿公苑におけるニホンザルの餌づけは，厳しい批判にさらされることになる．

9.3　人為から切り離される野生——「餌づけ」という問題

　人類学者のジョン・ナイトは，日本の野猿公苑が「自然」をうたっているにもかかわらず，実際には餌づけという人為的な環境下でサルを飼育する「巨大な動物園」にほかならないと批判している（Knight, 2005, 2006）．しかし前節でみたように，少なくとも1950年代には，サルを餌づけして集めることが「野生」をそこなうとは考えられていなかった．ニホンザル以外の野生動物でも，保護増殖のために餌を与えるのは普通のことだった．たとえば新潟県の瓢湖では，戦後になって地元の人たちが餌を与え始め，毎年数百羽のハクチョウが渡ってくるようになった（吉川，1975）．宮城県の金華山や広島県宮島でも，観光用にニホンジカの餌づけが行われている（丸山，1975）．

　しかし1970年代に入ると，野生動物の餌づけは，自然保護の観点から問題視されるようになる．日本自然保護協会は，1975年7月に機関誌『自然保護』で特集「野生鳥獣の餌づけ」を掲載した．この特集では協会の動物小委員会によるハクチョウ，トキ・ツル，小鳥類，シカ，ニホンザルの餌づけの現状について調査した結果が報告されている．そこでは野生動物の餌づけには，つぎの4つの問題点があるとされた．1つは個体数の増加である．たとえば鹿児島県出水に飛来するナベヅルやマナヅルは，餌やりを始めてから急速に増加していた．2つめは農作物への被害．とくにニホンザルによる農業被害は社会問題になり始めていた．つぎに，餌づけは生息地の保全という「真の保護策を見失わせる」という問題．そしてもっとも重要な問題として，餌づけによって「野生の喪失」がもたらされ，野生鳥獣が「飼育動物化」してしまう可能性が指摘された（阿部・水野，1975）．

　一方，この時期には一般のメディアでも，それまで好意的に紹介されていた餌やりに否定的な報道がめだつようになる．「観光ずれ」して「野性が，

図 9.3 「超過密」の瓢湖のハクチョウ
(『朝日新聞』1984 年 3 月 10 日より).

近ごろ薄れてしまった」という都井岬の野生馬や，餌づけで個体数が 8 倍という「大変な過密状態」になってしまった高崎山のサルなどが批判的に取り上げられた (『朝日新聞』1977 年 9 月 20 日，10 月 12 日). 瓢湖には毎冬二千数百羽のハクチョウが渡来するようになり，「超過密」という声も上がり始めている．このころには全国約 40 カ所でハクチョウの餌づけが行われていて，「野生が薄れ動物園化」するおそれが懸念されていた (『朝日新聞』1984 年 3 月 10 日; 図 9.3).

さらに野生動物を餌づけして観察してきた生物学者の間でも，それまでの研究手法に批判的な目が向けられ始める．霊長類学者の伊沢紘生は，1968 年から石川県白山に入ってニホンザルの群れの観察を開始した．そこで観察されたのは，それまで知られていたニホンザルの社会構造とは大きく異なるものだった (伊沢, 1982). ニホンザルを個体識別し，1 個体ごとに名前をつけて観察する手法は，それまでの霊長類学と同様である．しかし伊沢はサルを餌づけして観察するのではなく，大きく移動を繰り返す群れ全体を肉眼

9.3 人為から切り離される野生

図 9.4 現在の高崎山自然動物園の展示.

で追い，雪をかき分けて追跡するという手法をとった．するとニホンザルの群れには，餌づけ個体群にみられた「ボス」のように，固定的な順位は存在しないことがわかった．確かに伊沢が「主だったオスたち」とよぶ個体は存在するが，餌を独占したり，群れを導いたりしているわけではない．その後のニホンザル研究では「ボス」という用語は使用されなくなり，おもな野猿公苑や動物園の展示でも，1990年代半ばには「ボスザル」という用語を使わないようになっている（佐渡友ほか，1997）．かつて伊谷純一郎が「ボス」の研究をした高崎山でも，2004年から「αオス」という呼称に変更した（栗田，2008；図9.4）．

　1970年代の霊長類学では，伊沢のように餌づけを避ける若手研究者がつぎつぎと登場した（和田，2008；山極，2008）．ここで注目すべきは，彼らが「野生」の意味に強いこだわりをもっていたということである．伊沢（1982）の研究成果をまとめた『ニホンザルの生態』では，副題に「豪雪の白山に野生を問う」（傍点引用者）とあるように，それまでの霊長類研究の動物観を問い直すものであった．伊沢は餌づけがいかに群れの構造に「ひず

図 9.5 餌をねだるアメリカグマ (NPS Photo by Miller, 1962).

み」をもたらしたか,そして自らが群れを追って観察した姿こそが「ニホンザルの真実の生きよう」であることを強調している(伊沢,1982).霊長類学の第1世代にとっては,餌づけされた個体群も「野生」のカテゴリーに含まれていた.しかし第2世代の人々にとっては,「野生」とはより人為的な影響を受けていない存在とされた.ここでは「野生」と「人為」の境界線が,より人間から遠いところに引き直されたのである.

ところで,野生動物への餌やりは,日本人がもつ動物観が原因の1つであるといわれることがある.たとえばある論者は,「野生動物に対する……科学的・客観的な見方は,日本人がこれまで持っていなかった点」であると指摘し,ペットブームによって動物が「かわいい」存在になってしまったと嘆いている(水野,1985).しかし実際には,餌やりは日本特有の習慣ではなく,海外の動物園でも,ある程度は一般的にみられるものである(石田,2006).また,アメリカのイエローストーン国立公園では,餌やりが禁止される1950年代まで,アメリカグマが乗用車に近づいて餌をねだる光景は一般的にみられるものであった(図9.5).事故を防ぐために餌やりが禁止さ

9.3 人為から切り離される野生　　　　　　　　　　　　　　　179

図 9.6　やあ子どもたち！　クマに餌を与えないで(NPS Photo by William S. Keller, 1961).

れた後でも，アメリカ国立公園局は，当時人気があったアニメのキャラクターを使って注意を喚起している（図 9.6）．このような「かわいい」クマのイメージが一掃され，クマが残飯をあさるゴミ捨て場が撤去されて，「野生」を人間から切り離す政策がとられ始めるのは 1970 年代のことである（Gunther, 1994; Biel, 2006）．つまり国際的にみても，人為的な介入を徹底的に排除した存在を「野生」とみなす動物観が確立したのは，1970 年代のことなのである．

　野猿公苑への風あたりが強くなり始めたのは，ちょうどこのころのことである．増えすぎたサルによる農作物への被害や，観光客との距離が近すぎることによる事故，そして観光道路や林道開発による自然破壊が進むなかで野猿公苑の社会的意義が問われるようになる（図 9.7）．その結果，野猿公苑の入場者数は急激に減少し，その多くが閉園を余儀なくされた（三戸・渡邊, 1999）．

図 9.7 保護という名の駆除(『モンキー』第 122 号,1971 より).

　こうした変化は,餌づけを進めてきた第 1 世代の霊長類学者からは違和感をもって受け止められた.その 1 人である川村俊蔵は,確かに餌づけ個体群は野生のサルとは異なることを認めつつも,つぎのように反発している.

> 「この野猿公苑への批判がおこる要因のひとつは,『純粋の自然』に対するあこがれが,現代社会のなかで異常なまでに亢進せざるをえなかったという,病理作用であるようだ.セクト間の抗争が示すように,とぎすまされた神経をもつと,まぎらわしいものを極端に嫌うようになる.ケモノを自然の姿におく論理では,まずペットや動物園がやり玉に挙がりそうなのに,実は逆になるのである.」(川村,1976)

　川村にとって,「野生」に人為的な介入をほとんど認めない価値観は,過剰に「純粋な自然」を求めすぎているように思えた.ここには「野生」と「人為」の境界線をめぐる動物観の衝突がある.しかし,その後の生物学の

流れは，「野生」を「人為」から徹底的に切り離す方向に進んでいくことになるのである．

9.4　野生を飼い馴らす——「ペット」という問題

　ちょうど同じころ，一般の人々の間でも新しい動物観が生まれつつあった．ペットブームの到来である．「ペットブーム」という言葉は現在でもしばしばメディアに登場するが，必ずしも最近の現象ではない．飼い犬の登録頭数は 1960 年代から一貫して緩やかに増加していて，急激に上昇する時期があるわけではない（厚生労働省，2012）．ペットブームという用語は，ペット霊園やペットフードが流行し始めた 1960 年代半ばには早くも登場している（『朝日新聞』1965 年 9 月 22 日，1968 年 10 月 28 日）．このころには，ペットとのつきあい方も大きく変容していく（中田，2000; 渡部，2005）．それまでは番犬として飼われるイヌが多かったが，このころには小型の愛玩犬が増えてくる．1980 年代に入ると，ペットを「家族」と考える人が多くなった（山田，2004）．ここでは「人間」と「動物」の境界が曖昧になったといえよう．

　こうして新しい人間と動物の関係をもたらしたペットブームは，さまざまな批判を浴びることになる．その 1 つは海外からの批判である．1969 年，イギリスの大衆紙『ピープル』が日本のペット産業の状況をレポートし，劣悪な環境下でイヌたちが虐待を受けていると報じた．このニュースはイギリスでは日本製品の不買運動にまで発展し，日本国内でも大きく報道された．西洋史家の鯖田豊之は，この問題の渦中に新聞に掲載されたエッセイで，西洋と日本の動物をめぐる文化の違いについて論じている（鯖田，1969; スキャブランド，2009）．それによると，日本人はイヌやネコを飼えなくなると，「殺すのはかわいそうだ」と捨ててしまう．それに対して，欧米における動物愛護とは，「動物に不必要な苦痛を与えない」ことである．そのため面倒をみきれなくなると，あっさり安楽死させてしまう．この違いは，欧米では「人間と動物との間にはっきり線を引き」「動物をいちだん下に見くだして」いるからだという．鯖田（1966）は同様の主張を『肉食の思想』でも展開しているが，その後の「日本人の動物観」論で繰り返される定説となっていく．

もう1つ問題となったのは，海外から大量の野生動物がペットとして日本に輸入されているという事実である．かつて日本野鳥の会が批判した飼鳥は，戦後もさかんに行われ，とりわけ海外から輸入した鳥類の飼育が流行していた（笹川, 1975）．こうした野生動物輸入は，1980年代に入ると，国際的な批判を浴びるようになる．生物学者の小原秀雄によると，日本には1981年から6年間で熱帯魚などの観賞魚は310万kg，オウム類は1981年だけで18000羽が輸入されていて，アメリカに次ぐ「世界第二位の野生生物消費国」とされた（小原, 1988）．日本は1980年に絶滅の危機に瀕する野生動物の輸出入を規制するワシントン条約を批准したが，毎年のように大量の違反が摘発されている（磯崎, 1989）．

さらにペットブームは野生動物の乱獲につながるだけでなく，「野生」と「人為」の境界を侵犯する行為と批判された．1975年に日本自然保護協会の『自然保護』誌に掲載された特集「ペットと自然保護」では，ペット飼育のさまざまな問題点が批判されている．そこではペットの野生化などの問題に加えて，野生動物の飼育そのものが自然保護と対立するという議論が展開されている．たとえば，自然教育の一環として，動物の飼育が行われることがあるが，そのようなことをしても「個体レベル以下のこと」しかわからないという．そして「ペット愛は，飼い主の主観にもとづいた偏愛」となりやすく，「こうして育てられた動物観は，自然理解にはマイナスにしかならない」と切り捨てられている（金田, 1975）．少なくとも1960年代までは，「自然保護」と「動物愛護」とは必ずしも対立するものではなかった．しかし1970年代以降，両者は衝突する場面が多くなってくる．そのうち，とりわけ鋭い対立がみられたのが，次節でみる「帰化動物」の取り扱いをめぐる問題である．

9.5　ゲノム時代の動物観

「帰化生物」とは，海外から侵入し，国内の生態系のなかに定着した生物のことである．このうち「帰化植物」はしばしば雑草化するので，すでに明治時代から問題になっている（平山, 1918）．その一方で「帰化動物」は，むしろ生物学者や行政によって積極的に導入されてきた．1910年に沖縄本

島にマングースを移入したのは，東京帝国大学の動物学者渡瀬庄三郎だった．ウシガエルを食用に移入したのも渡瀬である（渡邊，2000）．行政の手による帰化動物も少なくない．たとえば農林省は，昭和初期に北海道で狩猟用のコウライキジを放鳥し，全国でコジュケイの移入を支援している（環境庁自然保護局，1981）．戦時中には，ヌートリアなどが毛皮用にさかんに養殖されただけでなく，食料難を救う「救荒動物」として期待された（丘・高島，1947）．戦後も林野庁は，1959年に日光有益獣増殖所を設置し，1979年に廃止されるまで1300頭のイタチを全国に放飼している（御厨，1980）．

「帰化動物」が生態系にもたらす影響が問題になり始めたのは，日本では1970年代以降のことである．1971年，イギリスの生態学者チャールズ・エルトンの『侵略の生態学』が翻訳され，帰化生物が生物の多様性におよぼす影響が知られるようになった（エルトン，1971）．このころには，逃げ出したペットが野生化する問題が指摘されるようになった．1975年の『自然保護』誌の特集「ペットと自然保護」では，都市周辺で野生化しているイヌやネコの問題や，アメリカで増殖しているアフリカマイマイなどの事例が紹介されている（朝日，1975；石，1975）．「飼鳥」も帰化動物をもたらす要因の1つとされた．アフリカ原産のテンニンチョウや東南アジア原産のベニスズメが，東京で野生化していることが問題にされている（『朝日新聞』1976年2月12日）．

1990年代に「生物多様性」という概念が登場すると，「帰化生物」は「移入種」，さらには「外来種」とよばれるようになった．2002年に日本政府が策定した新・生物多様性国家戦略では，「移入種等による生態系の攪乱」が生物多様性をおびやかす3つの危機の1つにあげられた（環境省，2002）．この変化は，たんなる用語のいいかえにとどまらない価値観の変容をともなっている．「帰化生物」で問題になったのは，外国の生物がなんらかの経路で侵入し野外に定着している事態であった．それに対して「移入種」「外来種」とは，人間の手によって持ち込まれた生物を指す．そのため国内からであっても問題にされるし，さらには同種であっても人間の手による移入は問題になる．つまり，ここでは「人為」が介入したこと自体が問題なのである．「外来種」とは，「野生」と「人為」をはっきりと切り離す動物観の延長線上にある概念といえよう．

そこで生態系を攪乱する外来種，とりわけ哺乳類が駆除される場合には，鋭い社会的な対立が生じる場合がある．その1つが，2001年から着手された和歌山県のタイワンザル駆除事業である（瀬戸口，2003, 2004）．ここで問題になったタイワンザルは，1954年ごろに私立の動物園から逃げ出した個体が増えたもので，約200個体からなる群れをつくっていた．和歌山県にタイワンザルが生息していることは1970年代から確認されていたが，90年代末になってからニホンザルとの雑種化が進んでいることが明らかになる．そこで和歌山県は，すべてのタイワンザルと雑種個体を駆除して安楽死させる計画を立案した．それに対して，一般の市民から抗議の声が上がったのである．一方，霊長類学や哺乳類学の専門家たちは，生物多様性を保全するため，迅速な安楽死を求めた．ここにみられるのは，1970年代以降繰り返されてきた「自然保護」と「動物愛護」の対立の1つである．

そのどちらの動物観が環境倫理として妥当といえるかは，ここでは問わない．むしろここで注目したいのは，外来種問題における「野生」が，より精緻でミクロな人為的介入によって初めて定義されるものになっているということである．タイワンザルとニホンザルは近縁な種だが，尾の長さなどに形態的な違いがある．しかし駆除事業においては，こうした外見上の差異だけではなく，血液検査をして遺伝子の違いを利用した交雑判定が行われた．交雑によってタイワンザル由来の遺伝子がニホンザルの集団に混入することこそが問題とされたためである．このようなゲノムレベルでのモニタリングによって，交雑個体を確実に見分けることが可能になっただけでなく，紀伊半島やほかの近畿地方には交雑の影響はみられないことが明らかになった（山田ほか，2011）．

生物多様性保全においては，種の多様性だけでなく，種内の遺伝的な多様性も守ることが求められている．たとえばかつては遠隔地から運んできたホタルを増やして放したり，メダカを放流したりすることは，「自然」を豊かにすることだと考えられていた．しかし生物多様性保全の立場からみれば，長い進化の結果として形成された地域固有の遺伝的特徴に人為的な影響を与えることは避けなければならない（大場，2006; 竹花，2010）．いまや「野生」と「人為」の境界は，外見上の動物の行動や形態ではなく，遺伝子レベルで見分けるべきものとなった．それは野生動物の集団遺伝学的な研究の進

展によって初めて可能となった「ゲノム時代の動物観」といえよう．

　本章ではここまで，野猿公苑の展開に注目することによって，戦後日本における「野生動物」をめぐる動物観を追ってきた．1950年代に生まれた霊長類研究グループは，餌づけされたニホンザルを通して「野猿」の社会を明らかにしようとした．一方，一般の人々にとっても，野猿公苑は都会の喧噪から離れて「野生」とのふれあいを楽しむことができる場所であった．つまり生物学者にとっても一般の人々にとっても，「野生」とは日常生活からは遠いところにありながら，ときには人間とやりとりする存在だったのである．それに対して，1970年代以降の生物学者や自然保護運動にとって，「野生」とは人間と交渉すべきでない，人間から切り離された存在である．このような野生動物観からみると，野猿公苑やペットブームは，「野生」と「人為」の境界を混乱させてしまうと考えられた．これ以降，野猿公苑やペットのあり方をめぐって，複数の動物観が激しく衝突する場面が現れ始める．さらに1990年代に生物多様性保全が登場すると，より厳密に「野生」と「人為」の境界を引き直すことが求められるようになる．そこで「野生」と認められるのは，ゲノムレベルで人為的な攪乱を受けていない生物だけである．かくして「野生」とは，たんに人為から切り離されているだけでなく，科学的な監視と介入によって維持される存在となったのである．

　人為的に管理することによって，人為を排して「野生」をつくりあげる．このようなアンビバレントな動物観がもっとも顕著に現れるのが，絶滅種の野生復帰事業である．現在，環境省はトキの野生復帰を目指し，中国から贈られた個体を増殖して野生化させる事業を行っている．そこではたんにトキを野生復帰させるだけでなく，農林業も含めて地域社会全体を自然とともに再生させていくことが目指されている．ここで放鳥トキが中国由来であることが問題になったが，遺伝子解析の結果，ゲノムレベルでは日本に生息していたトキとほとんど変わらないとされた．放鳥は2010年から始まり，一部の個体にはGPSを装着して位置を追跡している（山岸，2010）．2012年4月22日，そのうちの1つのつがいから，ついに1羽のヒナが生まれた．環境省は「36年ぶりに野生下でヒナが誕生」と発表した（環境省，2012）．ヒナの様子は環境省が設置したビデオカメラでネット中継され，地球上のどこ

からでも「野生」のトキが巣立つまでを見守ることができた．

　ここでいう「野生」には，どのような動物観が込められているのだろうか．科学的に管理されながら，インターネット経由で人々に見守られる「野生」．それは1970年代の自然保護が目指した人為的な介入を受けない「野生」でもなければ，1930年代の野鳥の会の人々が楽しんだ都会にはない野趣あふれる「野生」でもない．絶えざる人為的介入を受けながら，同時に人間から切り離されているかのようにつくりあげられた「野生」である．それは，かつての江戸時代の支配者たちが「大名庭園」に再現したミニチュアの農山村の風景に限りなく近づいているのではないだろうか．いまや「野生動物」は，あたかも庭園のように再生される日本の「自然」を象徴する存在となりつつあるといえよう．

IV
展示動物

石田　戩

　戦前において，人が動物園に求めてきたのは，まず珍獣性であった．動物園はそれを教育的にみせることで社会的に容認されてきた．しかし，大阪でのチンパンジーのリタの演技によって爆発的に人気を得た動物園は，動物の芸を積極的に採用することで，人気を高めることになった．

　戦後，外国産珍獣が不在のなかで，子ども動物園型動物園が各地にできて，ふれあいなどを通じた子どもの情操教育が中心となり，子どもと動物園との関係が動物園に新たに加わった．

　こうしてみると，動物の人気はいずれも話題性をどれだけ獲得できるかが鍵となっている．近年のタマちゃん騒動など野生動物の人気や旭山動物園の「行動展示」も，話題性を獲得したという点においては同様であろう．さらに餌やりやふれあいなど，親近感を高めることが動物を人気者にするのに役立っている．動物園動物＝野生動物もペット視されることで人気を得ている．現代日本人の動物園動物へのまなざしは，話題性とペット化として特徴づけることができる．

10 珍獣としての動物

10.1 現代の珍獣(観)

　世に三大珍獣とよばれる哺乳類がいる．パンダ，コビトカバ，オカピ（またはボンゴ）である（中川，1985）．これらの動物は，昭和の40年代から50年代にかけて日本に導入されてきた動物で，三大珍獣などという呼称もその時代の反映ではあるが，いまだにその呼称が生き残っているのは不思議である．考えてみれば，カモノハシやアイアイ，ハダカデバネズミなど珍獣とよべるものはいくらでもいる．

　動物園は珍獣を収集して展示し，その存在を世に知られるようになった歴史をもっている．古くはゾウ，カバ，キリンなど諸外国からいまだきたことのない動物を集めて人気を高め，親しまれるようになってきた（図10.1，図10.2）．そのため，まだ日本にきたことのない珍獣を集めることを収集計画の基本に据えた動物園さえあったくらいである．珍獣は動物園の展示を充実させる目玉だったのである．

　ところが，十数年ほど前から珍獣集めにとっていくつかの障がいが出始めてきた．まず人獣共通感染症や家畜・家禽の伝染病である．ウシ科では狂牛病，BSE，サル類ではエボラ出血熱，鳥類ではインフルエンザなど，多くの外国からの輸入が不可能になり，動物を入手することに厳しい制限が加わるようになってきた．また，オーストラリアがコアラなどの有袋類の輸出制限を強めることにもみられるように，貴重な国内野生動物の輸出規制に乗り出す国も増えてきた．野生での種の減少に対応して，動物園内でも繁殖ができそうにない国への輸出を控える傾向が出てきている．繁殖できない，または

図10.1 初渡来のカンガルー
(提供:東京動物園協会).

繁殖計画が成り立たない地域(国)への輸出規制はとくに厳しい.さらに開発途上国では,自国の貴重な野生動物を文化的・経済的に資源化する動きも強まっている.珍獣は存在するが,手に入れるのはむずかしくなってきているといえるのである.

ここまで,珍獣と簡単に述べてきたが,ここで日本における「珍獣」とはなにを指すのか,それらの要素についてまとめてみることにしよう.

第1にあげられるのは,これまでみたことがないことにある.日本初渡来の動物であれば,ともかくみてみたいのであろう.見世物史研究家の朝倉無聲は「珍しいものは珍しいというだけで価値がある」と断じている(朝倉,1977).

第2には異形であることだ.日本でただ動物といえば獣つまり四足獣を指し,哺乳類とほぼ同義であり,われわれはたとえばイヌやウシ,サルのようなかたちで哺乳類のパターンを認識している.ところが,ゾウやキリンはこ

図 10.2 初渡来のキリン
(提供：東京動物園協会).

れらから大きく逸脱しているのである．こうした例は，ほかにもカバ，オカピ，サイ，コアラ，カンガルーなどをあげることができる．加えて大型動物であれば，さらに印象が強い．大きさは近くでみることによってさらに効果を増すことになる．遠くからみる動物はいかに大きくて異形でも，その特徴が鮮明にならないのである（上野動物園，1989; 多摩動物公園，1990）.

第3には，数が少なく貴重であることがあげられよう．希少であることは珍獣としての位置を確保するに十分である．ただし，学術的に希少であることは必ずしも人気をよぶとは限らない．実際，世界的にほとんどみることのできないシフゾウやトキ，モウコノウマなどが，現代の動物園ではほとんど人気がないところからみると，希少ではあってもなにか珍獣性に欠けるといえよう．

さらに加えると，行動，生態，由来などに特徴があることであろう．かつて清の時代，中国からシフゾウが輸入されたことがある．シフゾウは見た目

図 10.3 清国からきたシフゾウ
(提供：東京動物園協会).

には普通の偶蹄目でしかないが，名前の由来が珍しいことから話題をよんで人気動物となった（図10.3）．当時のシフゾウの人気の秘密は，名前と輸入された経過にあった．シフゾウはシカの仲間で，漢字では「四不像」と書き，ウシ，シカ，ロバ，ウマに似て，しかもいずれでもないということからこの名がつけられていること，つまり名前の由来と珍しさである．第2には，このシフゾウ，当時清国とよばれた中国を半ば脅迫するようにして手に入れた動物であった．駐清公使榎本武揚が，日清戦争直前の微妙な両国の関係のなかで，清国から持ち帰った動物であり，日本の帝国主義的な力を発揮した「成果」であったといえる．シフゾウの来日は日本の国威発揚を内外に示す効果をもっていたことから，来日以後マスコミなどにも大々的に取り上げられ，人気をよんだのである（高島，1986）．

最近では，ハシビロコウが動かないことで人気の的になったのも，こうし

た例に付け加えてよいのではないだろうか．

このように動物園と珍獣は切っても切れない関係にあり，珍獣の種は尽きないのではあるが，実際に導入するとなると野生の現状からして容易ではない．またメディアの発達によって，ただみるだけならばいくらでも珍しい動物をみることができるようになってきていて，動物園動物の珍獣性を薄める要因となっている．動物園にとって珍獣性を高めるのは，少なからず困難になっているのである．

10.2　重要な話題性

平成に入るころ，いくつかの日本の動物園では日本産動物の展示に努めるようになった．戦後，日本の動物園は外国産動物を集めて人気を博してきたが，身近な野生動物への興味が薄れてきていることや日本の野生動物が絶滅の危機とは無縁でないことなどを考慮して，日本産動物へと目を向け始めた．ところが，この動物たちの展示はほとんど人気がない．ごく身近なシカやイノシシばかりではなく，珍獣ともいえるニホンカモシカ（図10.4）やツシマヤマネコなどでさえ，展示場の前を素通りしていく利用者が多いのである．多摩動物公園では，トキを非公開で飼育しているが，「いつみることができるか」という質問をされたことがないという．日本の野生では絶滅したとされるニホンコウノトリも，ほとんど見向きもされていない．

日本の動物園の始まりは明治15（1882）年に開園した上野動物園であるが，日本の伝統をふまえて輸入された施設ではなく，一般に知られるには時間がかかっている．開園当初の展示動物はごくありふれた日本産動物に限られ，動物園の存在は広く普及してはいない．明治19（1886）年，イタリアのチャリネ（カリネ）サーカス団が来日し，横浜や東京の秋葉原で興行をうったとき，トラが出産して，そのトラを上野動物園が入手して展示し，評判を得て初めて上野が世に知られるようになった．東京生まれの2頭のトラは「江戸っ子トラ」として親しまれ，動物園の入園者は飛躍的に増えたのである．その後もシフゾウ，ゾウ，ラクダ，オランウータン，ライオン，カバ，キリンなどが来日するたびに入園者は増加して，しだいに動物園の存在が認知されていくようになった（図10.5; 石田，1998）．

図 10.4　世界的にも珍獣とされるニホンカモシカ.

　このようにみてみると，動物の人気は動物学的な珍しさ，外国産であることだけではなく，「話題をよぶ」ということが重要だとわかる．ラクダは，雌雄がいつも離れないことから夫婦和合に役立ち，その他の薬効もあるとされて，展示の前から人だかりが絶えなかった（朝倉，1977）．したがって，そうした話題が薄れるにつれて人気は下がり，そのせいであろうか，今日ラクダを飼育している動物園は 10 園に満たない．キリンは中国の伝説上の動物，麒麟から名前を取ったので有名である．明治 40（1907）年来園したが，その名称については，当時の高名な動物学者である飯島魁が，麒麟は中国の伝説上の動物であり，適切な名前ではなく，ジラフとよぶべきであるとクレームをつけた．しかし，上野動物園園長で東京大学教授を兼任していた石川千代松が，キリンとして親しまれているのだからかまわないとはねつけた逸話が残されている（東京都，1982）．石川は人に親しまれ，話題になることも意識していたといえよう．
　上野動物園は明治の文明開化にあたり，多様な西洋文化を輸入する際に博

10.3 動物芸　195

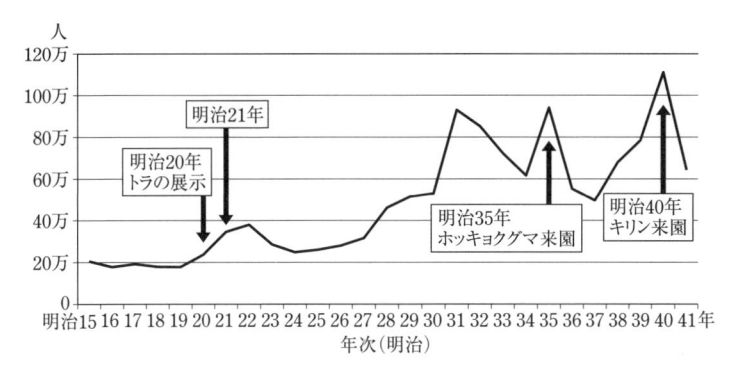

図 10.5　珍獣の来園と上野動物園の来園者（東京都，1982 より改変）．

物館の附属施設として開園された施設であり，日本にはそれまで動物園に類する施設は存在していない．

当時の目的としては，おもに博物学の教育とレクリエーションであったといってよい．動物展示や野生動物学にまったくといってよいほどの素人集団によって運営されていたが，志そのものは野生動物学教育に置かれていた．しかし，その効果はまったくといってよいほど達成されていなかったし，そのままでは動物園はなんらかのかたちで消え去っていったかもしれない．これを救ったのがトラやゾウであった．ほとんど顧みられることのなかった動物園は外国産動物，とくに珍獣と話題性によって陽の目をみたのである．

動物園の動物に限らず，矢ガモやカルガモの親子の引っ越し，アゴヒゲアザラシのタマちゃん騒動など動物ネタが話題から騒動といえるまで発展することがある．うわさやメディアの話題は，多くの人々が共有して，共感しながらかかわれる事象であり，そのことが増幅していけば全国共通性すら獲得できるのである．新たな珍獣が来日する可能性が低くなってきた今日，動物種の人気は珍獣性だけではなく，話題性は重要なキーワードであるといっても過言ではない．

10.3　動物芸

今日では動物福祉の観点や飼育係の危険性などの理由で数少なくなったが，

図 10.6　天王寺動物園のリタ（右）（提供：大阪市天王寺動物園）.

　動物芸は人気がある．動物芸が本格的に注目されるようになったのは，昭和7（1932）年，大阪の天王寺動物園に来園したチンパンジーのリタである（図 10.6）．リタは竹馬や自転車乗りに始まって，食卓でナイフとフォークを使い，食べ終わるとタバコを吸うなど役者ぶりを発揮して，爆発的な人気を博した．天王寺動物園の入園者数は昭和 10（1935）年前後に 250 万人を突破して，上野動物園を抜いて日本一となった（石田，2010）．戦前の類人猿は，人と接触度が高く，そのため当時，人でも不治の病であった結核などの人畜共通感染症にかかりやすく，長生きできた個体は少ない．リタの人気が爆発して以後，東京，京都などでもチンパンジーを飼育したが，いずれも短命で，人気もいまひとつであったのだが，リタは例外的な長寿で，圧倒的な人気であった．戦後にあっても，チンパンジーの芸は人気の的であり，多摩動物公園のぺぺやジャーニーなども清涼飲料水のコマーシャルに出演して人気があったし，現在でもパンくんはテレビの人気者である．とはいえ使われ方からすると，あくまでも道化役であることはまちがいない．ヒトに近く，

類似の行為をしてみせるが，観客はなにかヒトと違うところを見出し，失敗することを期待しているところがある．まったく同じように演じては受けない．サルや類人猿はヒトに近いがゆえに，どこか人間と区別されなければならず，したがってその芸には道化性がつきものなのである．動物とくに類人猿の尊厳性を問題にしている現在では，動物芸は少なくとも公立の動物園では行われることが少なく，日本動物園水族館協会に加入している動物園での，類人猿の芸は皆無である．パンくんの所有者である動物園が，同協会を脱会せざるをえなかったのにはいくつか理由があるが，根本的には類人猿の尊厳性を踏みにじったからなのである．サルについてはほかに，戦後上野動物園でおサルの電車が人気を博している．おサルの電車が廃止されたのは昭和49（1974）年であるが，この後，動物芸は動物園の前面からしだいに撤退していく．動物を働かせる，とくに道化役として使うことなどに反発する人たちが増えて，苦情が舞い込むようになったのである．東京都に所属する上野・多摩両動物園は，昭和48（1973）年，それまであった訓練係を普及指導係に変えて，普及活動や教育活動に重点を移して現在にいたっている．

　日本におけるゾウの位置は独特である．ゾウは世界的に体の大きさ，鼻の長さで特徴的であるが，戦時中の猛獣処分を基礎に，戦後のインドからのゾウの贈呈・復活は劇的でもあり，明るい話題を提供して，ゾウは動物園を代表する動物となった．ゾウのいない動物園は，一人前の動物園とはいえないといった状況をつくりだしたのである．かつては，調教して台乗りや鼻を使った芸を行うのが常であった．そしてゾウは調教しないと取り扱いが困難になることや，ゾウがおとなしい動物という認識が定着しており，訓練は残存している．しかし，訓練法が確立していなかった最近まで，動物園の死亡事故のほとんどはゾウによるもので，飼育方法が見直され，訓練しているところをみせるというかたちであっても，ゾウの芸を行う動物園は少なくなっている．

　イルカの芸については，陸生哺乳類と比べて社会的容認度が高いといえる．鯨類は水中で生活していることもあって，伝統的に哺乳類と魚との中間に位置する動物として認知される傾向があった．水中世界は異界的世界であったのだ．またイルカのように行動性が高い動物にあっては，狭い水槽では運動不足になることが多く，それを解消するという論理が容認度を高めていると

思われる．またイルカ類は水族館で飼育されている例がすべてで，日本における動物園と水族館の経営の違いも反映していると思われる．水族館は動物園に比べて圧倒的に民間経営による施設が多く，集客が求められているからである．

　動物芸はどのような方法をとるにせよ，道化性を完全に否定できないために，芸の魅力の反面，動物の福祉の観点や知能の高さ，感情性の豊かさなどから否定する人は増えてきていて，イルカも例外ではない．運動させることで健康を維持する観点から容認されているが，最近では限界に近くなっているといえよう．動物の芸には，類人間的なものと，人間の能力を超えたことをみせる超人間的な芸がある．両者の違いは道化度の多少によっているが，超人間的な芸は，道化の要因がみえにくい．

　とはいえ，動物の芸は広く人気がある．動物を使ったテレビ番組は途絶えることがない．しかし，それはすでに公共・公立施設からは撤退しつつある．公立施設は一部でも強い反対があると継続しにくいからだ．この傾向は不可逆的に進むと考えられるが，それを望む声は根強くあって，対立の契機をはらんでいるともいえよう．

10.4　展示と行動

　動物園の動物は昼間寝ていることが多く，それに対する利用者の不満は大きい．とくに哺乳類は本来的に真昼間の行動性は高くないことから，意図的に動かさない限り寝てしまうのである．しかし，観客は動いている動物をみたいのである．寝ていると全体の姿はみえないし，いかにも怠惰にみえる．動いていれば元気にみえるし，楽しい雰囲気を醸し出すことができる．そうした状況を変えるために旭山動物園から出てきたのが，「行動展示」である（図10.7）．動物本来の行動をみせるための仕掛けを工夫して，旭山動物園は一挙に上野動物園の入園者数に迫るまでにブレークした．いまでは旭山動物園を知らない人はいないといっても過言ではない．並行してアメリカでは動物福祉の観点から，動物園動物の生活を充実するために，「環境エンリッチメント」とよばれる手法が考えられてきた．行動展示は旭山の発想であるが，それは行動展示という言葉に旭山のオリジナリティがあるのであって，

図 10.7　旭山動物園のアザラシ展示（撮影：さとうあきら）.

　動物を行動させるための工夫は，どの動物園でも実施してきた試みであった．旭山のブレークはそれを徹底的に追求して成功したことにある．行動展示という言葉は，ある意味ではキャッチコピーなのである.
　環境エンリッチメントは，動物の福祉の観点から飼育下動物の環境を豊かにするために1980年代末からアメリカで試みられて（川端，1999），21世紀に入ってすっかり定着している（図10.8）．飼育下の環境を豊かにするとは，刺激や適度なストレスを与えることになるから，行動としても活発になる．行動展示とはやや異なった側面からのアプローチであるが，似たような結果になる．しかし環境エンリッチメントは，動物の生息環境に合わせて動物の本来の生活を飼育下においても再現することが目的であり，動物の福祉になるということであり，それを動物学的知見にもとづき体系づけたところに意味がある．
　興味深いことに，日本の動物園関係者の間での環境エンリッチメントへの評価は，「お客さんが楽しんでいる」ことに重きが置かれていて，動物の福祉に貢献しているという評価はそれほど高いわけではない．動物を「動かす

図 10.8　オランウータンの環境エンリッチメント.

ために」いろいろ工夫すると動物が活発に動くようになって，お客さんが喜ぶので積極的に取り入れているのである．さらに，環境エンリッチメントを「動物を動かすこと」と理解している傾向すらみえる．行動展示は野生動物の本来の行動をみせるためであり，環境エンリッチメントは動物福祉を目的としているが，日本ではいずれも動物が動いていることによって評価を受け，こうして行動展示と環境エンリッチメントは日本的には同質のものと理解されるのである．両者がともに日本的に換骨奪胎され，本来の趣旨と少しずれたところで定着しているのは興味深い．いいかえれば，動物の福祉は了解しにくい概念であって，楽しい動物園を演出するステージで両者が統一されているといえよう．

　アメリカの動物園展示の二大潮流は，上記の環境エンリッチメントとランドスケープイマージョンである（図 10.9）．ランドスケープイマージョンとは，「風景に浸りこむ」の意味であって，観客があたかも生息地環境のなかに浸っているかのような展示環境をつくりだすことにある．ところがこのラ

図 10.9 景観表現を重視したランドスケープイマージョン（横浜市ズーラシア）
（撮影：さとうあきら）．

ンドスケープイマージョンは，日本の関係者にはあまりフィットしていない．動物がよくみえないことがあるのが，評価を低めていると思われる．日本においては動物が活発によく動き，楽しく遊んでいる姿をみることが動物園にもっとも求められているといえよう．

10.5　名前をつける

　日本で最初に上野動物園が開園したのは明治 15（1882）年であるが，開園以後昭和初期まで，動物に名前をつけた例はきわめて少ない．初期のトラ，ゾウであっても，それぞれ「江戸っ子トラ」とか「暴れゾウ」などという異名はあっても，今日のような名前はつけられていない．名前をつけることに積極的な意味を見出したのは，昭和 10（1935）年，京都動物園の長田園長であり，命名の会を開いて動物の名前を募集した（石田，2009）．先のリタも輸入元からその名前がついてきたため，個体名でよばれた．個体に名前をつけなかったのは，おもに動物園側の事情であるが，そうした要望が強くな

かったともいえる．動物園側の事情とは，第1に動物園は種の展示・普及をするところで，個体を紹介するところではないと考えていたこと，第2にはそれによって浅草花やしきなどの「見世物」性をのぞこうとしたこと，第3にはそもそも戦前にあって動物は長生きすることが少なかったので，お客さんが個体に愛着をもたないようにしたこと，などがあげられる．名前がつけられたのは，外国からきた個体には，ゾウやチンパンジーなどのように来園したときに名前がついていて，その人気が出てきたことを契機にしている．戦後になって，インドのネール首相から自分の娘の名前をつけたゾウのインディラが贈られ，個体名が注目されるようになってきた．個体名は親しみを醸成し，ファンを増やすのに役立つことが理解されてきたといえよう．上野動物園のすべての大型動物に個体名がつけられるようになったのは，昭和30年代後半からであるといってよい．そのころには，名づけすることがお客さんから求められるようになってきていた．ジャイアントパンダの子どもが初めて日本で誕生したのは昭和61（1986）年で，このときには国民的な話題になり，名前を一般投票で募集したところ27万票の投票があり，その結果，トントンと名づけられた．以後，国民投票ではないが，お客さんの投票によって名前を決定するのは常識化していく．話が脇にそれるが，このトントン，オスの子どもとして命名されたが，後になってメスだということがわかった．しかし，その失態はとりたてて問題にされることはなかった．

個体に名前をつけることと並行して，動物の個体に愛着や親近感をもって動物園にくる人たちは増加してきている．どこの動物園にいっても，週末には特定の個体のファンがいて，一日中その個体をみている人がいる．こうしたことはかつてあまりみられなかったことであり，明らかに「種」に注目をすることから，個体への注目を高める方向へと移行している．種と個体という比較からいえば，動物の福祉という概念はおもに個体を対象にした概念であって，個体の良好な飼育を問題にしている．「日本エンリッチメント大賞」を設立した市民Zooネットワークでは，動物園動物の個体への福祉向上を課題にしていて（市民Zooネットワーク，2004），環境エンリッチメントと個体との密接な関係が強く示唆されている．個体への注目度は明らかに高まっており，このことは個体への愛着や感情移入と関係している．

一方，旭山動物園をはじめとして動物園で行われている「行動展示」は，

種の行動などの特性をみせることを重視していて，個体にさほどこだわっているわけではない．名前との関係でいえば，個体の名前をつけてもそれを公表しない動物園もある．これは来園者が過度にその個体に感情移入すると，個体の移動や取り扱いに支障が出る可能性があるからだと思われる．動物園運営者と利用者の間でのすれ違いが起きてきているともいえよう．動物園の大きな課題として種の保存がある．簡単にいえば，野生では絶滅しそうな種を飼育下で保存していくことにあり，そのために遺伝子レベルでの保存をしていくことになる．そこでは遺伝子の保存が重視され，その目的のために動物園間での個体の移動が行われることがありうる．こうして動物の福祉，種と個体，環境エンリッチメント，種の保存などをめぐって，輻輳した関係になっていかざるをえない．

10.6 動物の人気

　動物園で人気投票をやってみると，どの動物園でも共通して人気のある種に加えて，ご当地性があって人気が出る動物がある．たとえばジャイアントパンダでみると，上野動物園では圧倒的に第1位であるが，多摩動物公園では第6位程度であり，やはりそこにきて実際にみることで人気を高めていることがわかる．同じ人が上野動物園に行けば，パンダに投票するのであろう．
　どの動物園でも上位にあるのは，ゾウ，キリン，ライオンである．こうした動物は，とくに小さい子どもに人気がある．小さい子どもに人気があるためには，大型ではっきりとした特徴をもっていることが必要である．ジャイアントパンダについていえば，年齢が高くなるほど人気は高まる．幼児くらいの小さい子には，パンダは判別できる特徴をそなえていないともいえる．ゾウ，キリン，ライオン，カバなどは動物園を特徴づける動物であるといってよい．これらの動物がいないと，なにか物足りない感じがすると表現する人も少なくない．
　ご当地性ということであれば，これは多様である．そこにこなければみる機会がほとんどない動物は人気が高い．コアラは来日当初はいざ知らず，現在ではそれほど人気がないが，実際に飼育している動物園ではベスト10には必ず入っている．とべ動物園のホッキョクグマ，横浜ズーラシアのオカピ

表 10.1 動物の人気ベスト15（上野動物園1989；多摩動物公園，1990より）．

上野動物園		多摩動物公園	
順位	動物名	順位	動物名
1	パンダ	1	コアラ
2	ゾウ	2	ライオン
3	キリン	3	ゾウ
4	サル	4	キリン
5	ペンギン	5	サル
6	ゴリラ	6	オランウータン
7	ライオン	7	チンパンジー
8	クマ	8	ゴリラ
9	トラ	9	クマ
10	ウサギ	10	トラ
11	コアラ	11	バク
12	ホッキョクグマ	12	フラミンゴ
13	イヌ	13	サイ
14	カバ	14	昆虫
15	トリ	15	ワシ・タカ

などもあげることができよう．ちなみに上野動物園と多摩動物公園の人気動物ベスト15を掲げたが（表10.1），これは当時のもので，とくに現在では多摩のコアラはトップではなく，昆虫もその後の調査ではほとんど上位に顔を出さない．

　最近の傾向としては，かわいい，美しい動物の人気が高まる傾向にある．

　白い色の動物は古来珍重されてきた．白色は，万年雪の環境以外には，自然界ではほとんどいない．筆者の大学ではウマを3頭飼育していて，それぞれの色は白，チョコレート，栗毛色であるが，これらを集団に放すと白色の個体のところにほかのウマたちが集まってくることが目撃されている．ウマの世界でも白色は注目を集めるものらしい．ユキヒョウやホッキョクグマなどの人気は，おそらく白色の美しさのゆえであろう．哺乳類は捕食関係が厳しいので，めだつ色や模様は避けられるのであろう．シマウマやレッサーパンダは，独自のカモフラージュをすることによって生きながらえてきているが，動物園ではわかりやすく人気が高い．

　トップクラスには入らないが，どの動物園でもベストテンに入っているのは，サル，類人猿である．ゴリラ，オランウータン，ニホンザルなどがそれ

にあたる．ニホンザルは，日本の動物種としては例外的に人気がある．これらの動物は人類に近似であり，行動なども豊かで行動に共感できる部分があることがあげられよう．

反対に人気のない動物をあげると，ペンギンをのぞいた鳥類である．日本の野生では絶滅した珍鳥であるコウノトリはまったくといってよいほど人気がなく，トキもおそらく動物園で公開されることがあれば，一時的な話題を提供することにはなろうが，ベスト10に数えられる時間は短いであろう．動物学的に貴重だというだけで，人気とは関係がない．多摩動物公園ではシフゾウやモウコノウマを飼育して子どもも産まれているが，人気動物とはいえない．これらの種が人気になるとすれば，なんらかの話題性を必要とするであろう．

また，日本産動物はほとんど話題になることはない．ニホンカモシカ，ヤマネコ類，ヤマネなど貴重な日本産動物を積極的に繁殖させている動物園があるが，人気という点でいまだしのところがあり，悩みの種である．

チンパンジーは意外に人気がない．チンパンジーはタレントであれば，その行動によって，また動物芸によって人気を得るかもしれないが，その姿には獣性が表現されていて，嫌う人が少なくない．

獣性という言葉を使い，人気の要素として動物性が薄いことがあるとした．獣性とは，擬人的なところが少なく，感情移入しにくく，動物の強さのある要素としておくことにする．動物学者のローレンツ（1975）は，動物の幼児のかわいらしさについて，突出部が少ないこと，体が丸いことなどをあげて，これらは攻撃性を抑制する，としている．この攻撃性とは，動物の獣性と同類のものであろう．しかし獣性が高いといえる猛獣に，人気がないわけではない．猛獣はかわいらしさと対極にあって，人気は男性に偏っている．いいかえれば，性別や年齢によって動物の人気は異なるといえる．筆者の上野動物園における調査では，ライオン，トラそしてゴリラを男性は好んでいて，とくに30-40代に顕著である．ニホンザルは微妙な位置にあるが，年齢が高くなるにしたがい人気が上昇している．この調査結果によれば，人気があるのはパンダ，ゾウ，キリン，サル，ペンギン，ゴリラ，ライオン，クマ，トラ，ウサギ，コアラ，ホッキョクグマとなっている．これらを男女型に分けると，男性に人気のあるのが前記3種で，女性の場合はペンギンだけで，ほ

かには男女差はほとんどみられない．年齢との関係では，ゴリラ，ライオン，トラ，サルは年齢が高くなるにしたがい人気が上がる．年齢が低いほど人気が高いのは，ゾウ，キリン，ウサギであり，パンダは小さな子どもとその親の世代が高い．年齢の影響をあまり受けていないのはホッキョクグマである．コアラとペンギンは中学生から20代の人気が高い．

動物の人気は珍獣性，話題性に左右されるとともに，異形であることなどはっきりとした特徴をもっていること，白い，丸いなど，どこかかわいらしさを表現していることがあろう．性別や年齢でも違っていて，猛獣類は力強さなどが男性からの評価を受けている．

10.7　水族館と動物園

水族館も動物園と同じく動物を展示してみせる施設である．では，水族館と動物園はなぜ区別して論じられるのであろうか．

日本で最初の水族館は，上野動物園内にできた「魚のぞき」であるとされている（鈴木・西，2005）．上野動物園が1882年に開園してすぐ，同年に建設されている．動物園と直結してつくられたのは，水槽のなかで魚をみるという行為が明治以前にすでに存在していたせいであろう．動物園をつくるならば魚も入れなければなるまい，と．その後，上野の魚のぞきは姿を消して，上野に水族館をみるのは戦後になってからである．その間，浅草に大衆娯楽的な水族館ができている．しかし，水族館はまったく別の視点から登場してくる．それは水産学や魚類学の視点である．明治時代にできている水族館は，大学の臨海実験場に付設されたものが多く，研究施設を基盤にしている点において，動物園と区別されている．

観客の観点からすれば，水族館の動物たちは動的であることに興味をひかれるであろう．水生動物は，水という浮力に支えられ，体型も多様で活動的である．旭山動物園でも水生動物であるアザラシ，水中で動くホッキョクグマ，ペンギンに人気が集中しているのは，このことと無関係ではない．水中という空間は，地上に住むわれわれとは隔絶されている．こちら側とあちら側とが共有されていない．水族館動物は，環境的にまったく異なった場に生活していて，空間的に隔絶していながら，食文化を通じて日常的に親しみが

図10.10　汽車窓型水槽（COEX水族館）（撮影：西源二郎）．

あるという特質をもっているのである．

　水族館動物の特質として，動物園動物に特有の獣性がほとんど感じられないことがあげられる．古来野生動物の獣性は，日本人の動物観と深くかかわっていて，畏敬や恐怖などの複雑な感情を生み出してきている．その意味では，水族館は日本人の感情を揺さぶることが少なく，美的で安心してみていられるところなのである．

　最近では，多くの水族館で2000トンを超える大水槽は珍しくなくなったが，やはり水槽の多くは小型である．汽車窓型といわれる小型水槽を巡回していく水族館特有のスタイルが消えたわけではない（図10.10）．この汽車窓型水槽の列は，目を凝らしてのぞき込む行動を観客に要求している．視点が一点に集中するのである．水族館の利用者に大人の比率が高い理由には，小さい子どもには，視点を集中する作業ができないことも加えられる．動物園の視野が開放的なのに比べ，閉鎖的な視野であり，観客のまなざしが違っているのである．もし水族館に行って疲れるとすれば，その理由はここにある．大型水槽は，この点では動物園型に近づいているといえよう．動物園と

水族館は，動物を飼育して展示するという共通の要素をもちながら，別の施設とみなされるのは以上のような理由であるが，動物観として決定的に区別されるのは，日本は海洋国であり魚食文化が発達しており，水生動物に違和感がないことや，獣性が希薄なことであろう．

10.8　日本人は動物園動物のなににひかれるか

　動物園はいまだみたことのない異国の動物，珍しいかたち——異形の動物を展示することによって日本人に知られるようになり，市民権を得て日本社会での位置を確立してきた．一方，動物園を運営するサイドからは，動物種を強く意識して展示がなされてきた．動物性を強調するものとしての動物展示を行い，動物とヒトとは違うことが強調されてきた．そして，個体性が意識されないようにしてきたといってもよい．

　しかし動物に名前をつけるなど，動物との親和性が求められ，動物へ共感したり感情移入するようになってきた．さらには動物種への関心よりも，個体への親しみなどを求める傾向にあるといえる．これらは動物園の野生動物に対するペット化意識の強まりでもある．実際，動物園への要望でも，動物園の飼育動物にさわりたいという要望が増えてきているし，動物園での会話を聞いていると，ユキヒョウを飼ってみたい，といったペットと同一視するかのような発言がめだつようになってきている．野生動物の獣性，強さへのあこがれは中年男性をのぞいて後景に退いてきている．野生動物と自らとの区別性を強調する会話なども少なくなってきている．

　動物をみて人になぞらえる擬人化は，入園者の会話を聞いている限りきわめて多い．擬人化は動物と人間の混同や動物理解上の混乱をもたらすとされ，当然にも動物学関係者は否定的である．しかし他面，完全に擬人化しないで動物を理解することもむずかしいのではないかとも思われる．人は自らにあてはめて他者を理解するからである．動物園動物は，野生動物を身近にもってくることによって，擬人的理解を誘導し，そのことで動物への共感や親和性を高めていっているのではないだろうか．

11
「ふれあい」とお世話

11.1 戦後の動物園

　太平洋戦争のさなかの昭和18（1943）年に「猛獣処分」が行われて以後，日本の動物園はほとんどの猛獣を失ったが，それだけではなく外国産大型動物もいなくなった．猛獣処分の後には，飼料の絶対的不足という事態があって，キリンやカバなども餓死させざるをえなかった．戦後，動物園にはほとんど動物が残されていなかったのである．しかし動物園の復活は早かった．すさんだ世相にあって，楽しみや遊びの場はなかったし，動物園の是非をめぐっては異論も出なかった．猛獣処分によって動物たちが失われた反省も強かったといえよう．

　動物園の復興の先駆けとなったのは子ども動物園である（図11.1）．これにはいくつかの理由がある．第1には，国交が途絶えて日本産の動物や家畜しか集められず，展示に重点が置ける状況ではないこと，第2には，子どもたちに動物を愛するこころを育てることによって，荒んだこころを慰め，豊かな情緒を形成していくことを目指したことである（古賀，1983）．家畜であれば敷地や施設なども堅牢でなくとも飼えるし，餌の入手も外国産動物よりも安価である．当時は外貨が不足していたから，外国産の動物を購入することなど不可能であった．こうした計画を実行したのは，戦前から長く上野動物園の園長を務め，戦時中は召集されていて動物園に不在だった古賀忠道である．不在期間が長かったこともあって，意欲にあふれていた．

　昭和23（1948）年，古賀は上野動物園内に子ども動物園を設置する．古賀はこのときのことを，「動物をいじめるなではなく，動物をいじめない子

図 11.1　戦後まもなく開園した子ども動物園（提供：秋田大森山動物園）．

どもを育てることが，平和国家，文化国家をつくるもとになる」と述べている．動物に優しい子どもが平和をつくるという観念は，戦争中には生まれえない思想であり，この思想はその後の日本に敷衍していく．

　古賀の影響力は絶大であって，古賀の発想に追随して各地に動物園が発足していく．家畜を中心とした動物園なら，どこでもできるし，費用もそれほどかからない．昭和25（1950）年には，秋田，小田原，浜松，高知などに動物園が建設され，ついで円山，横浜・野毛山，高岡，姫路など大中都市に続々と動物園ができる．なかには市長選挙の公約によって建設された動物園もあるくらいだ．戦前には17カ所にすぎなかった日本の動物園は，昭和27（1952）年には29園に増えていて，そしてそのほとんどが家畜を中心にした子ども動物園型の動物園で，多くは遊園地を併設していて営業も成り立つ．動物に触れて，優しいこころを形成しよう，そうすれば再び戦争を起こさないですむだろう．こうして多くの動物園が設立された．戦前期にあっては，日本の動物園は，とくに子どもの情操教育を強く意識してきたというわけではなく，動物園が子どものための施設であるという動物園観が形成されたのは，この期を境にしている．日本における動物園の位置の1つの転換点が，ここにあった．

11.2　子どもと動物園

　古賀は子ども動物園構想を，戦前のイギリス，ドイツやアメリカにみている．そこはキンダーガールテン（Kinder Garten）とよばれ，人工保育され

た子どもの動物やおとなしい動物を集めて，子どもたちにさわらせたりするものであって，古賀は日本でも戦前の一時期，実際に実行に移しているが，動物どうしの折り合いが悪く，また危険もともなうために挫折している（古賀，1983）．満洲の新京動物園でも類似の施設をつくったとされるが，くわしくは不明である．ロンドン動物園では最近までこうした施設が残っていた．しかし人工哺育された動物の子どもだけを集めて，人間の子どもに触れさせるというのはいささか無理があった．

　こうして家畜中心の子ども動物園はスタートして，人気を得てきた．戦後，都市化が著しく，集合住宅も増えて，家庭では動物を飼うのが困難になってくるにしたがい，さらに需要は増していった．自宅で飼えば，一生面倒をみなくてはならないが，その必要もないことなども人気を後押ししたであろう．また学校でも動物をしっかりと飼うことのむずかしさを認識して，学校団体の来園も増えてきた．とくに保育園や幼稚園，小学校の低学年など自分では飼育できない年齢層の需要に応えていくことで，世間に認知されていったのである．昭和49（1974）年，中村雅俊のヒット曲「ふれあい」は，この活動に格好のキャッチコピーを提供することになった．それまで，おさわりとかタッチとよばれていたこの活動が，「ふれあい」とよばれるようになったのである（図11.2）．以後，このコピーは定着して市民権を得ている．

　日本における子ども動物園の特徴としてあげられるのは，荒んだこころを優しくする情操教育と争いをなくすことに重きが置かれていたことである．これは文部省（当時）の教育方針とも合っていた．そしてそのための方法としてとくに強調され，必須とされたことに動物に触れることがある．

　子ども動物園のノウハウを確立したのは，上野動物園で子ども動物園長を務め，埼玉子ども自然動物公園の設立にかかわり，初代園長となった遠藤悟朗である．遠藤（1978）によれば，理科教育と情操教育とを同時に行うのが，その目的とされる．そしてどちらかというと，動物のことを学ぶ場としての子ども動物園が重視されており，その手段としては乗る，触る，抱くなどの行動が位置づけられている．この考え方は現在の子ども動物園関係者に共通している．子どもたちはウサギやモルモットなどをみると，いきいきとしてうれしそうだ．動物を相手にしていると，さまざまな感情や行動が自然に発現される．こうして子ども動物園のふれあいコーナーには，子どもたちの列

図 11.2 動物とのふれあい(撮影:さとうあきら).

が途切れることはない.

そこでの子どもたちを観察していると,初めのうちは不安やとまどいなどがみられるが,しだいに動物たちの柔らかさやぬくもりに浸っていくのがわかる.触れて,なでて気持ちよくなっていくようだ.最近では,「ふれあいコーナー」には大人も参加することが少なくない.子どもに限らず,動物に触れるという行為が,動物と親しむための最善の行為であり,かつそのように認識され,定式化されているのだ.

11.3 世話する動物観

平成12(2000)年,「動物愛護管理法」が成立したのとほぼ時を同じくして,平成14(2002)年,文部科学省は,小学校学習指導要領に学校で「動物を飼うこと」を盛り込んだ.生活科では「動物を飼い,関心をもち,生命に気づく」指導,理科では「生物を愛護する態度,生命を尊重する態度を育てる」とされ,道徳でも「生命を大切にする」ことがうたわれている.これ

らを具体的に学校現場で実施するために，学校での動物飼育が推奨されることになる．こうした一連の流れの背景としては，子どもによるいじめ，暴力事件などがあり，生命を尊重する態度を育成する法的整備と学校での対応が進められたといえよう．それ以前においても多くの学校では，子どもの情操教育に役立つだろうという観点から動物を飼育してきていたのであるが，ここにきて公認の制度となった．

ところで，学校での動物飼育の歴史はおそらく相当古いと考えられる．「おそらく」といったのは，半数以上の学校で動物飼育がなされてきたのに，そのものは皆無に等しいからである．飼育事例の報告として記録が残されているのは，明治40（1907）年，東京高等師範附属小学校教諭の松田良蔵の残したものしか筆者は知らない（鈴木，2003）．学校での動物飼育は，とくに戦後になって多くなったと思われるが，戦後の研究や記録は見当たらない．飼育をしておいて，記録やデータの蓄積をしない，いいかえればその効果を測定しようとしない，教員の不思議さの１つがある．付け加えるならば，動物飼育施設のほとんどは，学校の正規の予算とは別にPTAや篤志家の寄付によりつくられたものと思われ，飼育の指導は教員というよりは，むしろ用務員などによって担われていた可能性がある．そうしたこともあって，研究の対象とはならず，きちんとした位置づけがなされないまま，いわば日蔭者として扱われ，平成14（2002）年を迎えたのである．実際，学校現場から用務員の存在が消えて，教員が飼育指導をすることになって，その業務はとくに動物好きの教員がいなければ，新任の教員に押しつけられるようになっているという．その結果，動物たちの扱いは不十分であり，不衛生になりがちで，関係団体からは，虐待なのではないかとう指摘も少なくない．そこで文部科学省は，指導要領を改正するにあたって，地元の獣医師会などへの協力を求めているのだが，予算措置をするなどのフォローはまったく施されていない．

なぜ学校で動物を飼育してきて，またここでそれを指導要領で位置づけることになったのであろうか．日本の都市化が極度に進み，動物とともにいる牧歌的な生活が失われ，それを取り戻そうという指向がみられ，その根底には動物飼育が子どもたちの情操教育に役立つという認識が横たわっている．とくに，集合住宅で動物を飼育することができないといわれた昭和の時代に

図 11.3　学校での動物飼育（撮影：さとうあきら）．

あって，その代替法を学校に求めたことが指摘されよう．加えて少年 A の事件をきっかけに，生命を大切にする教育が必要だ，という大合唱があり，動物飼育が学校教育に組み込まれていったのである（図 11.3）．

　いうまでもなく，こうした一連の動きは教育者の側の論理にもとづいて進められている．それでは，その教育者の論理を少しくわしくみていくことにしよう．まず低学年で教えられる生活科である．そこでは，飼育して，動物が生きた存在で，成長や死亡することを気づかせることが目指されている．バーチャルな感覚に汚染された子どもたちに，動物飼育を通じて現実感覚や責任感を取り戻す教育だといってもよい．ここでは動物の存在は微妙である．動物は，一方で個体として生きている存在であるとともに，同時に子どもたちから暴力，いじめなどを排除し，生命感や現実感を取り戻すための材料として取り扱われることになる．

　小学校中学年になると理科である．理科では，対象は自然へと拡大され，動植物を科学的に観察していきながらその不思議さ，巧妙さに触れ，生命への愛護を醸成することが求められている．ここでみられるのは，生命愛護や

動物への共感という，すぐれて倫理的な観念を科学と融合させようとする姿勢である．

生命尊重の学校教育にはこのほか，道徳や総合的な学習の時間も含まれるが，ほぼ同様の内容なので，ここではこれ以上触れない．いずれにしろ科学教育がこれまで実験性を重んじてきたのに対して，生命性や個体性の領域と結合させようとする試みは動物観の観点からも興味深いものがある．またこれらの成立過程をみると，生命尊重の盛り上がりのなかで，ともかく出発してしまおうということからできあがった制度といえる．

他方，学校現場での動物飼育は問題だらけであるといってよい．動物を飼育するには施設や技術が必要であるが，それらは不十分である．動物愛護の観念を形成することにとっても逆効果ではないかと関係団体が主張するのも，もっともなのである．教員は動物飼育の訓練も受けていないし，教員自身が動物嫌いである例は少なくない．こうした現状に踏み込んでまで，動物を使って生命教育をせざるをえないというのが実際なのであろう．

これらの動きをさらに進めたものとして，クラスのなかに動物を持ち込むことによって問題を克服しようとしているケースもある．教員が指導主体となったクラス内での動物飼育は，良好な飼育状態の確保を期待できるし，クラスの運営にも役立つとされていて，先進的な教員の実践事例は増えている．

学校で動物を飼育することに良かれ悪しかれ関心をもつのは，教育を受ける子とその親である．否定的な親の反応はのぞくとして，肯定的な反応は子どもの教育に役立つと考えることにある．現代日本人のペット飼育の動機を調査すると，子どもの教育のためにイヌやネコなどのペットを飼うという人はきわめて少ない．家庭内の教育に動物を使うことはそれほど好まれていないといえる．親にとって教育の第一義は，知的教育だからであろう．

しかし，こと情操や責任感の醸成にかかわる教育となれば変わってくる．飼育の責任は学校にあるし，なによりも子どもたちの多くは歓迎するからである．子どもたちは小動物を飼育したがる．それはなによりもかわいいからであろう．このかわいい動物のお世話をしたい，というのが歓迎される最大の理由である．ここで「お世話をする」という言葉を用いたが，家庭では動物を「飼う」とよぶのに対し，学校などで自分で所有する動物には「お世話」とよぶことが多い．「飼う」よりも柔らかく，気楽で一時的な感覚があ

って，なおかつ愛情を注ぐ感じの用語であるところからこの言葉が用いられている．「お世話をする」という言葉は，「飼育」という客体的な言葉に比べ，愛情を注ぎ込む意味が含意されており，ふれあいとともに，動物への愛情を醸成することが必要とされているようだ．

学校での動物飼育は，このように生命感覚をつけ，生命体への愛情や飼うということによる責任感を醸成しようとして位置づけられている．また部分的には教室運営にまとまりや焦点をつくるのに役立てられ進められて，一定の効果をあげているといえる．他方，こうした教育の目標は，なぜ動物飼育によって行われなければならないのかという疑問がわいてくる．学校での動物飼育が動物の福祉にかなっているか，虐待的であるか否かはひとまず置くとして，動物への依存の一形態であるのではないか，と．本書の第Ⅰ部でも指摘しているように，現代社会は人間関係を良好にするという課題にあたり，動物への依存性を高めていて，万能薬のように動物を使っている．動物を使わないと成立しない関係ができつつあるといってもよい．しかもそれは比較的気楽に行われている．

ここで思い出されるのは，国語や道徳の教科書に頻繁に動物が登場することである（石原，2005）．筆者は国語の教科書に動物がどれだけ取り上げられているかを調べたことがあるが（石田，2001），小学校6学年を通じて，動物が主題になっているものは4分の1を超えている．端役的に使われているのを数えると，半数近いのである．小学校低学年の道徳の場合でも同じである．動物は擬人化され，人と対等に近い立場に持ち上げられ，共感を感じ取る題材にされている．こうして学校での動物は，擬人的に大事にされる一方で，どこか道具的に取り扱われる存在として許容されているのである．

11.4 かわいい

かわいい動物といえばジャイアントパンダに勝る動物はいない（図11.4）．ジャイアントパンダは動物園に多くのものをもたらした．人気の復活や経済的効果などがまずあげられるが，忘れてはならないのはパンダが動物園の自然保護の役割を認識させたことである．パンダのやってきた1970年代は，高度成長も一区切りして，公害や環境に目が向けられた時代でもあった．パ

図 11.4 絶大な人気のジャイアントパンダ
（撮影：さとうあきら）．

ンダはそのかわいらしさとともに，こんなにかわいい動物が絶滅の危機に瀕していることを強くアピールした．「絶滅の危機」とか「種の保存」とかの概念が定着したことへのパンダの寄与度は大きい．かわいらしさと話題性の高さは，人の共感をよび込むのである．

　観客が動物園で動物をみて発語しているのを聞いていると，「かわいい！」の発言は近年になるにしたがい，ますます頻度が上がっている．トラやオオカミにまで「かわいい！」といわれると，動物の評価に関する語彙が貧困なのではないかとこれまで疑っていた．『かわいい論』を著した四方田犬彦が，「かわいい！」を評して自分が評価を下したことへの共感を求める言葉だという指摘を読んで，納得させられた（四方田，2006）．少なくとも動物をみて，「かわいい」が適切であるかどうかはともかく，そういっておけばとりあえず了解される安心感がこの言葉にはある．パンダなどは実体と

してかわいらしさをもっているから，これでほぼ決まりなのである．

　人が動物園を訪れる理由についてはいろいろと調査されている．それによれば，「家族と一緒に過ごす」が一番多く，ついで「珍しい動物を見に」「ピクニック代わり」などと続いている．都市型の動物園での入園者の年齢構成は，2-4歳の子どもを連れた30代前半の親が圧倒的に多数を占めている（上野動物園, 1989; 多摩動物公園, 1990）．しかしこれらの年齢の子どもたちは，動物をほとんど区別して認知することができない年代である．せいぜいキリンやゾウなど異形で大型の動物くらいを区別できるにすぎず，動物をじっとみたり，興味を長続きさせることができない．にもかかわらず動物園を訪れるのは，小さな子どもを最初に遠出させるのに格好の空間であり，安全な場所だからだろう．動物園は子どもを安心して外出させる最初の場なのである．多くの親はビデオやカメラをもって，動物ではなく子どもたちを写し，思い出をつくることに励んでいる．子どもたちには，「あれがキリンさんですよ！」と説明しているが，ほんとうにそれが理解されているかは問題ではないのであろう．重要なのは一緒の時間を過ごして会話して共感し，将来の思い出への準備をすることなのである．もちろん，こうした典型的な家族だけが動物園にやってきているわけではないが，動物園の入園者でもっとも少ない年齢層が15歳前後であることは指摘しておかねばならない．動物園での教育とは，まずは動物に関する教育であろうが，動物への理解度を高めるべき年齢層が少ないのは，動物園の管理者にとってはあまり聞きたくない事実である．動物園での会話を聞いても，動物への理解はほとんどなされておらず誤解がめだつし，語彙も貧困である．「かわいい」が頻発するのは，相互の了解を図っていることもあるが，動物を見る目が養われていないせいでもある．日本の動物園の数は多く，中国，アメリカに次いで第3位の動物園国である．ただし，野生動物への関心はきわめて低いといわなければならない．ペットと野生動物との区別が明確になっていないことからも，野生動物でもかわいがりたいという願望の表出である可能性が高い．

11.5　餌を与える

　動物に「餌をあげる」のは，動物の面倒をみたい，なんらかの関連をもち

11.5 餌を与える

たいといったことから生じるごく普通にみられる行為である．最近でこそあまりみられなくなったが，餌台を置いて野鳥をよび寄せるのから，ドバトやネコ，池のコイに餌をあげるのは日常化しているし，果てはカラスにまで餌を与える人もいる．観光地では，シカ，サル，タヌキ，キツネに，野生でもハクチョウ，タンチョウ，ツル類など枚挙に暇がない．そこに動物がいれば，「餌」を与えようとするのである．

日本人が動物に餌を与えるのは，「ごく自然」な行為のように思える．しかしこうして餌を与えられた動物たちは，餌を与えられることを期待し，それにふさわしい行動をとるようになる．人に積極的に近づき，餌をねだり，与えられた餌だけでは満足できずに，栽培作物や家畜，植苗などに触手を伸ばし，人里に現れ，「獣害」問題や自然攪乱などを引き起こしている（羽山，2001；三戸，2004）．

一方，こうした「餌やり」行動への人からの反応はさまざまである．「かわいい動物に餌をやってなぜ悪いのか」「私が餌をあげなければ，彼らは死んでしまう」「近寄ってきてねだられると，いけないとわかっていても人情であげてしまう」「動物が近くでみられるではないか」といった肯定論から，「獣害を引き起こす」「うるさい」「汚い」「人に迷惑をかける」「野生動物に餌をあげるのは自然攪乱要因になる」「野生動物の本来の姿が失われる」などなど．こうした反応においてみられる論理や倫理も多義的である．「獣害」を問題とする人でも，反面，その動物を「かわいい」と思ったりするのである（丸山，2006）．

餌を与える行為は「ごく自然」にみえると述べたが，その「自然性」はどこからくるのだろうか．なぜ人，あるいは日本人は，動物に餌を与えたがるのだろうか（図 11.5）．筆者は 10 年ほど前に，コウノトリの餌づけの日欧比較研究のためにヨーロッパにおける実態調査を行ったことがある．オーストリアでは，コウノトリの餌づけは厳に禁止されていた．アフリカから渡ってくるコウノトリは中欧でヒナを育てる．オーストリアでは，巣台や巣材を準備することや，湖に飛来するコウノトリのために，アシなどを切り取り，採餌の環境を整えることは許されていた．フランスのアルザスでは，同じように巣の下準備と麦畑の刈り取り時期をコウノトリが採餌しやすいように調整していた．ただ，それらに参加している人たちをつぶさにみてみると，禁

図 11.5　動物への餌やり（撮影：和田恵理奈）.

止しているのは自然保護や動物学研究者であり，地元住民は微妙に餌を与えたがっているようにみえた．

　それでは，日本において餌を与える行為にはどういう種類があるのだろうか．この場合，ペットや飼育動物のように，人間が飼い主となり，飼育者の管理のもとに行われ，それがなければ生きていけない，いわば「不可欠の給餌」はのぞいておくが，以下のようになる．

- 動物園・水族館など動物が収容されている場所での餌やり行為（イベント・ショー，管理下での利用者による餌やりや非管理下での餌やり行動）
- 野鳥などへの餌台の設置
- 半野生のネコなどへの定期的餌やり
- 住宅周辺での突発的な餌やり
- 写真撮影，人寄せなどの利益的餌やり
- 観光地などでの来訪者による餌やり（サル，キタキツネ，シカ，ハトなど）

- 観光地・施設などで動物を呼び寄せるために行われる餌まき行為
- 野生動物の個体数の確保や保護を目的としたもの（ハクチョウ，タンチョウなど）
- 動物が寄ってくることへの喜びを期待した餌やり
- お供え，神事などによるもの（ヘビ，シカなど）
- 鳥葬など自然に帰すとされる行為

　ほかにも類似の行動はあるかもしれないが，今回分析の対象としているのは，上記の行為である（石田，2006）．

　なぜ人は動物に餌を与えたがるのか，に関する直接的な研究は数少ない．筆者の知る限りでは，直接的にこのことに言及した数少ない研究として矢野智司の「生成の教育」がある（矢野，2000）．矢野は，「動物に餌を与えることは，子どもの大きな喜びである．これは子どもに限られたことではない．わたしたちもまた動物に餌を与え，それを受けとった動物が食べる姿を見ることに，不思議な幸福感を味わう．それは，この餌をやるという行為が相手からの返礼をいっさい念頭に置かない『純粋な贈与』だからである」と述べている（矢野，2000）．人間の一切の損得，利害，ルサンチマンを除去した内奥的な交流がそこで行われる，と．確かに，餌を与えるといった行為には，人間の心理に深くかかわった動機によってしか説明できない要素がある．

　トゥアン（1988）は，ペットと人との関係を，支配と愛情はパラドックスであり，「不平等であるから成立する優しい関係」と規定した．餌やりとの関係でいえば，支配するものから愛玩されるものへの愛情の発露の1つということになろう．

　つぎに，餌を与える行為の理由を動物園などでの観察経験から推察し，分類してみる．

① 関心をひく

　そこにいる動物は，存在するだけでは「よそよそしい」だけであるが，その両者に接点をつくり，空間的・精神的に接近し，一体感を醸成する．エトランゼーから親しみのある存在へ転化する可能性をつくる．このことによって「顔見知り」になり，「なついて」くれることを期待している行為と考えられる．小鳥の餌づけのように，なにもしなければ無関係な動物が，餌づけ

によって近づいてくれることを楽しむ．
② 物理的距離の縮小，つまり動物との距離を縮める

実体として接近することを目的とし，場合によってはふれあい，遊ぶことを期待する．関心をひく行為と連続しているが，具体的に「触れる」「遊ぶ」「じゃれる」など接触するのを許してもらうきっかけを，餌を与えるということによって引き出そうとする．イヌやネコが餌を目当てに近づけば，自然に手が出る．
③ 動物が喜ぶ

動物が喜んでいる姿をみて，それを楽しいと感じる．餌を与えれば，動物はそれを食べる．食物を食べるのは動物にとってうれしいことである．イヌのように，正直に尻尾を振って喜びを表現してくれれば，なおさらこの感覚は実感できる．
④ ねだられる

自分の前で，鳴く，手を出すなど具体的にねだられるのに応じる．いかにもお腹がすいている風情で近寄ってくる．たとえば小さなネコが鳴きながら，こちらをみて現れたりすると，なにか無関心でいてはいけない，どこからかミルクをもってきて与えなければいけないような感情に陥る経験をしたことがないだろうか．
⑤ かわいそうに思う

動物がひもじく，みじめな様子に同情する，もしくはひもじいと一方的に判断する．さらには，自分が餌をあげないと動物が死んだり，栄養不良になる（のではないか）と思い込む．小さな親切によって相手の役に立っていることに満足を覚えるのである．野良ネコやイヌ，カラスなどに日常的に餌を与えている人は，おそらくそういう行為をしている人は自分だけだと思いたい心情に陥っていると思われる．自分がいなければ，動物は生きていけない．かわいそうな動物には，そういう錯覚を誘うなにかがある．
⑥ 食べるところがみたい

一心不乱に餌を食べる動物をみていると気持ちがいい．動物園でも，餌やりをさせたり，直接的な餌やりでなくとも，餌時間の表示は人気のイベントである．このような風景にこころが和むという人もいる．食べるという根源的に動物的な行為をみることで，相手の満足感を感じて，自分も楽しい思い

をしたいということであろう．
⑦　近くにいる動物を話題にする
　自分だけではなく，周辺との話題や共通項ができる．また動物をめぐる会話が成立したり，動物に優しい人は，人間にも優しい人だと相手に思われることを期待できる．
⑧　動物にも優しい人と思われたい
　いささか擬人的になるが，動物の感情を忖度して，動物が自分を優しい人と思ってくれることを期待する．動物の期待を裏切らない人と思われたいといった感情もあろう．
⑨　消費として与えること
　「純粋の消費」とされる行為は存在する．たとえば，北米の先住民にみられるポトラッチは，部族の族長など権威者が，その地位と名誉を維持するために，ため込んだ財をひたすら消費する行為である．しかし，そこには名誉や尊敬などの精神的代償が介在する．
⑩　動物に対して優位に立つ
　相手をコントロールすることができる．または精神的に優位に立ち，満足感を覚える．トゥアン（1988）のいう差別するから優しい関係が成立する．
⑪　分け与える
　自分のもっている食物を，相手と一緒に食べたいという感情もある．一緒に食べる相手がいない，共有・共時的な相手がほしい，自分だけで独占したくない，せめて食事くらい一緒にしたい，といった行為である．
⑫　内奥性の回復
　上記の矢野（2000）の指摘によるものである．人のこころのなかで，動物世界との交流が行われる．とくに相手へのルサンチマンがないことは重要である．
⑬　直接的な目的でないもの
　営利や習慣など餌を与えることが直接的な目的と考えられない，客寄せ，神事，お供え，ショーなど．
⑭　その他
　個体数の維持や増加など，ほかの目的に従属した行為．

餌やり行動をする場合，上記の諸動機が単独で働いているとは限らない．むしろ上記のいくつかの感情が絡まって行われると考えるのが妥当である．また，最初はたんに注目をひくという動機であったが，しだいに愛情がわき，あるいは逆に餌やりが習慣化されるなど，経時的な変化もあるかもしれない．しかし，利益が絡むケースと「純粋に無償の行為」をのぞけば，「関係をつくり，保つ」「個人的・社会的な和みを醸成する」「名誉や満足感などの精神的充足を得る」「要求に応じることで自分への好意をひき止める」など心理的な動機も背後にあると考えられる．これは土居健郎のいう，「甘え」と通底している（土居，1971）．どこかで動物の注意をひき寄せ，離れられない関係を形成したいという欲望が潜んでいると考えられる．

　こうして餌やり行為は，食物つまり餌という物質を介在した精神性の高い行為であるといえよう．そこには，人と人を精神的に介在する動物，人と動物の直接的関係，人の内的精神など，精神のさまざまな対応形式に応じた行為があると考えられる．さらにそうした行為が，ごく自然に行われていることにも注目すべきであろう．宗教や道徳，思想などのイデオロギーによって決定され，推進されるのではなく，自然発生的に行われている．餌箱設置運動のように，特定の考えにより餌やりを勧めたりする場合もあるが，それはおそらく餌やり行動を思想的に跡づけた結果である．

11.6　動物と親しむ

　このようにみてみると，動物と親しむということは，「触れる」「世話する」「かわいがる」「餌をやる」といった行為にみられるように，具体的に接触を深めるという欲求と，そのことによって相手との関係を良好に育んで動物をつなぎとめ，癒されるといった，精神的な安定性を求める指向とが重なり合っていると考えられる（千葉動物公園協会，1994）．これはまさしくペットとの関係と類似の関係であるといえよう．実際，ペットとの関係においては，飼い始めはさりげない関係であったものが，触れる，一緒に寝る，頼られるなどの関係が深まるにつれ，愛着度は亢進して離れられない関係にまでいたることが報告されている．

　動物園動物とのふれあいや世話は，対象があくまでも小さな子どもである

こと，一時的な関係でしかないことなどによって区別される．そこで得られる感覚は，子どもの場合であってもペットとのそれと類似的であるが，動物との関係を形成するにはいたらないだろう．その意味では擬似的で一過性の体験を提供しているのであって，日常的に触れたい，世話したいという欲求を解消するのに役立っているといえよう．

12
動物と動物園

12.1 人はなんのために動物園にくるか

　動物園界では，動物園の社会的役割は4つあげられるのが普通になっている．レクリエーション，自然保護（野生動物），教育，研究がそれである．この役割論は，1960年代の欧米で成立してきたもので，それをやはり直輸入したものだといえる．しかし一見してわかるように，この立論には無理がある．たとえば研究であるが，動物園における研究活動はそれなりに行われているものの，動物園の社会的役割の1つにあげるのには不十分であろう．実際，多くの動物資源をもっているものの，研究に活用されているとはいいがたい．こうした無理が出てくるのも，動物園を娯楽や見世物から脱却させて，教養施設であることの認知性を高めなければならないとする観点からであろう．

　しかし動物園の来園者の半数以上は，子どもと親である（図12.1）．子どもといっても2-5歳くらいの小さな子どもとその親であり，いいかえれば，親は子どもを安全に遊ばせることができて，なおかつ自分たちもそれなりに楽しめる施設として動物園を選択している．さらにいえば，来園者はあまり長い時間動物をみていない．幼稚園児を連れた保母さんたちの案内風景をみていると，「はい！　これがライオンです．これは，チーターです！」といったスタイルで園内を連れている．同様に一般のお客さんもせいぜい1-2分の間，動物の前にいる程度で，歩きながらみている人すら少なくない．おそらく親子やカップルの主たる来園動機は，共通する楽しい時間を過ごすためにあると考えられる．

12.1 人はなんのために動物園にくるか

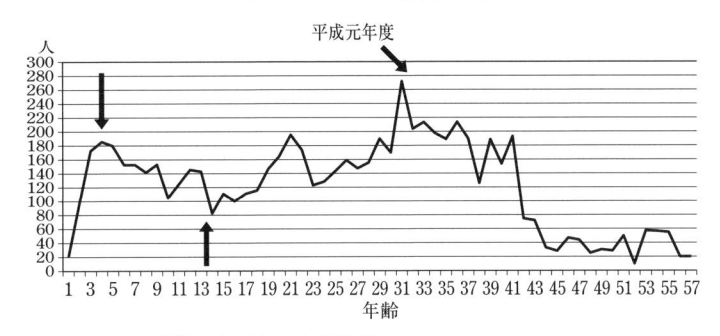

図 12.1 上野動物園来園者の年齢構成.

　動物園を美術館や博物館と区別するものは，これまで述べてきた動物の人気である．一時的に動物を借りてきて展示する特別展は，動物園にはそぐわないことをあらためて思い起こしてもらいたい．一時的な展示によって動物に無理を強いることをしなくても，動物園には十分に人気があるのだ．美術館や博物館には教養という後ろ盾があるとすれば，動物園には人気というそれがある．

　動物園の役割とされるもののなかで，野生動物を生息地からもってきている以上，生息地の環境への寄与や，もうこれ以上もってこない，すなわちズーストックという指向も欠くことはできない．もちろん動物学的な教育も行わなければ，社会的要請には応えられないであろう．来園者のほとんどは，とくに学習しようとかなにかしら自然保護への寄与をしようと思ってきているわけではない．ここにはギャップがあって，それを埋めるのは動物園の努力であろうが，あくまでも動物をみせるという行為を通じてしか，ギャップは埋められないといえよう．

　あらためてもっとも重視されるべきは，レクリエーションへの寄与なのであることを強調しておかねばならない．しかも動物という生命を素材にしている以上，娯楽性を一面的に強調するものであってはなるまい．動物がみじめで，道化的に扱われてしまえば，今日の観客は眉をひそめて楽しみが半減するであろうし，現代の動物倫理への要請にも耐えることはできないだろう．動物園が避けなければならないお客さんの反応は，「かわいそう」である．利用者はそれが擬似的なものであっても，動物園での動物の豊かな生活を求

めている．

12.2　動物園の醸し出すイメージ──動物園観と動物

　筆者が大学を卒業して動物園に勤め始めて，なにがしかの会合に出ることがあったが，自己紹介の段になって「上野動物園に勤めています」と述べると，会場から失笑に近い笑いと，もやっとした雰囲気の変化が読み取られた．動物園に勤める人というのは，なんとも不思議な感情を呼び起こすようである．最初のうちは，失礼な反応だとささか憤ったものであったが，そのうちその笑いの意味について思いあたるようになった．動物や動物園という言葉には，人の緊張を解き放つ力があるのだと．

　動物園に勤めていると聞いてイメージされることは，動物が好き，面倒見がよい，だからよい人だろうといったものである．動物園に勤めていると発言をした前後では，相手がこちらに接する態度が明らかに違うのである．動物と接している人には，「よい人」のイメージがあり，同時に「よい人」には少しとろい人の含意がある．その場が緊張や深刻さを要求される場であればあるほど，雰囲気を和らげる「場違いさ」が出てきて，その意味でも両義的なのである．

　動物園のイメージを裏打ちしているのは，当然のことながら動物である．動物がらみで事件が起きたとき，「動物には罪がない」「動物は悪くない」といった発言を耳にすることがあるし，考えてみれば日本の動物史をみても，動物が決定的に悪玉にされたことは少ない．「動物は無邪気で，悪事など考えない」というイメージは，日本人に定着しているように思われる．さらにこのイメージは，日本人の小さな子どもへのイメージと重ね合わせることができよう．ペットが成長しない子どもとして，人どうしよりも安定的な関係を結ぶことができ，ペットに癒し効果やお世話効果を求めるのも，このことと関係しているであろう．

　動物園は設立当初，珍獣と結びつくことで市民権を得て，発展してきた．そして外国産の動物が不在になった戦後，子どもと結びついて現在の動物園の基盤を形成してきた．それ以後，公立の動物園で閉鎖された動物園はいまのところ存在しないことからも，動物園の地位の安定度を理解することがで

きよう.

　日本人の動物園に対する感情は，こうして「悪いことをしない動物」「子どもが安心して遊べる」「動物を好きな人はよい人だ」「子どもと動物」「悪い人のいないところ」といったアイテムによって形成され，動物園観を構成している.

12.3　政治と動物

　政治と動物とは一見無縁な関係のように思える．およそ政治はドロドロしていて，動物のように純粋無垢なイメージとは程遠いからだ．しかし動物や動物園の歴史をみてみると，動物たちがいかに政治に活用されてきたかがわかる．政治とは無縁にみえる動物たちは，それ自体が政治性を帯びていないがゆえに，政治的に利用されうるのだ．かつてアジア，アフリカ，南アメリカへの植民地的進出を成し遂げた帝国主義列強は，征服地の動物をみせることによって支配のおよぶ範囲を競った．あるときは珍しい野生動物を贈呈することにより相手国との友好を図り，それをもって国家間の緊張を少しでも和らげることに腐心したこともある．こうした国威発揚や遠交近攻などの手段としての野生動物の利用は，古代から枚挙にいとまがない．動物たちは，アジア，アフリカ，アメリカ大陸など新たにヨーロッパ列強によって「発見」され，探索された地から輸送され，権力的誇示，博物学の発展や異国趣味の満足などがないまぜになったなかで持ち込まれ，動物園で展示されることが多かった．

　日本においては，日清・日露，第一次世界大戦時に功労動物や戦利品としての動物は人気の的であった．こうした動物たちは，陸軍などからいったん皇室に献上され，その後に上野動物園で展示される形式がとられた．上野は宮内省に属する動物園だったからである．日清戦争時には，戦利品としてフタコブラクダやウマ，イノシシなどが展示され，人気になった．戦争という市民の最大の関心事に合わせて，そこで活躍した動物たちを英雄として展示したのである．第二次世界大戦後はインドやタイからきたゾウ，アメリカからきたピューマなど，その国への親密度や印象を高めるのに役立ってきた．パンダの来日は，中国への親近感を高めるのにどれほど役に立ったかわから

ない．珍しい動物は話題を提供し，それがかわいければ国家間の緊張を多少なりとも和らげることができる．

しかし20世紀も終わるころには，野生動物の生息地環境の悪化が進行するとともに，生息地の国家は一様に動物の保護に着手して，国外流出を抑制したため，こうした外交手段に動物を使う傾向は減少していった．またあまりにも露骨な政治性の表出は，しだいに政治の表面から後退していったようにみえた．

上野動物園からジャイアントパンダがいなくなって，入園者数の減少が問題となる一方，旭山動物園は入園者数を増やし，上野動物園は入園者数日本一の座を奪われかけた．昭和初期に大阪の天王寺動物園が，チンパンジーのタレント・リタによって数年間，入園者数が上野動物園をしのいだ時期があるが，それをのぞけば上野動物園はつねに日本一の入園者を誇っていたのであり，マスメディアは「日本一の座危うし」と報道した．筆者も多摩動物公園に在職していた折に，何度か取材に応じたことがあるが，地方都市旭川の動物園が，東京の動物園を凌駕するのは，メディアにとって話題性のあるネタであったといえよう．

それとは別に上野動物園では，ジャイアントパンダの誘致は10年来の課題であった（図12.2）．上野動物園の面積は広くはないのに，パンダ舎は比較的大きく，そこにレッサーパンダが数頭遊んでいたのでは確かに絵にならない．しかしそれには障がいがあった．なにしろ君主ともいうべき石原知事は大の中国嫌いであるからだ．加えて尖閣列島をはじめとして，領土問題が従来になく緊張しているときでもあった．ジャイアントパンダの誘致をめぐる問題はいくつかあるが，第1に対中国感情，第2に賃借料が年間1億円と高価であること，第3には野生動物の売買問題であった．パンダの輸入はじつは売買ではなく，賃借であり，形式的には問題にされないが，実質的に金銭が動くのは明瞭であり，開発途上国の新たな外貨獲得戦略の一部をなしている．中国は開発途上国なのかという疑問もあり，そこにはかつて途上国であり，急速に大国化した中国に対して，精神的余裕を失った日本人という構図もみてとれる．ともあれ，大きな問題は第1と第2の問題であったが，政治センスにたけた石原知事は問題の中心を対価にあてて，これを9000万円に減額させる交渉を行うことによって矛盾の解消を図り，そのことで世間的

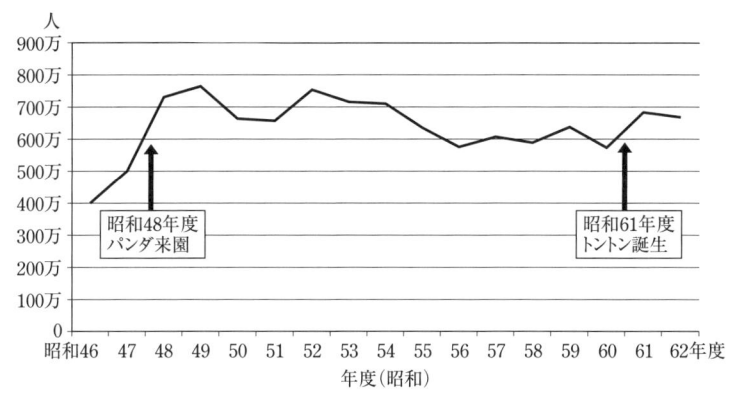

図 12.2 ジャイアントパンダの来園と入園者の増加.

不満を解消してしまった．いいかえれば，政治的動物としてのパンダ問題を価格交渉に転嫁することで，交換関係に転換して政治的負い目の解消を図ったといえる．贈与であれば負い目が生じるが，金銭であれ交換関係が成立すれば，政治性はほぼ消え去ってしまうからである．

余談になるが，1億円が高いか安いかについて，筆者はかつてパンダの経済効果を試算したことがある．1980年代のパンダの経済効果は，直接的効果として年間約20億であり，地元や鉄道会社の売上げなどを含めるとその数倍になる．今回はその何分の一であろうが，それにしても交換関係は比較にならない．

かくしてパンダをめぐる政治性は，雲散霧消してしまったといえよう．

パンダは発見以来，政治的に使われることが多かった．中国によるパンダ外交である．ジャイアントパンダが西洋人によって「発見」されたのは1869年であり，発見者はシフゾウを絶滅から守ったとされるダビデ神父である．パンダの名称は，それまでは現在の「レッサーパンダ」につけられた種名であった．当初，この両種は，同一の分類（科）とされていて，ジャイアントパンダとよばれることが多かったが，ジャイアントパンダが有名になるにつれ，従来のパンダはレッサーパンダとされるにいたった．19世紀の中国は動乱の時代であり，パンダの生息域が深山であったためそれほど注目されることはなかったが，辛亥革命（1911年）以後，第二次世界大戦にいたるまでに幾度となく欧米に輸出され，中国への理解と援助に役立つこと

になる．アメリカやイギリスへの中国独立——対日戦争勝利のかけ橋として外交威力を発揮していく．古来，動物は政治的友好や緊張緩和のための使者として使われてきた．それらはキリンであり，ゾウ，ライオンであったが，20世紀になってその代表はパンダとなった．日本にも1972年の日中国交正常化を記念して贈られた．

　こうした政治的利用とはほとんど縁がないのが日本である．日本が動物を外国に贈って外交の役に立てようとした事例は，わずかに狆，タンチョウなどをあげることができるのみである．日本から贈られた動物のほとんどは，こうした外国からのプレゼントの返礼として贈られたにすぎない．もちろん，日本に大型の哺乳類が少なく，野生動物資源に乏しいこともその理由として考えられるが，国家にニホンカモシカ，ニホンザルなど日本特産動物によって外交に役立てるというセンスがみられないのである．同様に，贈られた動物に対してあまり政治性を感じてもいないのである．

12.4　種と個体——感情移入

　1951年にディズニーによる映画『バンビ』が日本で封切られた．バンビという名前の美しくかわいい子ジカが，母ジカを人間に殺され，森のなかで悲しく強く生きていく姿は，会場の涙をさそった．以来，バンビは固有名詞から，子ジカを表す普通名詞に昇格した．『バンビ』によって描かれた情景は，主人公がかわいそうな目にあうことだけではない．むしろ主人公をそうした境遇に陥れている人間への不信が中心テーマなのだ（カートミル，1995）．「バンビシンドローム」という病理現象は，人間社会を悪の権化として，すべての原因を人間へと還元して思考停止をするとともに，そうした自覚をもった自分を1つ高みに置き，その高みから人間社会を否定することを意味する．「すべて人間が悪いのだ」と．バンビはまた別の効果をもたらした．バンビはかわいらしさ，あどけなさ，無垢な動物の象徴となって感情移入をもたらした．

　これとは対照的に，動物園では種の特徴を伝えるための教育的事業が進められてきた．動物園での動物教育の特徴は「種」を展示し，教えることにあった．その意味では，動物園は市民の要求とまったく違ったところで教育活

動を展開してきたともいえる．21世紀に入って動物の福祉的扱いが問題にされるにつれ，環境エンリッチメントの考え方が日本の動物園にも浸透してきた．たとえば，動物の常同行動や異常行動を防止するために，遊具の工夫や餌の与え方などを工夫して退屈から解放し，ストレスを軽減するものであった．しかし動物の福祉とは，基本的に個体の福祉であるから，種から個体に重点が移行することになる．また，動物を家族として扱う感情が敷衍するにしたがい，なおいっそう個体へと重心が移らざるをえなくなる．こうした傾向は，当然にも個体への感情移入をともなって進行しているといわねばならない．

繰り返しになるが，こうした傾向は動物園の運営者サイドとの関係を複雑にしていくことにならざるをえない．動物園は種の保存など，種を重点とした課題と個体を問題にする福祉の課題との狭間にいるのだ．

12.5　動物園と動物観

人間と動物との関係は，あらゆる意味で両義的である．自然を開発すれば動物の領域を侵すが，他方，動物との共生や自然保護の課題が生じる．動物は人間と類似でありながら，異質性をもっている．動物園はそうした動物を野生からもってきて，できるだけ近くでみせようと試みる．動物との接近の場であるが，それは動物を捕獲することを前提としている．動物は純真無垢な存在でありながら，多くの被害をもたらす．

こうしてみると，動物園には現代日本の動物問題が凝縮していると思われる．それは野生動物と自然との関係，動物の他者性と人類との類似性，動物との距離，親しみと被害などである．これらのどれ1つとってみても，それぞれが解決不可能と思える関係にある．

あらためて述べれば，動物園の利用者はごく普通の市民であって，もちろん動物が嫌いという人はいないだろうが，とくに動物が好きという人たちが多数を占めているわけではない．筆者などの調査によると，動物園の入園者には野生指向とかペットを飼っているとか，動物や生物に関する特徴をまったくといってよいほど見出せなかった．動物園には4つの役割といわれるものがあることはすでに述べた．しかし動物園のよって立つ基盤は，子どもの

ための動物園であり，安くて安心して遊べる場としての動物園である．それらは動物の存在が悪とされず，嘘もつかず，ほぼ無条件に許容されるという伝統的な動物観に裏打ちされている．日本人の動物観は，動物園の役割といわれる動物園のもつべき課題とは少し離れたところにある．したがって動物園は，内に向かっては4つの役割を強調し，外に向かっては楽しく安心して遊べる場所，苦労して優しく動物の世話をする飼育係という二重性をもつことにならざるをえないのかもしれない．

　展示される動物についても，いくつもの困難がある．動物に芸をさせるなどのアミューズメント性の高い行為を行えば利用者をつなぎとめることはできるだろうが，他面では動物の福祉の観点からは社会的批判を受けることになるであろう．最近の日本の動物園における公立動物園の比率は高くなってきている．かつて民営と公立ではほぼ半数ずつであったが，民間の動物園の撤退傾向が強くみられる．公立の動物園の特徴は，市民の反応に敏感なことだ．その結果，冒険的な試みや無理はできない構造になっている．動物園動物は実際のところ，すでに野生から新しい個体を導入することはほぼ不可能な状態になっている．そのためには動物園内で繁殖させ，資源を確保する，すなわちズーストックという考え方にもとづく諸計画を真剣に実行しなければならない状態にある．そうでなければ，おそらくこの数十年の間にゾウやゴリラなど動物園を成立させる動物たちは，日本の動物園からいなくなってしまうであろう．しかしこの類の深刻な問題は，利用者には理解されないであろう．動物園は第一義的に動物の人気に依存している．レッサーパンダやユキヒョウなど動物園で繁殖に成功していて人気のある動物種は，どこでも歓迎されるが，モウコノウマやコウノトリなど希少種であるが，地味で人気のぱっとしない動物種は敬遠される傾向にある．動物園の入園者はごくごく普通の市民であり，しかも話題性といった危うい宣伝手段に依存して動物園は成立しているからである．動物園でみる限り，いいかえればごく普通の人たちの観点からすれば，ジャイアントパンダのような動物はかわいらしく愛おしいし，話題性もたっぷりあるが，それ以上のかかわりをもてない存在だともいえる．親ペット的感情を動物園動物にもつことはあっても，日常的な接触ぬきにはそれらは維持発展されえない．現代日本人の動物指向がペットに向いているとすれば，動物園動物に対する関心はこれ以上高まることはな

いのではないか.

　動物園は博物館相当施設に含まれていて，博物館の一部を構成している．しかし，一般に「博物館」とよばれる施設とは，やはりはっきりした違いがある．敷居が低い，安心できる，生きている動物がいるなどの大衆性があると同時に，学びにくる姿勢がみられない，野生動物の保護をしていると思ってくれないなどの特徴もある．一方，アミューズメント性は低く，見世物施設とみられることはほとんどない．その意味では，博物館とも見世物ともいえない場で，またどちらともいえる場でもあることから，両義的であり，それを支えているのが，ほかならぬ動物たちなのである．動物園の動物たちは，一部の超人気の動物などをのぞけば，動物園という両義的存在の背景的存在だといえよう．

終章
動物観のこれから

石田 戩

1 ペットと動物観

　ペットを飼育する多くの人がペットを「家族」と感じて満足感を覚えていることは，もはやまちがいないであろう．ペットを飼育する始まりはイヌでもネコでもそっけない．筆者の調査によれば，それは人にもらった，家族が飼いたがった，家族のコミュニケーションのためなどといった理由であり，思いが募って飼育し始めた人は意外と少ない．しかし，こうしたそっけなさはペットを飼い始めると一変して，あたかも子どもにするように，おもちゃや洋服を買うといった行動を行うのが通常になっていき，ひいては家族と考えるにいたっている．それでは，なぜ飼い始めるとペットへの対応が変化するのだろうか．

　近年のペット飼育の特徴は屋内飼いであることだ．屋内で飼えば，動物との接触頻度は急速に高まる．ペットに触れてぬくもりを感じ，頬ずりして，一緒に寝ることなど接触度を高めるにしたがい親密な関係となり，離れられなくなる．接触——ふれあいは動物への親和性を高めるキーワードである．柔らかで小さなペットに触ることで，心地のよい感触が得られ，こころが和む．現代日本では，他人に触るという行為は，恋人や赤ちゃん，小さな子どもをのぞいては，ほぼタブーになっている．人と接触する関係は希薄になっているといってもよい．このタブーを破ることが許されているペットは，そうした接触への欲求を満たしてくれることも関係しているであろう．

　動物を家族と考えていると述べたが，どのような家族かと問えば，多くの人が子どもや孫のような存在と答えている．子どもは無垢で純真であり，愛

情を注ぎ込むべき対象であり，また自分がいなければ生きていけない．親子と類似の愛情がペットに注ぎ込まれる．ペットは飼い主に全面的に依存しているから，ペットからの親和的サインは終わることがない．しかし，同時にペットは第三者から家族として認知されることはないといってよい．その意味では主観的な家族であるわけだが，そういったことにはほとんど気がつかないし，関心を払われることはない．そうした感情は自己の内部に収められる．

第2には，ペットは子どもと類似の存在であるが，子どものままであり続けることにある．人間の子どものようには成長せず，反抗することもない．

ペットに話しかける人は，かなりの多数におよんでいる．しかし，ペットは表情やしぐさでそれに応える．人間の言葉で答えることをしない．にもかかわらず，会話が成立していると考えてしまうのは，錯覚というよりは，おそらくそれが一番よいからであろう．ペットは会話で返さないから，自分のいうことを聞いてくれ，癒される関係となりうる．余計な言葉など発することはないから，反論などする必要がなく，ペットとの擬似的会話は葛藤を生まないのである．これは子どもとの関係とは明らかに異なる．この関係は，対立はしないけれども，生産することがない関係でもある．親子のように，子どもが成長してある種の対立を起こし，それを乗り越えていく関係にはないのだ．一方的に愛情を注ぎ込んで，それで完結するといってもよかろう．

第3には，世話している間にペットが生きがい化してくることにある．ペットは全面的に飼い主を頼りにしてくるから，飼い主側には自分なしには生きていけないペットの存在が浮かび上がってくる．夜遅く帰ってきても，ペットは迎えに出てきてくれる．自分のことを気遣ってくれる感触を得るとともに，自分がいないと生きていけない存在だと自覚させられる．いわば生きがいがそこに生まれてくる．しかしより重要なことは，飼い主にとってペットが生きがいになることに加えて，自己の生きる意味をそこに見出すことだ．このようにしてペットは，二重の意味における生きがいを飼い主にもたらすのである．

日本人の伝統的な動物への取り扱いのスタンスにも，いくつかの特徴がみられる．動物が悪ものになる例がほとんどない．動物は本能にしたがって嘘をつくことがなく，無邪気な存在だという認識がある．また，去勢とか品種

改良，ウマに蹄鉄をつけるなど動物を肉体的に改造することへの忌避感がみられる．こうした感覚が現在でも生き残っているのが第4の特徴といえる．たとえば，ネコの去勢は今日では認知されているように思える．しかし，詳細に調べてみると，意外に去勢に対する反対意見が多いことがわかる．捨てネコなどが社会問題として取り上げられているなかで，表面化しない意見として去勢への忌避があるのではないだろうか．ましてや，声帯手術や断尾などは，いかにペットの価値を高めるとしても論外なのである．さらに，ペットを強くしつけることにも拒否観がみられている．イヌへのしつけといえば，「お手」といった類の簡単な遊びのようなものや，排便・排尿などの生活上の必須のしつけがあるが，これらは別にして，しつけ教室に行って本格的に行動を矯正することにはあまり賛成を得ることができない．動物園動物に関しても，ショーのための訓練なども嫌われている．たとえ多少困ったことになっても，動物に強制するのはかわいそうだという感覚が生じてそれを望まず，できるだけ自由にさせたいという感情がみられている．こうした感覚は，後に述べるように日本人の生命観とかかわっていると思われる．生命ある存在に対して，人為的な管理とか，安楽死や機能的・機械的に対応することを好まないのである．付け加えておくと，ペットとの性的な関係はまったくといってよいほどみられない．またペットがなんらかの実用になることを期待して飼育されているという結果は，ほぼないといってよいであろう．昭和30年代においては，イヌは番犬であり，子どもの情操教育に役立つものとして飼われていた．散歩や生活のリズムをつくるためによいとされた時代もあった．しかし，そうした傾向を現代社会にみることはほぼできない．

　ペットは新しい家族の概念を形成しつつ，その一員としての地位を確立しつつある．同時に，家族とは別の次元での存在になりつつあると考えてよいのではないだろうか．これを「超家族」と名づけてみることにした．超家族としてペットを無意識に感じているのは，とくに若い世代の女性においてである．「ほっとする」「発見がある」「話し相手・遊び相手」「頼ってくる」「ストレス解消になる」といった質問への反応が，20代女性において顕著に高いのである．現代社会におけるペット観は，伝統的な動物観をもふまえ，これまでに述べたような特徴をもっていて，さらに若い女性を中心としてより親密な関係を形成していくと思われる．

2　動物と生命

　いささか古い話になるが，筆者が動物園に勤務し始めてほどなく，アジアゾウによる飼育係の死亡事故があった．当時の飼育課長はヨーロッパからの研修から帰ったばかりだったこともあって，事故を起こしたゾウの処分について何人かの係員に，「ヨーロッパでは死亡事故を起こしたゾウは殺処分にされるが，どうか」と聞いたことがある．それに対して飼育職員は一斉に反発して，けっきょく処分しないまま飼育は継続された．ヨーロッパで殺処分するのは，一度人を殺した動物は日ごろから畏怖の対象だった飼育係が，じつはなんでもない弱い存在であることに気づき，飼育係を恐れなくなり，それが危険だからである．一方，それに反対する飼育係の理由は，動物が悪いわけではない，ということにある．類似の話であるが，明治のころ，上野動物園に「暴れゾウ」といわれるオスのゾウがいて，コントロールできないために，鎖で係留していたが，イギリスの動物虐待防止協会の関係者がそれをみて，抗議にきた．そのときのやりとりでは，動物園の園長が，やむをえずやっていると説明したのに対して，イギリス人にそれなら殺処分すべきだといわれて，当時の黒川園長が憤慨して決裂した話が残されている．

　筆者も同様の経験をしたことがある．キリンは肢の骨を折るとほぼ助けることができないし，実際いくつかの動物園で何度か肢の骨折の手術をしたことがあるが，これまで成功した例はない．欧米では，肢を骨折するとキリンへの負担，苦痛などを考えて安楽死の道を選ぶようだ．日本の動物園では，苦痛よりもまず治療を考え，なんとか治すべく努力をすることになる．安楽死は最後の手段なのである．

　苦痛と安楽死との関係は微妙であるが，ともかく生かして可能性を探るというのが日本的感覚といってよいだろう．いかに苦痛があっても，それはがまんすべきことであって，死んでしまえばそれまで，というのが少なくともこれまでの通念である．このことは，人間の安楽死を考えてみれば理解できよう．死を前にした状況にあって，本人は死んでもよいと思うかもしれないが，付き添っている人はそう考えない．動物の場合は，動物自身が安楽死（尊厳死）を判断できないから，飼い主が判断するのがよいという理屈があるが，おそらくこれは了解されないであろう．なぜならば，そのような薄情

なことはしにくいし，なによりも動物は死を望むことはけっしてないからだ．
　それでは，日本人は動物が死ぬことをほんとうに忌避しているといえるのであろうか．キリンの例にみられるように，放っておけば死んでしまう動物に対して，安楽死を選ぶか，できるだけの対処をするかの別れ道を決めるのは，おそらく不作為に対する後ろめたさであろう．安楽死という作為を選ぶのには，相当の倫理的確信が必要である．こうした倫理的確信をもつためには，宗教的教義や権威者の意見，あるいは社会的ルールが必要であるが，そうした決定基準は日本にはないといってよい．決断は個人によって行われるのである．だとすれば，その決断はなんらかの後ろめたさを後々に引きずることになる．こうして残された道は，最大限の努力をすることによって悔いを残さないという選択であろう．いわば内面における死へのエクスキューズが必要なのである．死後の慰霊，供養などの行為もこの延長上にあるといってよいのではないか．そして，その後は時間の流れのなかでゆっくりと忘れていくのを待つことになる．そこには教義や論理は不要なのである．
　以上の例は動物の死と直面した場合のケースであるが，死と必ずしも直接的に関与しない場合はどうであろうか．序章でも述べたように，日本人の食肉に対する忌避は，一部の採食主義者をのぞけばほとんどないといってよい．さらにいえば，野生動物であれ，他人のペットであれ，それらの死にはほとんど関心を示さないといってよいであろう．関心を示すのはジャイアントパンダのように話題性の高いものに限られ，これはまた別の問題といえる．子どもたちが，スーパーで売られる肉と生きている動物とを関連づけられないと指摘されてから久しい．ウシという生きものと牛肉とを結びつけることができなくなっているというのだ．水族館で利用者の反応をみていると，「おいしそう」という発語を聞くことができる．魚は食卓でも具体的な魚の姿をしていることが多く，肉は動物の姿をしてわれわれの前に現れないからでもあろうが，魚と哺乳類や鳥への反応は明らかに違う．こうしたなかから，生きものを育てて殺して食べるという教育手法が登場してきた．この教育の目的はいくつかあろうが，主たるものは生きている動物と殺した肉との関連であり，またそこに殺すという必須の行為が介在することを教えることにあるといえよう．生命，血，肉，内臓といった生々しい存在に触れる経験をすることもあろう．しかし，いくつかの試みのなかには，十分な準備と配慮をし

たうえでも，保護者会などの反対にあったケースも少なくない．動物を殺すことに忌避感のある人がいて，いざ実施しようとすると強力に反対してきて，合意形成がむずかしいのである．これは，動物の死に関与することへの社会的ルールがないことが関係している．また，そうしたルールをつくることへの議論がまともにされたこともない．これらの背後には，動物の死に対する関与は，やむをえない場合をのぞいてできる限りしたくないという感性が働いているようである．「いのちの教育」は日本人のメンタリティに合わないのであろう，きわめて困難な教育テーマである．

　動物の死に直接であれ間接であれ関与したくない心情は，ペットロスにおいても現れている．ペットの死にそなえて精神的な準備をするカウンセリングを開く動物病院などが増えてきている．しかし多くの場合，ペットが死ぬことを考えたくないと飼い主たちは反応している．こうしたことは関与したくもないし，考えたくもない，という観念が多数を占めている．このような観念は，年齢男女を問わず，あまり違いはないのである．

3　動物に対する責任

　多くの識者は，日本人は自然を愛する民族だとしている．古来より，花鳥風月を好み，松竹梅をはじめとする花をこよなく愛することはだれもが知っている．山は自然的存在の象徴でもあり，また神の宿るところであり，神秘の対象としても崇められてきた．一方，日本文化研究家の斎藤正二は，はっきりと日本人は自然を少しも愛していないと否定している．そればかりか，自然がどのようなものであるかという命題に立ち向かったことがなく，自然が好きだと思い込まされてきたというのである．さて，この対立はどういう意味をもっているのであろうか．確かに斎藤の指摘するように，日本人は原生自然に対してはほとんど関心を払うことはない．日本人の好む自然は二次的な，人里に近い自然であり，原生自然はむしろ縁遠い存在ですらある．しかもこうした自然は，心情的に形式化されている．まさに自然が好きだと子どものころから教えられ，それらがさまざまなかたちで定式化されている．「梅に鶯」などのように，いったん表現されるとそれは形式として残され，受け継がれていくことになる．また自然の表現は心情の表現でもある．自然

や動物を借りて，自己の心情を表現する習慣をもっているのである．動物についても同様であり，野生動物，とくに奥山の野生哺乳類に対する関心はまったくといってよいほどみることができない．やまとごころに野生動物は入る余地がないのかもしれない．

　アメリカの社会学者で「動物観研究」のパイオニアともいうべきスティーブン・ケラートは，人の動物観を10-13の態度に類型化して，アメリカをはじめ日本人，ドイツ人などの動物観を比較分析した．態度とは人の思想と行動を総合したものである．そのなかで，日本人の動物観の特徴として倫理的態度（ethical attitude）の保有者が少ないことを指摘している．ケラートの場合の倫理的とは，自然や野生動物に対して人間が責任をもって対することを意味していて，そういう観点からすれば，日本人は非倫理的であるという指摘はあたっていよう．自然物を眺めるのは好きだが，それに対して積極的にかかわり，その現状と将来への責任をもとうという意識は薄いのである．ケラートの関心はおもに野生動物や自然の保全にあるから，このような調査結果が出たこともあろう．

　筆者らは日本人の動物観を調査するにあたって，こうした点を配慮して，倫理的態度を日本的にとらえて分析することにした．つまり自然に対する責任よりも，動物への平等な取り扱い，動物の利己的な利用に対する反発，などに焦点をあてて分析した結果，12の態度類型のなかでも3番目に高いことがわかった．これは2度にわたる調査に共通している結果となっていた．ここで明らかなのは，西洋哲学の概念であるethicsと日本的倫理性とはいささか異なる概念であるということだ．西洋にあってethicsは普遍的で本質的な使命に向かっているが，日本にあっては正義や平等などを含んでいよう．いずれにせよ，日本人には動物や原生自然を保護することを使命的にとらえにくいのだ．

　第IV部で述べたように，日本産動物はきわめて不人気である．利用者は動物園に異国の珍しい動物をみにくるのであって，彼らを保護することを意識してはいない．動物園の入園者調査をしてみると，入園者はまったく特徴をもたない平均的日本人だということがいえる．そして，彼らの異国の野生動物をみるスタンスは，どこか物見遊山的である．

　動物たちとの共生社会形成という表現が市民権を得つつある．ペットとの

共生は，ペットと一緒に生きられる社会をつくるという意味から比較的理解しやすいであろう．しかし，野生動物と共生するとなると，どういうことを意味するのであろうか．野生動物，たとえばクマやイノシシ，シカと日常的・生活的に接点をもって暮らしていくことを意味しているのではなかろう．当然，彼らとの生活空間を峻別して，われわれとは別の，彼ら特有の空間を確保してそこには立ち入らない，いわば分生（別生）であろう．もう少し小型の野生動物，キツネやタヌキ，リス，コウモリなどであれば，人里に一緒にすめるような配慮をすることになろうか．

　動物との共生は，当然に動物の個体数や生息環境を管理することをともなう．野生動物の個体数は年によって変動・増減する．とりあえず人里に出現した個体を追い払うなどの行為は当然であろうが，個体数が著しく増加する場合には，それではすまない．しかし，野生動物を管理するという使命にもとづいて調整する――殺すことは，日本ではほとんど行われたことがない．

　これまで日本社会はイノシシやサルの被害に対して，適度の防止対策や被害をある程度許容するなどして対処してきた．それ以上の「抜本的」対策をとるのを控えていたといってもよいのかもしれない．近年におけるシカの森林などの被害は，これまでの状況とはいささか異なる可能性が高い．北海道では，エゾシカを食品化することを通じて個体数の調整を図る試みが始まっている．この事業はいくつかの問題点をかかえるであろうが，いまのところ順調に進んでいる．ここで重要と思われるのは，食べるというきわめて人間的な過程を，エゾシカの被害に対立して提示していることである．野生動物を管理する行為は，生命を奪うという観点からそのままでは成立しにくい観念である．北海道のエゾシカは，食べるという行為によって殺戮を許容されるかもしれない．こうしてみると，野生動物や自然を管理する行為は，ただそれ自身を目的としては成立することができず，できる限り人間的利用を行うことを通じて許容されるということがわかる．実際，殺処分などは食べる，使う，住宅のために開発する場合は許される行為となっている．しかもその際，直接殺すことは忌避され，だれか専門の人たちが行い，そしてそれらの専門家は殺すことの後ろめたさを解消する手段として，殺されていく動物たちへの慰霊や感謝の儀礼的手続きをする必要があるのだ．あるいは，こうした手続きを経ることによって，さまざまな後ろめたさを解消する方法を身に

つけてきたともいえよう．

4 人と動物の関係

　動物観研究のパイオニア的存在である中村禎里は，日本とヨーロッパの民話における人から動物へ，動物から人への変身を比較・分析することによって，ヨーロッパの民話では動物が人に変身するケースがほとんどないことを指摘し，両者では動物と人との隔絶感に違いがあるのではないかと結論づけ，日本における人と動物との間の連続関係を示唆している．確かに日本の民話では，人と動物の変身関係は互換的であって，これまでにみたように，ペットを家族として扱うなど動物との関係に断絶がなくなっているように思える．しかしペットとの関係は，あくまでも個人的な親密関係なのであって，個人のペットを他人はその個人の家族と認識することはないのである．あくまでもその人だけの家族意識であって，ペットは社会的に家族とみなされたこともないし，これからもっと親和度が高まったとしても，擬制的家族なのである．

　野生動物との関係では，つねに距離を保ってきた．動物園という動物にとっての閉鎖環境のなかで飼育することに否定的な人も，ごく少数でしかない．少なくとも動物を対等の存在とみなすなら，動物園で展示するなどは許されることではないだろう．野生動物は外の世界の存在で，動物全般，ペットなどを人と同じ地位に置くことはないであろう．

　人と動物の間には歴然とした断絶がある．にもかかわらず人と動物が相互に変身してしまうのは，人間社会と離れた異界に観念的に行くことに違和感がないからではないか．そういう世界を想像することは，それほどおかしいこととみなされてはいない．一神教の世界にあっては，異界は神の定める領域であり，個人的な想像を許してはくれないのではないか．これらのことから導き出されるのは，神の論理によって制約された関係は簡単には崩れることがないが，いったんその論理が破たんしたときに飛躍的に転換しうるということだ．

　欧米における人と動物の親和的な関係は，そうした論理的制約が後景に退いた結果なのではなかろうか．聖書にもとづいて動物と人間との区別性をは

っきりさせてきた論理が，動物への人道的（humane）な態度で代表される動物の福祉や，種の間には本来的に差別されるべきではないとする動物の権利に，とって代わられる可能性を秘めている．

5　動物観における日本的特質はあるか

　日本人や日本社会がほかの国や民族と際立った相異があるか否かについては，さまざまな論議がある．これまで日本人の特質について多く語られてきているが，近年それらについての疑問が語られるようになってきている．日本的特質が実際にあるのかについて，疑問が呈されているのだ．ここではそうした壮大なテーマには触れる余裕もないし，筆者の力量を超えている．

　本書においては，ごく大雑把に日本人の動物観として論じてきた．また日本人の動物観として論じてきた事例が，アジアのどこかの民族と似ているかもしれない．厳密に境界を定めたり，世界の民族を全体として検討してきたわけではない．

　こうした限界をふまえたうえで，少なくとも欧米との違いがはっきりしていることだけあげておこう．個々の違いについては序章でも触れておいたので，基本的なものについてのみ指摘するにとどめるが，それは動物と人間との関係になんらかの原理を求めて，そこから動物の取り扱いを導き出そうとする思考スタイルを日本人はもたないということだ．動物と人間の関係を考えるにあたって，論理や普遍性を求めず，社会的なルールもないといってよい．すべからく経験的であり，その時々の社会的事情で決められ，なおかつ個人的である．法律的な観点からすれば，「動物の愛護と管理に関する法律」では，動物を愛護し，共生社会をつくることをうたっているが，これすらきわめて茫漠とした表現だといえる．いいかえれば，こうした判断の融通性を残さなければ，法律すら決定できないともいえるのである．

6　これからの動物観を考える

　ペットとの関係でいえば，これまで以上に家族として考える人は増えるであろうし，親密度は高まるであろう．ペットのより良好な飼育，福祉といっ

てもよいかもしれないが，それらへの社会的要請は強まるであろう．しかし，これは必ずしもペットの飼育数が増加することを意味しないかもしれない．そうした社会的要請が高まるのに並行して，ペット飼育への負担感が増大する可能性がある．高齢化社会を迎えて，高齢者たちはこうした要請に応えられるであろうか．ペットは飼いたいが，負担には耐えられない人たちはどう対処するのであろうか．

　畜産動物については，倫理的な観点から，これまでのあり様に対して異議を唱え，良好な飼育を求める声は，専門家の間では評価されるようになるであろう．福祉的に飼育された比較的高価な肉類が，安定した顧客を得ることができるか否かは不明である．また，家畜に対する倫理的な態度が一般に普及するか否かは，この分野での興味あるテーマである．しかし，動物飼育の現場を直接みることは忌避されるであろうし，こうした忌避感がある限り，動物飼育の現状と製品化された肉とを結びつける教育や活動に目を向ける傾向が高まるとは考えにくい．一部にペット化されたブタなど家畜をペットに転用する事例がみられ，このことが食肉生産とどのような関係になっていくのかも興味深いが，マジョリティにはなりにくい．

　実験動物についての倫理基準はこれまで以上に強まるであろう．実験動物と畜産動物の違いは，一般人にとっての距離の違いにある．実験動物は庶民の生活に直接影響しない．実験動物への倫理的取り扱いは，動物福祉運動と動物実験の実施者である企業・研究者との内輪の対立とみられており，それゆえに動物実験への制約はよりシビアになっていくと思われる．しかし，このことは大衆的な動物観に大きな影響を与えることはないであろう．一般の人が動物観を変えるとすれば，それは身近な感覚的な経験がなければならない．

　野生動物への科学的理解はおそらく絶望的であろう．動物園動物を含め，なんらかの話題性をともなう場合をのぞき，野生動物への関心，とくに科学的関心は高まることは期待しにくい．

　水族館におけるイルカ・クジラ類，アシカ類のショーは人気のあるイベントである．大型の水生哺乳類は大型であればあるほど人気が高い．これらの動物を水族館で繁殖させる技術は，まだ確立されているとはいいがたい．一方，海洋から捕獲してくるのはこれからいっそう困難になるであろう．ショ

ーを継続させるためには，飼育下での繁殖と捕獲反対の圧力とのせめぎ合いが避けられないであろう．

こうしてみると，動物観といえるものにほとんど目新しい方向を見出しにくい．ペットへの愛情だけが極端に高まっているのは，一時的なことではないのはまちがいないが，動物への関心や動物観に構造的な変化が起きているというよりは，飼育の仕方の違い，家族観の変化など，ほかの社会的要因によって表層に新しい流れが起きていると考えざるをえない．今後とも，総じて飛躍的な変化はないだろうと断ぜざるをえないのである．

参考文献
林文ほか．1996．日本人の自然観．「日本人の自然観」研究会，東京．
石田戢・横山章光・上條雅子・赤見朋晃・赤見理恵・若生謙二．2004．日本人の動物観——この10年の推移．動物観研究，8：17-32．
亀山章・石田戢・高柳敦・若生謙二．1992．日本人の動物に対する態度の特性について．動物観研究，3：1-24．
Kellert, S. 1991. Japanese perceptions of wildlife. Conservation Biology, 5：297-308.
中村禎里．1984．日本人の動物観——変身譚の歴史．海鳴社，東京．
小熊英二．1998．〈日本人〉の境界——沖縄・アイヌ・台湾・朝鮮　植民地支配から復帰運動まで．新曜社，東京．
斎藤正二．1978．日本的自然観の研究（上）．八坂書房，東京．
佐藤衆介．2005．アニマルウェルフェア——動物の幸せについての科学と倫理．東京大学出版会，東京．

おわりに

　動物観に興味を持ち出してからはや30年近くになってきた．きっかけは上野動物園の百年史の編集に携わったことと動物園の来園者の動向調査であった．日本の動物園の歴史は，動物への理解の貧困に終始している．文明開化の勢いでつくられた動物園が，しだいに外国産動物の人気を得て定着していくのであるが，その間，動物は見世物的に受け取られていた．それは動物園の当事者が動物をどうみせようとしているかとは別の問題である．戦後にあっては，子どものための動物園として，動物の本来のおもしろさとは別の観点から動物園は重要視されてきた．来園者をみていると，彼らは動物をほとんどみていない．日本人は動物をまじめな理解の対象とするスタンスが欠けているのではないか．

　しばらくして数人の仲間で動物観研究会を立ち上げることになった．きっかけは動物園の歴史や展示をめぐって議論しているなかで，動物園を考えるにあたり日本人の動物観への理解が欠かせないという結論にいたったことである．それらの議論はいまでも動物観研究会を運営している若生謙二さんとのものであり，その後，亀山章先生の援助もあって動物観研究会を立ち上げることになった．お2人との出会いがなければ，この本はもとより私の動物観研究はかたちをなさなかったであろう．あらためて感謝したい．

　動物観研究会はその後も毎年定例化して開催され，雑誌も継続して発行されている．年々テーマも拡大して，興味深い研究も進められている．動物観の専門の研究者はまだいないといってよい状態ではあり，遅々とした前進ではあるが，ともあれ前に進んでいるのはありがたいことである．それにともない動物観の研究が，動物に携わる人にとって基本となることがしだいに理解されるようになってきたのはありがたいことである．本書がその歩みにとって大きな一歩となることを望んでいる．

　動物観研究会を始めてしばらくして，ヒトと動物の関係学会が設立された．この学会は動物観研究会とは違って，動物と関連する多様な人々によって構

成されている．実務家もいれば哲学分野の研究者も含まれていて，さらに動物との接点が広まって，動物観研究にも新たな視野を加えることとなった．いまでは，両会は会誌を共有するほど密接な関係となっている．

　本書をオムニバス形式で書いてみないかと依頼されたとき，多数の執筆候補者が浮かんだが，比較的少数の執筆者に絞って焦点をあてて分析するほうが，多数の方々にお願いして散漫になってしまうよりはよいだろうと考え，4つ分野を1人ずつ担当してもらう方式を選んだ．多数のオムニバスであれば，かかわる範囲はそれだけ広くなるが，全体としての統一感に欠けることにならざるをえない．それは避けることにした．この試みが成功したか否かは読者の判断にまかせるしかないだろう．

　動物のカテゴリーを大くくりにするとペット，家畜，野生動物になるであろう．現代日本社会では，とりわけペットの比重が高くなっているのではないかと思われるが，人とのつきあいからすれば，家畜や野生動物は長く深い．飼育動物・動物園動物は少し外れたところにあって，前三者と並べるには気がひけるところがあるが，動物が人の眼前に現れて露出している数少ない場としての動物園においては，動物観が素直に表出されるところから，あえて加えることにした．

　観点を変えれば，動物の福祉，実験，介助動物など動物の有用性とヒューマニズムとの関係，あるいは飼育する視点，食べる・食べないといった角度から動物について考えることもできるだろう．こうした視点ごとのカテゴリーから動物観を考えることもこれからの課題である．

　最後に，編集と執筆を依頼されてから，私の気力の減退もあって，大幅に発行予定が遅れてしまった．編集については十分に参与できたかどうかいささか心もとない．あらためて非力を嘆くのみである．がまんしてアドバイスいただいた東京大学出版会編集部の光明義文さんに感謝申し上げたい．

石田　戢

引用文献

[第1章]

ブロック, J.（増井久代訳）. 1989. 動物文化史事典. 原書房, 東京.
Davis, S. J. M. and F. R. Valla. 1978. Evidence for domestication of the dog 12,000 years ago in the Natufian of Israel. Nature, 276：608-610.
Friedman, E., A. Katcher, J. J. Lynch and S. A. Thomas. 1980. Animal companions and one year survival of patients after discharge from a coronary care unit. Public Health Reports, 95：307-312.
藤崎亜由子. 2002. 人はペット動物の「心」をどう理解するか——イヌ・ネコへの言葉かけの分析から. 発達心理学研究, 13（2）：109-121.
濱野佐代子. 2007. 人とコンパニオンアニマルの関係における類似性と独自性の検討. 日本心理学会第71回大会発表.
濱野佐代子. 2009. 盲導犬パピーウォーカーの家族と盲導犬候補パピーの愛着——父親, 母親, 子どもの特徴の検討. 白百合女子大学発達臨床センター紀要, 12：49-56.
濱野佐代子. 2010. パピーウォーカー経験が家族関係に与える影響——盲導犬候補子犬の育成と別れ. 文部科学省科学研究費補助金・若手研究（B）成果報告書・課題番号 20730439.
濱野佐代子・林洋一. 2001. 飼い主のコンパニオンアニマル（犬・猫）への愛着の質的アプローチ. どうぶつと人, 9：25-35.
猪熊壽. 2001. イヌの動物学. 東京大学出版会, 東京.
厚生労働省. 2010. 都道府県別の犬の登録頭数と予防注射頭数等（平成16年度-平成21年度）. http://www.mhlw.go.jp/bunya/kenkou/kekkaku-kansenshou10/01.html
厚生労働省. 2012. 狂犬病. http://www.mhlw.go.jp/bunya/kenkou/kekkaku-kansenshou10/
Levinson, B. M. 1962. Dog as co-therapist. Mental Hygine, 46：59-65.
ローレンツ, K.（小原秀雄訳）. 1966. 人イヌにあう. 至誠堂, 東京.
McCulloch, M. J. 1983. Animal-facillitated therapy：overview and future direction. *In*（Katcher, A. H. and A. M. Beck, eds.）New Perspectives on Our Lives with Companion Animals. pp. 410-426. The University of Pennsylvania Press, Pennsylvania.
内閣府. 2010. 動物愛護に関する世論調査. http://www8.cao.go.jp/survey/h22/h22-doubutu/2-1.html
日本愛玩動物協会. 2012. 日本動物愛玩協会とは. http://www.jpc.or.jp/associa

tion/greetings/

野澤謙・西田隆雄．1981．家畜と人間．出光書店，東京．

ペットフード工業会．2006a．犬を飼育している理由，平成18年度犬・猫飼育率全国調査．http://www.petfood.or.jp/data/chart2006/16.html

ペットフード工業会．2006b．猫を飼育している理由，平成18年度犬・猫飼育率全国調査．http://www.petfood.or.jp/data/chart2006/18.html

ペットフード協会．2011a．主要指標のまとめ，平成23年度全国犬・猫飼育実態調査．http://www.petfood.or.jp/data/chart2011/01.html

ペットフード協会．2011b．犬飼育・給餌実態③予防接種実態の詳細，平成23年度全国犬・猫飼育実態調査．http://www.petfood.or.jp/data/chart2011/05.html

Robinson, I. 1997．人と動物の関係．（Robinson, I., 編，山崎恵子訳：人と動物の関係学）pp. 1-8．インターズー，東京．

杉原荘介・芦沢長介．1957．神奈川県夏島における縄文文化初頭の貝塚．明治大学文学部研究報告考古学第2冊．臨川書店，京都．

Thorne, C.（山崎恵子・鷲巣月美訳）．1997．犬と猫の行動学．インターズー，東京．

宇都宮直子．1998．ペットと日本人．文春新書，東京．

山田弘司．2008．アニマル・セラピーの理論と研究法．（岩本隆茂・福井至，編：アニマル・セラピーの理論と実際）pp. 21-58．培風館，東京．

[第2章]

青木紀久代．2010．生涯発達．（青木紀久代，編：徹底図解臨床心理学）pp. 84-85．新星出版社，東京．

Berryman, J. C., K. Howells and M. Lloyd-Evans. 1985. Pet owner attitudes to pets and people : a psychological study. Veterinary Record, 117 : 659-661.

ボゥルビィ, J.（黒田実郎・大羽薫・岡田洋子訳）．1976．母子関係の理論 I 愛着行動．岩崎学術出版社，東京．

ボゥルビィ, J.（黒田実郎・吉田恒子・横浜恵三子訳）．1981a．母子関係の理論 III 愛情喪失．岩崎学術出版社，東京．

ボゥルビィ, J.（作田勉監訳）．1981b．ボゥルビィ母子関係入門．星和書店，東京．

ボゥルビィ, J.（二木武監訳）．1993．母と子のアタッチメント──心の安全基地．医歯薬出版，東京．

Collis, G. M. and J. McNicholas. 1998. A theoretical basis for health benefits of pet ownership-attachment versus psychological support. In (Wilson, C. D. and D. C. Turner, eds.) Companion Animals in Human Health. pp. 105-122. SAGE Publications, California.

Deeken, A. 1983．特集日本人の死生観・悲嘆のプロセスを通じての人格的成長．看護展望，8（10）：881-885．

Fogle, B. and D. Abrahamson. 1991. Pet loss : a survey of the attitudes and feelings of practicing veterinarians. Anthrozoos, 3 : 143-150.

フロイト，G.（井村恒郎・小此木啓吾ほか訳）．1970．自我論・不安本能論（フロイト著作集6）．人文書院，京都．
Gage, M. G. and R. Holcomb. 1991. Couples' perception of stressfulness of death of the family pet. Family Relations, 40：103-105.
濱野佐代子．2003．人とコンパニオンアニマル（犬）の愛着尺度――愛着尺度作成と尺度得点による愛着差異の検討．白百合女子大学発達臨床センター紀要，6：26-35.
濱野佐代子．2004．コンパニオンアニマル（犬）喪失後の飼主の心理過程――犬の喪失別にみた，飼主の喪失感情．アニマルナーシング，9（1）：58-62.
濱野佐代子．2007a．コンパニオンアニマルが人に与える影響――愛着と喪失を中心に．白百合女子大学大学院博士論文．
濱野佐代子．2007b．コンパニオンアニマルへの愛着と喪失（ペットロス）の関係．日本獣医生命科学大学研究報告，56：92-94.
濱野佐代子．2008．幼児の動物の死の概念と，ペットロス経験後の生命観の変化に関する研究――幼児の死の概念とペットロス経験の関連．発達研究，22：23-36.
濱野佐代子．2012．小学生の対象喪失の悲嘆経験と動物への態度との関連――生命尊重の教育に資するために．帝京科学大学紀要，8：93-99.
濱野佐代子・林洋一．2001．飼い主のコンパニオンアニマル（犬・猫）への愛着の質的アプローチ．どうぶつと人，9：25-35.
ハーヴェイ，J. H.（和田実・増田匡裕訳）．2004．喪失体験とトラウマ．北大路書房，京都．
東村奈緒美・坂口幸弘・柏木哲夫．2001a．死別経験による遺族の人間的成長．死の臨床，24（1）：69-74.
東村奈緒美・坂口幸弘・柏木哲夫．2001b．死別経験による成長感尺度の構成と信頼性・妥当性の検証．臨床精神医学，30（8）：999-1006.
平山正実．1998．死別体験者の悲嘆について．（松井豊，編：悲嘆の心理）pp. 85-112．サイエンス社，東京．
Johnson, T. P., T. F. Garrity and L. Stallones. 1992. Psychometric evaluation of the Lexington attachment to pets scale (LAPS). Anthrozoos, 5：160-175.
柏木惠子．2001．子どもという価値．中公新書，東京．
柏木惠子．2003．家族心理学．東京大学出版会，東京．
菊池武剋．2004．パーソナリティの健康と健康障害．（岡堂哲雄，編：臨床心理学　第2版）pp. 7-20．日本文化科学社，東京．
キューブラー・ロス，E.（上野圭一訳）．1998．人生は廻る輪のように．読売新聞社，東京．
Lago, D., R. Kafer, M. Delaney and C. Connell. 1988. Assessment of favorable attitudes toward pets：development and preliminary validation of self-report pet relationship scales. Anthrozoos, 1：240-254.
ラゴニー，L.，バトラー，C.，ハッツ，S.（鷲巣月美監訳・山崎恵子訳）．2000．ペット・ロスと獣医療．チクサン出版社，東京．
永久ひさ子．2010．子は宝か――改めて問われる子どもという価値．（柏木惠子，

編:よくわかる家族心理学)pp. 162-165. ミネルヴァ書房,京都.
内閣府. 2005. 結婚・出生行動の変化 第3節 子どもをもつという選択. 平成17年版国民生活白書. 子育て世代の意識と生活. http://www5.cao.go.jp/seikatsu/whitepaper/h17/01_honpen/html/hm01030003.html
内閣府. 2007. 家族のつながり 第1節 家族のつながりの変化と現状. 平成19年版国民生活白書 つながり築く豊かな国民生活. http://www5.cao.go.jp/seikatsu/whitepaper/h19/10_pdf/01_honpen/pdf/07sh_0101_1.pdf
大野祥子. 2001. 家族概念の多様性――「家族であること」の条件. 鶴川女子短期大学研究紀要, 23:51-62.
大野祥子. 2010. 「あなたの家族はだれですか?」――「愛犬こそ私の家族」と答える時代. (柏木惠子,編:よくわかる家族心理学)pp. 6-7. ミネルヴァ書房,京都.
小此木啓吾. 1979. 対象喪失. 中公新書, 東京.
ペットフード協会. 2011. 主要指標のまとめ, 平成23年度全国犬・猫飼育実態調査. http://www.petfood.or.jp/data/chart2011/01.html
Planchon, L. A. and D. I. Templer. 1996. The correlates of grief after death of pet. Anthrozoos, 9(2/3):107-113.
Planchon, L. A., D. I. Templer, S. Stokes and J. Keller. 2002. Death of a companion cat or dog and human bereavement: psychosocial variables. Society & Animals, 10(1):93-105.
Podrazik, D., S. Shackeford, L. Becker and T. Heckert. 2000. The death of a pet: implications for loss and bereavement across the lifespan. Journal of Personal and Interpersonal Loss, 5:361-395.
Poresky, R. H., C. Hendrix, J. E. Mosier and M. L. Samuelson. 1987. The companion animal bonding scale: internal reliability and construct validity. Psychological Reports, 60:743-746.
坂口幸弘. 2001. 配偶者との死別後の適応とその関連要因に関する実証的研究――本研究の要旨と死別研究の諸相. 人間科学研究, 3:79-93.
Schneider, J. 1984. Stress, Loss, and Grief. アスペン出版, 東京.
Sife, W. 1998. The Loss of a Pet. Howell Book House, New York.
総務省. 2012. 我が国のこどもの数――「こどもの日」にちなんで(「人口推計」から). http://www.stat.go.jp/data/jinsui/topics/topi591.htm#I-1
Stallones, L., M. B. Marx, T. F. Garrity and T. P. Johnson. 1988. Attachment to companion animals among older pet owners. Anthrozoos, 2:118-124.
鈴木恵理子. 1994. 児を亡くした母親の悲嘆反応. 聖隷クリストファー看護大学紀要, 2:27-36.
Tedeschi, R. G. and L. G. Calhoun. 1996. The posttraumatic growth inventory: measuring the positive legacy of trauma. Journal of Traumatic Stress, 9(3):455-471.
Templer, D. I., C. A. Salter, S. Dickey, R. Baidwin and D. M. Veleber. 1981. The construction of a pet attitude scale. The Psychological Record, 31:343-348.
上野千鶴子. 2011. 近代家族の成立と終焉 第20版. 岩波書店, 東京.

山田昌弘. 2004. 家族ペット. サンマーク出版, 東京.
山田昌弘. 2006. 理想的な家族を求め進む——ペットの家族化. pp. 118-119. 週刊東洋経済.
吉田寿夫. 2002. 本当に分かりやすいすごく大切なことが書いてあるごく初歩の統計の本. 北大路書房, 京都.
Worden, J. W. 2002. Grief Counseling and Grief Therapy Third Edition : A Handbook for the Mental Health Practitioner. Springer, New York, Dordrecht, Heidelberg, London.
Zasloff, R. L. 1996. Measureing attachment to companion animals : a dog is not a cat is not a bird. Applied Animal Behavior Science, 47 : 43-48.

[第3章]

American Kennel Club. 2012. Canine good citizen resources. http://www.akc.org/dogowner/training/canine_good_citizen/links.cfm
アシオーン, F. R.（横山章光訳）. 2006. 子どもが動物をいじめるとき——動物虐待の心理. ビイング・ネット・プレス, 東京.
東洋. 1999. 家族の文化と社会の文化.（東洋・柏木惠子, 編：社会と家族の心理学）pp. 1-8. ミネルヴァ書房, 京都.
東洋・柏木惠子. 1997. 教育の心理学. 有斐閣, 東京.
中央調査社. 2012. 中央調査報（No. 619）ペットに関する世論調査. http://www.crs.or.jp/backno/No619/6192.htm
濱野佐代子. 2002. 人とコンパニオンアニマルの愛着——人はコンパニオンアニマル（犬）をどのような存在と捉えているか. 白百合女子大学大学院修士論文.
濱野佐代子. 2004. コンパニオンアニマル（犬）喪失後の飼主の心理過程——犬の喪失別にみた, 飼主の喪失感情. アニマルナーシング, 9（1）：58-62.
濱野佐代子. 2007. コンパニオンアニマルが人に与える影響——愛着と喪失を中心に. 白百合女子大学大学院博士論文.
濱野佐代子・林洋一. 2001. 飼い主のコンパニオンアニマル（犬・猫）への愛着の質的アプローチ. どうぶつと人, 9：25-35.
林良博. 1999. 検証アニマルセラピー. 講談社, 東京.
ハーヴェイ, J. H.（和田実・増田匡裕訳）. 2004. 喪失体験とトラウマ. 北大路書房, 京都.
東村奈緒美・坂口幸弘・柏木哲夫. 2001. 死別経験による遺族の人間的成長. 死の臨床, 24（1）：69-74.
平石堅二. 2008. 思春期・青年期のこころ. 北樹出版, 東京.
猪熊壽. 2001. イヌの動物学. 東京大学出版会, 東京.
石田戢・横山章光・上條雅子・赤見朋晃・赤見理恵・若生謙二. 2004. 日本人の動物観——この10年間の推移. 動物観研究, 8：17-32.
Jacobs, S. 1993. Pathologic Grief : Maladaption to Loss. American Psychiatric Press, Washington, D. C.
Johnson, R. A. 2011. 8 Start something big!（Zeltzman, P. and R. A. Johnson,

eds.) Wall a Hound Lose a Pound. pp. 131-146. Purdue University Press, Indiana.
柿沼美紀．2008．発達心理学から見た飼い主と犬の関係——人の身勝手な要求に翻弄される犬．(林良博・森裕司・秋篠宮文仁・池谷和信・奥野卓司，編：ヒトと動物の関係学第3巻　ペットと社会) pp. 76-99. 岩波書店，東京．
環境省．2009．動物の愛護と適切な管理——動物の遺棄・虐待事例等調査報告書．http://www.env.go.jp/nature/dobutsu/aigo/2_data/pamph/h2203/full.pdf
環境省．2010．全国の犬・猫の殺処分数の推移，統計資料「犬・猫の引取り及び負傷動物の収容状況」．http://www.env.go.jp/nature/dobutsu/aigo/2_data/statistics/dog-cat.html
柏木惠子．1998．しつけと期待にみる育児文化．(柏木惠子・古澤頼雄・宮下孝広，著：発達心理学への招待) pp. 136-142. ミネルヴァ書房，京都．
加藤元．2001．犬の飼い方．池田書店，東京．
香取章子．2012．官民協働で取り組む「千代田区"飼い主のいない猫"との共生」．第2回神戸アニマルケア国際会議．
Keddie, K. M. G. 1977. Pathological mourning after the death of a domestic pet. British Journal of Psychiatry, 131：21-25.
厚生労働省．2011．子ども虐待による死亡事例等の検証結果（第7次報告概要）及び児童虐待相談対応件数等——児童相談所における児童虐待相談対応件数．http://www.mhlw.go.jp/stf/houdou/2r9852000001jiq1-att/2r9852000001jj3c.pdf
ラゴニー，L., バトラー，C., ハッツ，S. (鷲巣月美監訳・山崎恵子訳)．2000．ペット・ロスと獣医療．チクサン出版社，東京．
Levinson, B. M. 1978. Pet and personality development. Psychological Report, 42：1031-1038.
牧野友樹・岡谷武．2005．民間賃貸住宅におけるペット飼育の実態と課題に関する研究——愛知県におけるアンケート調査の分析その2. 日本建築学会大会学術講演概集．
宮林幸江．2003．悲嘆反応に関する基礎的研究——死別悲嘆の下部構造の明確化とそのケア．お茶の水医学雑誌, 51 (3・4)：51-69.
内閣府．2010．動物愛護に関する世論調査．http://www8.cao.go.jp/survey/h22/h22-doubutu/2-1.html
尾形庭子．1999．動物病院と安楽死．どうぶつと人，7：15-17.
岡本直輝・佐藤善治．2001．中高年女性のライフスタイルの違いからみた運動の効果．社会システム研究，3：1-15.
Planchon, L. A., D. I. Templer, S. Stokes and J. Keller. 2002. Death of a companion cat or dog and human bereavement：psychosocial variables. Society & Animals, 10 (1)：93-105.
ライアン，T. 2000．アルファになろう．Human Animal Bond 2000 大会抄録．
ライアン，T., 加藤元 (加藤元訳)．2000．ほめてしつける犬の飼い方．池田書店，東京．
瀬藤乃理子．2010．喪失と悲嘆研究の現状——歴史的流れから最近の話題まで．

ヒトと動物の関係学会誌，27：35-39．
総務省．2012．労働力調査（基本集計）平成 24 年 5 月分結果．http://www.stat. go.jp/data/roudou/sokuhou/tsuki/index.htm
高柳友子・山崎恵子．1998．ペットの死，その時あなたは．（鷲巣月美，編：ペットの死，その時あなたは）pp. 81-118．三省堂，東京．
武内ゆかり．2008．破綻する生活——ペットの問題行動と飼い主．（林良博・森裕司・秋篠宮文仁・池谷和信・奥野卓司，編：ヒトと動物の関係学第 3 巻 ペットと社会）pp. 155-178．岩波書店，東京．
土田あさみ・増田宏司．2008．動物を飼育するということ——家庭動物飼育に関する意識調査．東京農大農学集報，53（3）：253-258．
横山章光．2001．いわゆる「普通の」ペット・ロス．どうぶつと人，9：45-52．
養老孟司・的場美芳子．2008．動物は自然——ペットからコンパニオンアニマルへ（林良博・森裕司・秋篠宮文仁・池谷和信・奥野卓司，編：ヒトと動物の関係学第 3 巻 ペットと社会）pp. 102-130．岩波書店，東京．
湯木麻里．2012．神戸市にひきとられる動物たちの現状と課題．第 2 回神戸アニマルケア国際会議．
和田啓子・斉藤富士雄・中村和夫・柴内裕子．2000．長野県動物愛護センターにおける「人と動物の共生する潤い豊かな社会づくり」をめざす取り組み．Human Animal Bond 2000 大会抄録．
鷲巣月美．2008．ペットロス——共に暮らした伴侶動物を失って．（林良博・森裕司・秋篠宮文仁・池谷和信・奥野卓司，編：ヒトと動物の関係学第 3 巻 ペットと社会）pp. 179-196．岩波書店，東京．

[第 4 章]

秋道智彌．1995．なわばりの文化史．小学館，東京．
新井馨．1999．畜産の経営．（森田琢磨・清水寛一，編：新版畜産学 第 2 版）pp. 121-149．文永堂出版，東京．
ベルク，A.（篠田勝英訳）．1990．日本の風景・西欧の景観そして造景の時代．講談社，東京．
千葉徳爾．1969．狩猟伝承研究．風間書房，東京．
千葉徳爾．1971．狩猟伝承研究（続）．風間書房，東京．
畜産大事典編集委員会．1996．新編畜産大事典．養賢堂，東京．
クラーク，C.（金融経済研究会訳）．1945．経済的進歩の諸条件（金融経済研究叢書）．日本評論社，東京．
江原絢子・東四柳祥子（編）．2011．日本の食文化史年表．吉川弘文館，東京．
半田一郎．1999．琉球語辞典．大学書林，東京．
原田信男．1993．歴史のなかの米と肉——食物と天皇・差別．平凡社，東京．
原田信男．1997．公開討論 人間社会における動物の位置．（国立歴史民俗博物館，編：動物と人間の文化誌）pp. 191-202．吉川弘文館，東京．
原田信男．1999．精進料理と日本の食生活．（熊倉功夫，編：講座食の文化第 2 巻 日本の食事文化）pp. 186-202．財団法人味の素文化センター，東京．
ハリス，M.（鈴木洋一訳）．1990．ヒトはなぜヒトを食べたか．早川書房，東京．

樋泉岳二．2007．三内丸山遺跡における自然環境と食生活．（樋泉岳二・田村晃一・木下正史・河野眞知郎・堀内秀樹：暮らしの考古学シリーズ④　食べ物の考古学）pp.5-53．学生社，東京．

樋泉岳二．2008．漁撈活動の変遷．（西本豊弘，編：人と動物の日本史1　動物の考古学）pp.119-146．吉川弘文館，東京．

平野進．2005．ぜひ知っておきたい日本の畜産．幸書房，東京．

本田勝一．1993．先住民族アイヌの現在．朝日新聞社，東京．

保坂和彦．2002．狩猟・肉食行動．（西田利貞・上原重男・川中健二，編：マハレのチンパンジー〈パンスロポロジー〉の三七年）pp.219-244．京都大学学術出版会，京都．

池谷和信．2005．東北マタギの狩猟と儀礼．（池谷和信・長谷川正美，編：日本の狩猟採集文化）pp.150-173．世界思想社，京都．

猪熊壽．2001．イヌの動物学．東京大学出版会，東京．

石田戢．2008．現代日本人の動物観．ビイングネットプレス，東京．

石川日出志．2010．農耕社会の成立．岩波書店，東京．

石川純一郎．1982．「狩人の生活と伝承」山民と海人——非平地民の生活と伝承．小学館，東京．

石川純一郎．1985．マタギの世界——ブナの森の狩人たち．（梅原猛ほか，編：ブナ帯文化）pp.147-164．新思索社，東京．

加茂儀一．1973．家畜文化史．法政大学出版局，東京．

加茂儀一．1976．日本畜産史——食肉・酪農編．法政大学出版局，東京．

金子浩昌．1992．江戸の動物質食料——江戸の街から出土した動物遺体からみた．（江戸遺跡研究会，編：江戸の食文化）pp.220-242．吉川弘文館，東京．

柏木博．1996．靴脱ぎ（日本人とすまい1）．リビング・デザインセンター，東京．

喜田貞吉．2008．賤民とはなにか．河出書房新社，東京．

木村茂光．2010．日本農業史．吉川弘文館，東京．

岸上伸啓．2005．イヌイット「極北狩猟民」のいま．中央公論社，東京．

北出俊昭．2001．日本農政の50年——食料政策の検証．日本経済評論社，東京．

小林彰夫・清水寛一．1999．畜産物．（森田琢磨・清水寛一，編：新版畜産学第2版）pp.96-120．文永堂出版，東京．

小林茂．2010．秩父——山の民俗考．言叢社，東京．

Lebra, T. S. 1976. Japanese Patterns of Behavior. University of Hawaii Press, Honolulu.

レヴィ=ストロース，C．（川田順造訳）．2001．狂牛病の教訓——人類が抱える肉食という病理．中央公論社，東京．

三村耕・森田琢磨．1982．家畜管理学．養賢堂，東京．

三井誠．2005．人類進化の700万年．講談社，東京．

宮崎泰史．2012．家畜と牧場（一瀬和夫・福永伸哉・北條芳隆，編：古墳時代の考古学5　時代を支えた生産と技術）pp.61-79．同成社，東京．

水間豊．1995．近代畜産への歩み（農林水産省農林水産技術会議事務局昭和農業技術発達史編纂委員会：編．昭和農業技術発達史第4巻　畜産編・蚕糸編）

pp. 29-54. 農林水産技術情報協会, 東京.
森田琢磨. 1999a. 日本における畜産の歩み. (森田琢磨・清水寛一, 編：新版畜産学 第2版) p. 69. 文永堂出版, 東京.
森田琢磨. 1999b. 家畜の管理. (森田琢磨・清水寛一, 編：新版畜産学 第2版) pp. 347-348. 文永堂出版, 東京.
村井章介. 1985. 中世日本列島の地域空間と国家. 思想, 732：36-58.
永松敦. 2005. 九州山間部の狩猟と信仰――解体作法に見る動物霊の処理. (池谷和信・長谷川政美, 編：日本の狩猟採集文化) pp. 174-203. 世界思想社, 京都.
新美倫子. 2010. 鳥獣類相の変遷. (小杉康・谷口康浩・西田泰民・水ノ江和同・矢野健一, 編：縄文時代の考古学4 人と動物の関わりあい――食料資源と生業圏) pp. 131-148. 同成社, 東京.
西本豊弘. 1991. 弥生時代のブタについて. 国立歴史民俗博物館研究報告第36集.
西本豊弘. 1993. 弥生時代のブタの形質について. 動物考古学第50集.
西本豊弘. 2008. 動物観の変遷. (西本豊弘, 編：人と動物の日本史1 動物の考古学) pp. 61-85. 吉川弘文館, 東京.
野附巖. 1991. 家畜管理技術. (野附巖・山本貞紀, 編：家畜の管理) pp. 1-2. 文永堂出版, 東京.
緒方貞亮. 1945. 日本古代家畜史. 河出書房, 東京.
小野米. 2009. 北海道. (佐藤亮一, 編：全国方言辞典) pp. 10-17. 三省堂, 東京.
太田雄治. 1997. マタギ――消えゆく山人の記録. 慶友社, 東京.
桜井準也. 1992. 遺構出土の動物遺体からみた大名屋敷の食生活――動物遺体分析の成果と問題点. (江戸遺跡研究会, 編：江戸の食文化) pp. 259-282. 吉川弘文館, 東京.
佐々木道雄. 2011. 焼肉の誕生. 雄山閣, 東京.
佐藤秀明. 2000. アザラシは食べ物の王様――「ママット！」北極の食卓. 青春出版社, 東京.
柴田博子. 2008. 古代南九州の牧と馬牛. (入間田宣夫・谷口一実, 編：牧の考古学) pp. 33-58. 高志書院, 東京.
設楽博己. 2008. 縄文人の動物観. (西本豊弘, 編：人と動物の日本史1 動物の考古学) pp. 10-34. 吉川弘文館, 東京.
設楽博己. 2009. 食糧生産の本格化と食糧獲得技術の伝統. (設楽博己・藤尾慎一郎・松木武彦, 編：弥生時代の考古学5 食糧の獲得と生産) pp. 3-22. 同成社, 東京.
鈴木健二. 1982. 現代家畜管理学. 明治大学消費生活協同組合, 東京.
田口洋美. 1994. マタギ――森と狩人の記録. 慶友社, 東京.
谷口研語. 2000. 犬の日本史――人間とともに歩んだ一万年の物語. PHP研究所, 東京.
内山幸子. 2009. 狩猟犬から食用犬へ. (設楽博己・藤尾慎一郎・松木武彦, 編：弥生時代の考古学5 食糧の獲得と生産) pp. 117-131. 同成社, 東京.

宇田川洋．1988．アイヌ文化成立史．北海道出版企画センター，札幌．
宇田川洋．1989．イオマンテの考古学．東京大学出版会，東京．
鵜澤和宏，2008．肉食の変遷．（西本豊弘，編：人と動物の日本史1 動物の考古学）pp. 147-175．吉川弘文館，東京．
若狭徹．2009．もっと知りたいはにわの世界——古代からのメッセージ．東京美術，東京．
渡部浩二．2009．江戸のブタ肉食——文明開化前の肉食事情．（中澤克昭，編：人と動物の日本史2 歴史のなかの動物たち）pp. 161-162．吉川弘文館，東京．
山内昶．1994．食の歴史人類学——比較文化論の地平．人文書院，京都．
家森幸男．2009．食肉と長寿食文化．（秋篠宮文仁・林良博，編：ヒトと動物の関係学第2巻 家畜の文化）pp. 180-196．岩波書店，東京．
Yamori, Y. 1989. Predictive and preventive pathology of cardiovascular diseases. Acta Pathology of Japan, 36：683-705.
Yamori, Y., R. Horie and Y. Nara. 1984. Nutritional causation and prevention of cardiovascular diseases：experimental evidence in animal models and man. *In*（Lovenberg, W. and Y. Yamori, eds.）Nutritional Prevention of Cardiovascular Desease. pp. 37-51. Academic Press, New York.
在来家畜研究会（編）．2009．アジアの在来家畜——家畜の起源と系統史．名古屋大学出版会，名古屋．

[第5章]

千葉徳爾．1969．狩猟伝承研究．風間書房，東京．
丹生谷哲一．1986．検非違使——中世のけがれと権力．平凡社，東京．
今西錦司．1941．生物の世界．弘文堂書房，東京．
石田戢・横山章光・上條雅子・赤見朋晃・赤見理恵・若生謙二．2004．日本人の動物観——この10年の推移．動物観研究，8：17-32．
伊藤信博．2002．穢れと結界に関する一考察．言論文化論集，24（1）：3-22．
甲田菜穂子・東豊．2004．盲導犬の病院内への受け入れに関する意識調査．ヒトと動物の関係学会誌，14：44-49．
甲田菜穂子・松中久美子．2008．公共施設における身体障害者補助犬の受け入れに関する実態調査．ヒトと動物の関係学会誌，20：48-55．
小室直樹．1993．天皇の原理．文藝春秋，東京．
増川宏一．1977．将棋（1）．法政大学出版局，東京．
松崎憲三．2004．現代供養論考——ヒト・モノ・動植物の慰霊．慶友社，東京．
永松敦．2005．九州山間部の狩猟と信仰——解体作法に見る動物霊の処理．（池谷和信・長谷川政美，編：日本の狩猟採集文化）pp. 174-203．世界思想社，京都．
中村禎里．2006．日本人の動物観——変身譚の歴史．ビイング・ネット・プレス，東京．
波平恵美子．1985．ケガレ．東京堂出版，東京．
大上泰弘・成廣孝・神里彩子・城山英明・打越綾子．2008．日本における生命科

学・技術者の動物実験に関する意識——生命科学実験及び動物慰霊祭に関するアンケート調査の分析．ヒトと動物の関係学会誌，20：66-73．
太田雄治．1997．マタギ——消えゆく山人の記録．慶友社，東京．
逵日出典．2007．八幡神と神仏習合．講談社，東京．
瀬田勝哉．1994．伊勢の神をめぐる病と信仰——室町初中期の京都を舞台に．（山折哲雄・宮本袈裟雄，編：祭儀と呪術）pp. 126-162．吉川弘文館，東京．
Thorne, C.（山崎恵子・鷲巣月美訳）．1997．犬と猫の行動学．インターズー，東京．
山本幸司．2009．穢と大祓．解放出版社，大阪．
山内昶．2005．ヒトはなぜペットを食べないか．文藝春秋，東京．
依田賢太郎．2005．動物塚建立の動機にみえるヒトと動物の関係．動物観研究，10：9-16．
横山章光．1996．アニマル・セラピーとは何か．日本放送出版協会，東京．
横山章光．2004．鳥インフルエンザ「騒動」を新聞はどのように伝えたか．動物観研究，9：55-63．

[第6章]

荒木博之．1973．日本人の行動様式．講談社，東京．
ベネディクト，R. F.（長谷川松治訳）．1972．菊と刀——日本文化の型．社会思想社，東京．
土居健郎．1971．「甘え」の構造．弘文堂，東京．
長谷川裕彦．2004．小国盆地周辺の山地地形．（佐藤宏之，編：小国マタギ——共生の民俗知）pp. 24-60．農山漁村文化協会，東京．
樋泉岳二．2007．三内丸山遺跡における自然環境と食生活．（樋泉岳二・田村晃一・木下正史・河野眞知郎・堀内秀樹：暮らしの考古学シリーズ④　食べ物の考古学）pp. 5-53．学生社，東京．
石井研堂．1969．復刻版明治事物起源．日本評論社，東京．
丸山真純．2006．異文化コミュニケーション——自己観からのアプローチ．（橋本満弘・畠山均・丸山真純，編：教養としてのコミュニケーション）pp. 88-147．北樹出版，東京．
マイケル，C. A., バリー，O. H.（佐藤衆介・森裕司監訳）．2009．動物への配慮の科学．チクサン出版社，東京．
日本実験動物学会．2003．日本実験動物学会50周年記念誌．日本実験動物学会，東京．
農林水産省畜産局家畜生産課（監修）．1986．第3の家畜——実験動物——ライフサイエンスの進展に対応した実験動物産業基盤の確立．地球社，東京．
「農山漁村文化協会」作成の子ども向けワークシート．2009．肉はどこからくるの？（牛肉）．http://www.maff.go.jp/j/syokuiku/s_edufarm/kyouzai/pdf/cku_n_01.pdf
佐川徹．2009．「いい肉」とはなにか——短角牛をめぐる生産者と消費者の葛藤．（菅豊，編：人と動物の日本史3　動物と現代社会）pp. 144-166．吉川弘文館，東京．

桜井厚．2009．屠場の社会／社会の屠場．（菅豊，編：人と動物の日本史3　動物と現代社会）pp. 98-123．吉川弘文館，東京．
寒川旭．1994．近世の地震とその痕跡——都市・村落研究の基礎資料として．（田中善男，編：歴史の中の都市と村落社会）pp. 115-143．思文閣出版，京都．
佐藤宏之．2004．共生の民俗知——持続的利用の技術知．（佐藤宏之，編：小国マタギ——共生の民俗知）pp. 267-277．農山漁村文化協会，東京．
佐藤淑子．2001．イギリスのいい子日本のいい子——自己主張とがまんの教育学．中央公論社，東京．
シンガー，P.（戸田清訳）．1988．動物の解放．技術と人間，東京．
高柳敦・亀山章・石田戢・若生謙二．1991．S. R. Kellertの態度類型化の方法．動物観研究，2：1-7．
和辻哲郎．1935．風土——人間学的考察．岩波書店，東京．
安田容子．2010．江戸時代後期上方における鼠飼育と奇品の産出——『養鼠玉のかけはし』を中心に．国際文化研究，16：205-218．

[第7章]

秋篠宮文仁・林良博．2009．家畜という文化．（秋篠宮文仁・林良博，編：ヒトと動物の関係学第2巻　家畜の文化）pp. 1-11．岩波書店，東京．
Benson, E. 2010. Wired Wilderness: Technologies of Tracking and the Making of Modern Wildlife. Johns Hopkins University Press, Baltimore.
Benson, E. 2011. From wild lives to wildlife and back. Environmental History, 16: 418-422.
Dan, P. and G. Perry. 2007. Improving interactions between animal rights groups and conservation biologists. Conservation Biology, 22: 27-35.
フォントネ，E.（石田和男・小幡谷友二・早川文敏訳）．2008．動物たちの沈黙——《動物性》をめぐる哲学試論．彩流社，東京．
ヘスティングズ，H. L.（内山賢次訳）．1939．野生動物記．三笠書房，東京．
羽山伸一．2001．野生動物問題．地人書館，東京．
池上俊一．1990．動物裁判．講談社，東京．
池谷和信・長谷川政美（編）．2005．日本の狩猟採集文化——野生生物とともに生きる．世界思想社，京都．
亀山章・石田戢・高柳敦・若生謙二．1992．日本人の動物に対する態度の特性について．動物観研究，3：1-24．
河合雅雄．1995．宮沢賢治の動物観——序説．（河合雅雄・埴原和郎，編：動物と文明）pp. 8-25．朝倉書店，東京．
河合雅雄・林良博（編）．2009．動物たちの反乱——増えすぎるシカ，人里へ出るクマ．PHP研究所，東京．
Kellert, S. 1991. Japanese perceptions of wildlife. Conservation Biology, 5: 297-308.
菊地直樹．2008．コウノトリの野生復帰における「野生」．環境社会学研究，14：86-100．

丸山康司．2006．サルと人間の環境問題．昭和堂，京都．
丸山康司．2008．「野生生物」との共存を考える．環境社会学研究，14：5-20.
松崎憲三．2004．現代供養論考――ヒト・モノ・動植物の慰霊．慶友社，東京．
Mitman, G. 1996. When nature *Is* the zoo：vision and power in the art and science of natural history. Osiris, 2nd series, 11：117-143.
Morris-Suzuki, T. 1998. Re-inventing Japan：Time, Space, Nation. M. E. Sharpe, Armonk.
中村生雄．2001．祭祀と供犠――日本人の自然観・動物観．法藏館，京都．
中村禎里．1975．日本人と西欧人の動物観．技術と人間，4（7）：73-84.
中村禎里．1984．日本人の動物観――変身譚の歴史．海鳴社，東京．
中村禎里．1989．動物たちの霊力．筑摩書房，東京．
中村禎里．1990．狸とその世界．朝日新聞社，東京．
中村禎里．2000．日本人の動物観を探る．（渡辺守雄ほか，著：動物園というメディア）pp. 165-185．青弓社，東京．
中村禎里．2001．狐の日本史．日本エディタースクール出版部，東京．
西本豊弘（編）．2008．人と動物の日本史1　動物の考古学．吉川弘文館，東京．
小熊英二．1998．〈日本人〉の境界――沖縄・アイヌ・台湾・朝鮮　植民地支配から復帰運動まで．新曜社，東京．
奥野克巳（編）．2011．人と動物――駆け引きの民族誌．はる書房，東京．
奥野克巳・山口未花子・近藤祉秋（編）．2012．人と動物の人類学．春風社，東京．
桜井良・江成広斗．2010．ヒューマン・ディメンションとは何か――野生動物管理における社会科学的アプローチの芽生えとその発展について．ワイルドライフ・フォーラム，14（3,4）：16-21.
東海林克彦．2008．日本人の動物観と狩猟の動向に関する考察．Japanese Journal of Zoo and Wildlife Medicine, 13（1）：9-14.
菅豊（編）．2009．人と動物の日本史3　動物と現代社会．吉川弘文館，東京．
鈴木克哉．2008．野生動物との軋礫はどのように解消できるか？――地域住民の被害認識と獣害の問題化プロセス．環境社会学研究，14：55-69.
高橋春成（編）．2001．イノシシと人間――共に生きる．古今書院，東京．
高橋春成．2008．分布域が拡大する日本のイノシシ．（池谷和信・林良博，編：ヒトと動物の関係学第4巻　野生と環境）pp. 90-110．岩波書店，東京．
塚本学．1995．江戸時代人と動物．日本エディタースクール出版部，東京．
フェルトカンプ，E．2009．英雄となった犬たち――軍用犬慰霊と動物供養の変容．（菅豊，編：人と動物の日本史3　動物と現代社会）pp. 44-68．吉川弘文館，東京．
渡邊洋之．2006．捕鯨問題の歴史社会学――近現代日本におけるクジラと人間．東信堂，東京．
Watanabe, M. 1974. The conception of nature in Japanese culture. Science, 183：279-282.
和辻哲郎．1935．風土――人間学的考察．岩波書店，東京．
White, L. 1967. The historical roots of our ecological crisis. Science, 155：1203-

1207.
安田喜憲．1995．メドゥーサの変貌に見る動物観の変遷．（河合雅雄・埴原和郎，編：動物と文明）pp. 152-167．朝倉書店，東京．
依田賢太郎．2007．どうぶつのお墓をなぜつくるか——ペット埋葬の源流・動物塚．社会評論社，東京．

[第8章]

日本野鳥の会会員名簿．1936．野鳥，3（3）：74-77; 3（4）：77-80; 3（5）：79-82．
百草霞網猟見学会の記．1936．野鳥，2（1）：67-73．
アレン，D. E.（阿部治訳）．1990．ナチュラリストの誕生——イギリス博物学の社会史．平凡社，東京．
安藤元一．2008．ニホンカワウソ——絶滅に学ぶ保全生物学．東京大学出版会，東京．
荒俣宏．1982．大博物学時代——進化と超進化の夢．工作舎，東京．
荒俣宏ほか．1994．彩色江戸博物学集成．平凡社，東京．
Barrow, M. V. 1998. A Passion for Birds：American Ornithology after Audubon. Princeton University Press, Princeton.
Chaiklin, M. 2005. Exotic bird collecting in early modern Japan. In（Pflugfelder, G. and B. Walker, eds.）JAPANimals. pp. 125-160. Center for Japanese Studies. University of Michigan, Ann Arbor.
平岡昭利．2012．アホウドリと「帝国」日本の拡大——南洋の島々への進出から侵略へ．明石書店，東京．
細川博昭．2006．大江戸飼い鳥草紙——江戸のペットブーム．吉川弘文館，東京．
細川博昭．2012．江戸時代に描かれた鳥たち——輸入された鳥，身近な鳥．ソフトバンククリエイティブ，東京．
今橋理子．1995．江戸の花鳥画——博物学をめぐる文化とその表象．スカイドア，東京．
磯野直秀・内田康夫解説．1992．舶来鳥獣図誌——唐蘭船持渡鳥獣之図と外国産鳥之図．八坂書房，東京．
金井紫雲．1938．羽田の鴨猟．野鳥，5（3）：202-205．
川端康成．1937．山中湖畔へ．野鳥，4（8）：655-660．
川添裕．2009．舶来動物と見せ物．（中澤克昭，編：人と動物の日本史2 歴史のなかの動物たち）pp. 127-160．吉川弘文館，東京．
清棲幸保．1930．野鳥生態写真集——鶴鷺．芸艸堂，東京．
松田道生．1995．江戸のバードウォッチング．あすなろ書房，東京．
モース，E. S.（石川欣一訳）．1929．日本その日その日．科学知識普及会，東京．
中西悟堂．1932．虫・鳥と生活する．アルス，東京．
中西悟堂．1935．野鳥と共に．巣林書房，東京．
中西悟堂．1938．「自然学芸の旅」に就いて．野鳥，5（10）：1076-1078．
中西悟堂．1939．悟堂随筆．野鳥，6（3）：334-339．
中西悟堂．1941．善福寺禁猟区と巣箱．野鳥，8（2）：26-47．

中西悟堂．1943．鳥影明滅．野鳥，10（10）：726-734．
中西悟堂．1993．愛鳥自伝（下）．平凡社，東京．
中澤克昭．2009．狩る王の系譜．（中澤克昭編：人と動物の日本史2　歴史のなかの動物たち）pp. 46-68．吉川弘文館，東京．
西村三郎．1999．文明のなかの博物学——西欧と日本．紀伊國屋書店，東京．
農林省畜産局（編纂）．1933．野鳥巣箱の懸け方図解．日本鳥学会，東京．
林野庁（編）．1969．鳥獣行政のあゆみ．林野弘済会，東京．
坂上孝（編）．2003．変異するダーウィニズム——進化論と社会．京都大学学術出版会，京都．
Schmoll, F. 2005. Indication and identification : on the history of bird protection. In (Lekan, T. and T. Zeller, eds.) Germany's Nature : Cultural Landscapes and Environmental History. pp. 161-182. Rutgers University Press, New Brunswick.
瀬戸口明久．2009．害虫の誕生——虫からみた日本史．筑摩書房，東京．
白幡洋三郎．1997．大名庭園——江戸の饗宴．講談社，東京．
ジーボルト，P. F.（斎藤信訳）．1967．江戸参府紀行．平凡社，東京．
スキャブランド，A.（本橋哲也訳）．2009．犬の帝国——幕末ニッポンから現代まで．岩波書店，東京．
高島春雄．1986．動物物語．八坂書房，東京．
高津孝．2010．博物学と書物の東アジア——薩摩・琉球と海域交流．榕樹書林，宜野湾．
竹野家立．1933．野鳥の生活．大畑書店，東京．
塚本学．1983．生類をめぐる政治——元禄のフォークロア．平凡社，東京．
塚本学．1995．江戸時代人と動物．日本エディタースクール出版部，東京．
内田清之助．1940．鳥と獣．東京，芸艸堂．
内田清之助ほか．1936．第七回野鳥座談会．野鳥，3（11）：893-903．
若生謙二．2007．大阪の「孔雀茶屋」と江戸の「花鳥茶屋」．ヒトと動物の関係学会誌，18：33-35．
ウォーカー，B.（浜健二訳）．2009．絶滅した日本のオオカミ——その歴史と生態学．北海道大学出版会，札幌．
山田伸一．2011．近代北海道とアイヌ民族——狩猟規制と土地問題．北海道大学出版会，札幌．
柳田國男．1930．明治大正史世相篇．朝日新聞社，東京．
柳田國男．1939．孤猿随筆．創元社，東京．
柳田國男．1940．野鳥雑記．甲鳥書林，東京．
安田健．1995a．江戸時代の鳥獣とその保護．（山田慶児，編：東アジアの本草と博物学の世界［下］）pp. 103-139．思文閣出版，京都．
安田健．1995b．日本のトキ（朱鷺）がたどった道．（河合雅雄・埴原和郎，編：動物と文明）pp. 72-88．朝倉書店，東京．

[第9章]

阿部学・水野憲一．1975．餌づけから環境保護へ——動物小委員会報告要旨．自

然保護, 158：3-5.
朝日稔. 1975. イヌ・ネコの野生化. 自然保護, 153：7-8.
Biel, A. W. 2006. Do (Not) Feed the Bears：The Fitful History of Wildlife and Tourists in Yellowstone. University Press of Kansas, Lawrence.
エルトン, C. S. (川那部浩哉ほか訳). 1971. 侵略の生態学. 思索社, 東京.
Gunther, K. A. 1994. Bear management in Yellowstone National Park, 1960-93. Bears：Their Biology and Management, 9：549-560.
平山常太郎. 1918. 日本に於ける帰化植物. 洛陽堂, 東京.
石弘之. 1975. ペット・ブームと帰化動物. 自然保護, 153：10-11.
石田戢. 2006. 動物園での餌やり. 動物観研究, 11：32-36.
磯崎博司. 1989. ワシントン条約をめぐる疑問——野生生物の不正輸入はなぜ阻止できないか. 科学朝日, 49 (11)：34-38.
伊谷純一郎. 1954. 高崎山のサル. 光文社, 東京.
伊沢紘生. 1982. ニホンザルの生態——豪雪の白山に野生を問う. どうぶつ社, 東京.
金田平. 1975. ペット・ブームのもたらすもの. 自然保護, 153：2-3.
環境庁自然保護局 (編). 1981. 自然保護行政のあゆみ——自然公園50周年記念. 第一法規出版, 東京.
環境省. 2002. 新・生物多様性国家戦略——自然の保全と再生のための基本計画. ぎょうせい, 東京.
環境省. 2012. トキ——羽ばたかせよう朱鷺を, 美しい日本の空へ. http://www.env.go.jp/nature/toki/index.html
川村俊蔵. 1976. 野猿公苑の問題点と将来. 自然, 31 (1)：70-78.
Knight, J. 2005. Feeding Mr. Monkey：cross-species food 'exchange' in Japanese monkey parks. In (Knight, J., ed.) Animals in Person：Cultural Perspectives on Human-Animal Intimacy. pp. 231-253. Berg, Oxford.
Knight, J. 2006. Monkey mountain as a megazoo：analyzing the naturalistic claims of "Wild Monkey Parks" in Japan. Society & Animals, 14：3：245-264.
厚生労働省. 2012. 犬の登録頭数と予防注射頭数等の年次別推移 (昭和35-平成23年度). http://www.mhlw.go.jp/bunya/kenkou/kekkaku-kansenshou10/02.html
栗田博之. 2008.「ボスザル」から「αオス」への呼称変更に対するアンケート結果について. 動物観研究, 13：73-75.
丸山直樹. 1975. シカ. 自然保護, 158：10-11.
御厨正治 (編). 1980. 有益獣増殖事業20年のあしあと. 宇都宮営林署, 宇都宮.
三戸幸久・渡邊邦夫. 1999. 人とサルの社会史. 東海大学出版会, 東京.
宮地伝三郎. 1966. サルの話. 岩波書店, 東京.
水野憲一. 1985. 餌づけの功罪. 動物と自然, 15 (14)：2-6.
中田奈月. 2000. ペット——気軽さと尊さのはざまで. (鵜飼正樹・永井良和・藤本憲一, 編：戦後日本の大衆文化) pp. 151-166. 昭和堂, 京都.
大場信義. 2006. ゲンジボタルの遺伝的多様性と放虫問題. 昆虫と自然, 41

(13)：27-32.
小原秀雄．1988．ワシントン条約と日本——野生生物「密輸入」大国．世界，509：318-328.
丘英通・高島春雄．1947．帰化動物．北方出版社，札幌．
鯖田豊之．1966．肉食の思想——ヨーロッパ思想の再発見．中央公論社，東京．
鯖田豊之．1969．日本人と西洋人と犬．讀賣新聞（夕刊）1969年6月6日．
佐渡友陽一・清野聡子・井内岳志・石田戡．1997．動物観と科学的知識の相互作用——ボスザル神話の形成過程．ヒトと動物の関係学会誌，3（1）：102-107.
笹川昭雄．1975．野鳥飼育の習慣と密猟．自然保護，153：5-6.
瀬戸口明久．2003．移入種問題という争点——タイワンザル根絶の政治学．現代思想，31（13）：122-134.
瀬戸口明久．2004．サルをめぐる動物観と生物多様性保全．動物観研究，9：31-36.
スキャブランド，A.（本橋哲也訳）．2009．犬の帝国——幕末ニッポンから現代まで．岩波書店，東京．
竹花佑介．2010．メダカ——人為的な放流による遺伝的攪乱．魚類学雑誌，51（1）：76-79.
竹内潔．1994．ボスって何？——野猿公苑の見物客のエスノグラフィー．列島の文化史，9：189-226.
梅棹忠夫．1960．日本探検．中央公論社，東京．
和田一雄．2008．ニホンザル保全学——猿害の根本的解決に向けて．農山漁村文化協会，東京．
渡邊洋之．2000．渡瀬庄三郎の自然観——生物の移入と天然記念物の制定・指定をめぐって．科学史研究，39：1-10.
渡部知之．2005．戦後日本におけるペット文化．動物観研究，10：31-40.
山田文雄・池田透・小倉剛（編）．2011．日本の外来哺乳類——管理戦略と生態系保全．東京大学出版会，東京．
山田一憲・中道正之．2009．野猿公園に対する意識調査——来園者からの質問を手がかりとして．大阪大学大学院人間科学研究科紀要，35：119-134.
山田昌弘．2004．家族ペット——やすらぐ相手は，あなただけ．サンマーク出版，東京．
山岸哲．2010．野生絶滅したトキの復活．（池谷和信，編：日本列島の野生生物と人）pp.256-274．世界思想社，京都．
山極寿一．2008．野生動物とヒトとの関わりの現代史——霊長類学が変えた動物観と人間観．（池谷和信・林良博，編：ヒトと動物の関係学第4巻 野生と環境）pp.69-88．岩波書店，東京．
山極寿一．2012．サルの名付けと個体識別．（横山俊夫，編：ことばの力——あらたな文明を求めて）pp.269-288．京都大学学術出版会，京都．
吉川繁男．1975．瓢湖白鳥物語．三省堂，東京．

［第10章］
朝倉無聲．1977．見世物研究．思文閣出版，京都．

石田戢．1998．上野動物園．東京都公園協会，東京．
石田戢．2009．動物命名案内．社会評論社，東京．
石田戢．2010．日本の動物園．東京大学出版会，東京．
川端裕人．1999．動物園にできること．文藝春秋社，東京．
ローレンツ，K．1975．ヒトと動物．新思索社，東京．
中川志郎．1985．動物園学ことはじめ．玉川大学出版会，東京．
市民 Zoo ネットワーク．2004．いま動物園がおもしろい．岩波書店，東京．
鈴木克美．2003．水族館．法政大学出版局，東京．
鈴木克美・西源二郎．2005．水族館学――水族館の望ましい発展のために．東海大学出版会，泰野．
高島春雄．1986．動物物語．八坂書房，東京．
多摩動物公園．1990．コアラとチョウのはざまで．多摩動物公園，東京．
東京都．1982．上野動物園百年史．東京都，東京．
上野動物園．1989．上野動物園入園者実態調査．上野動物園，東京．

[第 11 章]

千葉動物公園協会（編）．1994．不思議の国の Zoo．ひとなる書房，東京．
土居健郎．1971．「甘え」の構造．弘文堂，東京．
遠藤悟朗．1978．子ども動物園．フレーベル館，東京．
羽山伸一．2001．野生動物問題．地人書館，東京．
石田戢．2001．国語の教科書に登場する動物たち．動物観研究，6：11-14．
石田戢．2006．人はなぜ，餌を与えたがるか．動物観研究，11：29-32．
石原千秋．2005．国語の教科書の思想．ちくま書房，東京．
古賀忠道．1983．あたりまえでありたい．西日本新聞社，福岡．
丸山康司．2006．サルと人間との環境問題．昭和堂，京都．
三戸幸久．2004．サルとバナナ．東海大学出版会，泰野．
鈴木哲也．2003．学校飼育動物小史――明治・大正時代の学校動物飼育．（鳩貝太郎・中川美穂子，編：学校飼育動物と生命尊重の指導）pp. 68-71．教育開発研究所，東京．
多摩動物公園．1990．コアラとチョウのはざまで．多摩動物公園，東京．
トゥアン，Y. F.（片岡しのぶ訳）．1988．愛と支配の博物誌――ペットの王宮・奇型の庭園．工作舎，東京．
上野動物園．1989．上野動物園入園者実態調査．上野動物園，東京．
矢野智司．2000．自己変容という物語．金子書房，東京．
四方田犬彦．2006．かわいい論．ちくま書房，東京．

[第 12 章]

カートミル，M.（内田亮子訳）．1995．人はなぜ殺すか――狩猟仮説と動物観の文明史．新曜社，東京．

索　引

ア　行

アイアイ　189
愛玩動物　19, 107
愛玩動物ブーム　104, 105
愛護運動　8
愛着　39, 40, 42
愛着理論　39
アイヌ　83, 84, 89
旭山動物園　198, 206, 230
アニマルセラピー　106
アニマルライツ　125
アニミズム　89, 115, 132, 141
アフリカマイマイ　183
アホウドリ　165
甘え　224
アメリカグマ　178
ReCHAI　68
安房嶺岡　76
安楽死　63, 67, 181, 184, 239-241
異界　131
生きがい　238
伊沢紘生　176
位相モデル　47
イタチ　145, 183
伊谷純一郎　172, 177
移入種　183
イヌ　9, 20-24, 27, 37, 38, 40, 42, 49, 50, 55-60, 64-68, 74, 75, 92, 106, 111, 122, 164
イヌの平均寿命　23
イヌ派　11
イノシシ　13, 145
いのちの教育　48, 242
今西錦司　171

イヨマンテ　83, 89
イルカ　197
慰霊　8, 115, 241, 244
慰霊塔　115
因子分析　41
上野動物園　12, 194, 197, 203, 204, 206, 209, 228-230, 240
魚のぞき　206
ウシ　7, 9, 76, 93, 102
ウシガエル　183
牛捨場馬捨場　102
ウチ　84, 99-103, 107, 111, 115, 118-122, 124, 126, 131-133, 137
ウチの極み　118
ウチの動物　91
ウマ　7-9, 76, 92, 104
梅棹忠夫　174
穢（不浄）　100
HAI　26
HAB　25
駅　8
餌やり　178, 219-222, 224
SPF動物　130
餌づけ　157, 171, 172, 175-177, 180, 219, 221
エリクソン　52
エルメル・フェルトカンプ　150
オオカミ　85, 164, 168
オカピ　189
沖縄　85
お世話　215, 216, 224, 228
お祓い　113, 115
オラウータン　204

カ 行

害獣　13
解体作法　85, 116
飼鳥　159, 160, 169, 182
飼い馴らされた哺乳類　20
外来種　145, 183
外来生物法　146
加工型畜産　77
家族　1, 36, 38, 237
家族ペット　37
課題モデル　47
家畜　20, 74, 91, 111, 152, 153
家畜化　20
家畜化された哺乳類　20
家畜管理学　78
花鳥茶屋　160
学校での動物飼育　213-216
家庭動物　19
カニバリズム　87, 88
カモノハシ　189
鴨場　162
唐猫　22
かわいい　216-219, 232
カワウソ　164
川村俊蔵　180
環境エンリッチメント　198-200, 233
環境の支配性　134
帰化生物　182
擬似的会話　238
汽車窓型水槽　207
擬人化　208, 216
キツネ　147
キューブラー・ロス　47
教育　226
共依存関係　62
狂犬病　9, 22
狂犬病予防法　22, 23
共生　1
去勢　58, 59, 67, 238, 239
キヨメ　133
清め　115
キリン　194
キンダーガルデン　210
空間構造　101
空間弁別　137
クジャク　12
孔雀茶屋　160
クジラ　151
供養　115, 150, 241
供養塔　116
訓練　239
ケガラワシイ　106, 107
ケガレ　110, 111, 113, 127, 128, 133
穢れ　3, 5, 92
毛皮　6, 7
結界　101
研究　226
コアラ　204
公共の空間　106
公衆衛生の概念　114
行動展示　198-200, 202
高度経済成長期　22
コウノトリ　153, 205, 234
高野派　109
コウライキジ　183
高齢化　22
古賀忠道　209
コジュケイ　183
個体　202
個体名　202
子ども　38
子ども動物園　209-211
子どもの虐待　69
子どもへの影響　32
コビトカバ　189
ゴリラ　204
コンパニオンアニマル　19, 22-28, 37, 38-42, 44, 45, 50, 53, 55, 57, 58, 60, 64, 66, 70, 104
コンパニオンアニマル喪失経験による受容発達尺度　49
コンパニオンアニマル喪失悲哀尺度　46

サ 行

菜食主義者　86
サークル画　60
殺処分　66, 67, 240
里山　136
サル　12, 13, 168
猿ひき　12
猿回し　12
産業　73
産業動物　73
山中他界　59
三内丸山遺跡　136
飼育動物　208
飼育放棄　67
使役動物　10, 24, 73
ジェネラティヴィティ　53, 54
シェルター　67, 68
シカ　13
鹿狩り　13
鹿革　6
鹿食免　93
自我の可変性　139
CCAS　42
シシツリ　117
自然観　2
自然の恵み　90
自然保護　182, 184, 226
しつけ　59, 60, 238
実験動物　129, 247
実験動物施設　131
実験動物中央研究所　130
児童虐待の防止等に関する法律　69
死の段階モデル　47
シフゾウ　191, 192, 205, 231
シマウマ　204
社会的利益　26
シャーマニズム的動物観　90
種　202, 232
集約酪農地域制度　78
種内捕食　88
種の保存　217

狩猟　1, 4, 9, 13, 22, 75, 161
狩猟規則　165
狩猟の作法　85
狩猟法　165
浄　100
状況主義　140
少子化　22
情緒的絆　39
縄文時代　75, 89
生類憐れみの令　4, 150
食育　127
触穢の思想　113, 114, 131
食害　145
食人習俗　88
食肉禁忌　5
飼料需給安定法　78
人為　178, 180, 181, 183-185
進化論　163
身体的虐待　69
身体的利益　26
人畜共通感染症　114, 189
シンボル　14
心理社会的発達課題　53
心理尺度　40
心理的虐待　69
心理的距離　27
心理的利益　26
親和的サイン　238
水耕稲作　75
水族館動物　206, 207
ズーストック　227
スティーブン・ケラート　148, 243
すみわけ　107, 115-117, 119, 132, 133, 137, 141
生活空間の弁別意識　111
政治と動物　229
生態系　145, 146
声帯手術　239
性的虐待　69
生物多様性　183
生物多様性保全　184
生命　240, 241

生命愛護　214
殺生禁断の思想　91
殺生禁断の令　3
殺生と肉食禁止の勅令　91
絶滅の危機　217
ゾウ　197
相互協調的自己観　140
ソト　84, 99-102, 107, 111, 115, 118-122, 125, 126, 131-133, 137
ソトの動物　91

タ 行

対象喪失　45, 65
大宝律令　76
大名庭園　160, 162, 163, 169
タイワンザル　145, 184
鷹犬　9
鷹狩り　9, 161, 162
多種多様な天災　136
多神教の世界　108
タヌキ　147, 168
WHA　68
魂のない存在　1
多摩動物公園　203-205
他律的態度　141
他律の概念　138
段階モデル　47
探鳥会　167
断尾　239
地域犬　9
畜産　74, 75, 78, 81, 124, 136
畜産動物　75, 77, 247
畜生　14
畜生道　4
秩序の乱れ　133
チャールズ・エルトン　183
中世　92
超家族　239
鳥獣猟規則　165
鳥類図譜　161
狆　9, 10
珍獣　11, 189, 190, 193, 195

珍鳥　160, 162
チンパンジー　205
手洗いと消毒　117
蹄鉄　239
テンニンチョウ　183
天王寺動物園　196
天皇の禁令　101
天武天皇　91
闘犬　9
動物愛護　182, 184
動物愛護管理法　1, 212
動物愛護センター　66, 67
動物愛護に関する世論調査　24
動物慰霊祭　115
動物園観　229
動物園動物　208, 234, 235, 247
動物介在活動　68
動物介在教育　68
動物から人間への変身　120
動物観研究会　2
動物虐待　69
動物供養塔　150
動物芸　196-198
動物考古学　150
動物性タンパク質　86-88
動物との共生　244
動物の肉体　118
動物の人気　203, 206
動物福祉　125, 195, 198, 200, 233, 246
動物ふれあい教室　67
動物への共感　215
動物訪問活動　67
トキ　175, 191, 205
屠畜　4, 126-128

ナ 行

内臓食　94-97, 99, 102
ナイチ　84
中西悟堂　157, 166
中村禎里　2, 147, 245
名づけ　202
南部の曲屋　124

二極化した世界観 126
肉牛 79
肉食 5, 82, 86-88, 91, 93, 94, 101, 102, 113, 126
肉食禁忌 86, 93, 94, 102, 113
肉食禁止令 75, 92
肉食の作法 85
肉食の文化 82-85, 94
日本エンリッチメント大賞 202
ニホンオオカミ 111
ニホンカモシカ 193, 205, 232
ニホンザル 171, 184, 204, 232
ニホンジカ 145, 175
日本自然保護協会 175, 182
日本実験動物学会 130, 131
『日本人の動物観』 147
日本動物園水族館協会 197
日本の国土 134-136
日本の地形 135
日本の農業環境 136
日本野猿愛護連盟 172
日本野鳥の会 157, 166, 168
乳牛 79
人間から動物への変身 119
人間的成長 48
ヌートリア 145, 183
ネグレクト 69
ネコ 10, 11, 21-24, 27, 42, 58, 59, 66, 67, 112, 122
ネコのヒトへの易変身性 122
ネコの平均寿命 23
ネコ派 11
ネズミ 22
農業基本法 79
農書 76

ハ 行

場 108, 111, 120, 121, 132, 133, 137, 138, 141
ハイイログマ 153
バイオテレメトリー 153
ハクチョウ 175

博物学 160, 195
博物図譜 162
化け猫 10, 11, 123
ハシビロコウ 192
パーソナル・スペース 118, 133
ハダカデバネズミ 189
場の支配性 107
パピー 29-31, 34, 35
パピーウォーカー 29
ハヨニム・テラス遺跡 20
ハローアニマル 67
パンくん 196, 197
番犬 9, 10
（ジャイアント）パンダ 189, 202, 216, 217, 230-232, 234
バンビ 232
バンビシンドローム 232
伴侶動物 19
悲哀 45
悲哀の仕事 47
悲哀の心理過程 47
PRS 42, 44
PAI 42, 44
PAS 41
皮革 6, 7
東日本大震災 104
悲嘆 45
否定的感情 47
ヒト化 86
人とコンパニオンアニマルの愛着尺度 43
人とコンパニオンアニマルの関係尺度 42
人の気 110, 111, 120
避難所 105, 107, 137
避妊 58
憑依 115
病理的悲嘆 64, 65
品種改良 238
風土 134, 149
複雑性悲嘆 64
福祉 1
ブタ 79, 83, 90, 92, 102, 111
仏教の変節 109

不妊手術　58, 59, 67
ふれあい　211, 216, 224, 237
ふれあいコーナー　212
ふれあい訪問　67
フロイト　45
糞食文化　98
ペット　1, 19, 22, 24, 26, 36, 56, 104-106, 181, 182, 208, 228, 234, 237, 243, 245-248
ペット食禁忌　110
ペットショップ　40
ペットブーム　23, 181
ペットロス　44, 45, 48, 63-65, 242
ベニスズメ　183
変身の相互作用　117
放生　133
牧畜　4, 8
捕鯨　151
補助犬　29
ボスザル　177
北海道　83
ホッキョクグマ　204

マ 行

牧　8, 76
マタギ　85, 96, 98, 109, 116, 117
マングース　145, 182
見世物　11, 12
明治維新　82
モウコノウマ　191, 205, 234
猛獣処分　209
盲導犬　29, 30, 34
喪の作業　45
紅葉　93

ヤ 行

野猿公苑　171-173, 175, 179, 185
ヤギ　83
野生　153, 159, 174, 175, 177-181, 182-186
野生動物　145, 146, 152-156, 182, 185, 186, 193, 208, 243-245, 247

野生動物学　195
野生動物管理学　146, 153
野生動物資源　75
野生動物問題　146, 151, 154
野生と家畜との両義性　111
野生復帰　185
野鳥　157-160, 165-170
山鯨　93
ヤマネ　205
山の神　85
弥生時代　75, 90
有畜農家創設特別措置法　78
有畜農業奨励規則　78
ユキヒョウ　204, 234
陽性強化法　56
抑うつ　47

ラ 行

ライフサイクル　50, 51, 54
ラクダ　12, 194
酪農　77, 81
酪農振興法　78
羅紗　6
ランドスケープイマージョン　200
リタ　196, 230
リーダーシップ　60
類人猿　204
霊　118, 119
霊長類学　171, 176
霊力　14
レクリエーション　195, 226, 227
レッサーパンダ　204, 231, 234
レビンソン　26
労役に使われる動物　121
ロボット化　81
ローレンツ　21

ワ 行

和漢三才図会　6

著者略歴

石田　戢（いしだ・おさむ）

1946 年　東京都に生まれる．
1971 年　東京大学文学部卒業．
　　　　上野動物園勤務，井の頭自然文化園長，葛西臨海水族園長，多摩動物公園副園長などを経て，
現　在　帝京科学大学生命環境学部教授，ヒトと動物の関係学会長．
専　門　動物園学．
主　著　『現代日本人の動物観』（2008 年，ビイング・ネット・プレス），『日本の動物園』（2010 年，東京大学出版会）ほか．

濱野佐代子（はまの・さよこ）

経　歴　大阪府に生まれる．
　　　　日本獣医畜産大学獣医畜産学部卒業．
　　　　白百合女子大学大学院文学研究科博士課程修了．
現　在　帝京科学大学こども学部准教授，博士（心理学）．
専　門　心理学．
主　著　『子育て支援に活きる心理学』（共著，2009 年，新曜社），『よくわかる家族心理学』（共著，2010 年，ミネルヴァ書房）ほか．

花園　誠（はなぞの・まこと）

1960 年　北海道に生まれる．
1989 年　名古屋大学大学院農学研究科博士課程修了．
現　在　帝京科学大学こども学部教授，博士（農学）．
専　門　動物介在教育学．
主　著　『自然と人間』（共著，2002 年，内田老鶴圃），『動物とふれあう仕事がしたい』（編，2003 年，岩波書店）ほか．

瀬戸口明久（せとぐち・あきひさ）

1975 年　宮崎県に生まれる．
1997 年　京都大学理学部卒業．
2007 年　京都大学大学院文学研究科博士課程修了．
現　在　大阪市立大学大学院経済学研究科准教授，博士（文学）．
専　門　科学史．
主　著　『害虫の誕生』（2009 年，筑摩書房），『環境倫理学』（共著，2009 年，東京大学出版会）ほか．

日本の動物観——人と動物の関係史

2013年3月15日　初　版

［検印廃止］

著　者　石田　戢・濱野佐代子・
　　　　花園　誠・瀬戸口明久

発行所　一般財団法人　東京大学出版会

　　　　代表者　渡辺　浩

113-8654 東京都文京区本郷 7-3-1 東大構内
電話 03-3811-8814　Fax 03-3812-6958
振替 00160-6-59964

印刷所　株式会社三秀舎
製本所　牧製本印刷株式会社

© 2013 Osamu Ishida *et al.*
ISBN 978-4-13-060222-8　Printed in Japan

[JCOPY] 〈（社）出版者著作権管理機構　委託出版物〉
本書の無断複写は著作権法上での例外を除き禁じられています．複写される
場合は，そのつど事前に，（社）出版者著作権管理機構（電話 03-3513-6969，
FAX 03-3513-6979, e-mail: info@jcopy.or.jp）の許諾を得てください．

大泰司紀之・三浦慎悟[監修]

日本の哺乳類学

[全3巻] ●A5判上製カバー装／第1,3巻320頁，第2巻480頁
●第1,3巻4400円，第2巻5000円

第1巻　小型哺乳類　　　　本川雅治[編]

第2巻　中大型哺乳類・霊長類
　　　　　　　高槻成紀・山極寿一[編]

第3巻　水生哺乳類　　　　加藤秀弘[編]

日本のクマ　坪田敏男・山﨑晃司[編]　　A5判・386頁／5800円
ヒグマとツキノワグマの生物学

日本の外来哺乳類　山田文雄・池田透・小倉剛[編]
管理戦略と生態系保全　　　　　　　　　　A5判・420頁／6200円

ニホンカワウソ　安藤元一[著]　　　　　A5判・224頁／4400円
絶滅に学ぶ保全生物学

狼の民俗学　菱川晶子[著]　　　　　　　A5判・432頁／7200円
人獣交渉史の研究

野生馬を追う　木村李花子[著]　　　　　A5判・208頁／2800円
ウマのフィールド・サイエンス

ゴリラ　山極寿一[著]　　　　　　　　　四六判・272頁／2500円

川に生きるイルカたち　神谷敏郎[著]
　　　　　　　　　　　　　　　　　　　　四六判・224頁／2600円

アニマルウェルフェア　佐藤衆介[著]
動物の幸せについての科学と倫理　　　　　四六判・208頁／2800円

アニマルテクノロジー　佐藤英明[著]
　　　　　　　　　　　　　　　　　　　　四六判・224頁／2800円

環境倫理学　鬼頭秀一・福永真弓[編]　　A5判・304頁／3000円

ここに表記された価格は本体価格です．ご購入の際には消費税が加算されますのでご了承ください．